中等职业教育国家规划教材
全国中等职业教育教材审定委员会审定

电工与电气设备

（农业水利技术专业）

主　　编　陶有抗
责任主审　张勇传
审　　稿　权先璋
　　　　　伍永刚

内容简介

本教材在阐述电工及电子技术的基本理论、基本知识和基本分析方法的基础上，介绍了水利工程中常用的各种高低压电气设备及供用电常识。全书共分为九章，主要内容有：直流电路、磁与电磁、正弦交流电路、变压器、三相异步电动机、泵站常用低压电器、成套配电装置、供电与安全用电及电子技术基本知识。

本书适用于农业水利技术专业（56学时）及其他相关专业（80学时）的中专学生使用，也可作为水利水电类工程技术人员的参考用书。

图书在版编目（CIP）数据

电工与电气设备/陶有抗主编．—北京：中国水利水电出版社，2002（2024.2重印）
中等职业教育国家规划教材
ISBN 978-7-5084-1347-1

Ⅰ.电…　Ⅱ.陶…　Ⅲ.①水力发电站-电工-专业学校-教材②水力发电站-电气设备-专业学校-教材　Ⅳ.TV734

中国版本图书馆CIP数据核字（2002）第099811号

书　　名	中等职业教育国家规划教材 **电工与电气设备**（农业水利技术专业）
作　　者	主编　陶有抗
出版发行	中国水利水电出版社 （北京市海淀区玉渊潭南路1号D座　100038） 网址：www.waterpub.com.cn E-mail：sales@mwr.gov.cn 电话：（010）68545888（营销中心）
经　　售	北京科水图书销售有限公司 电话：（010）68545874、63202643 全国各地新华书店和相关出版物销售网点
排　　版	中国水利水电出版社微机排版中心
印　　刷	天津嘉恒印务有限公司
规　　格	184mm×260mm　16开本　12.75印张　302千字
版　　次	2003年1月第1版　2024年2月第7次印刷
印　　数	17101—21100册
定　　价	**39.50**元

中等职业教育国家规划教材

出版说明

为了贯彻《中共中央国务院关于深化教育改革全面推进素质教育的决定》精神，落实《面向21世纪教育振兴行动计划》中提出的职业教育课程改革和教材建设规划，根据教育部关于《中等职业教育国家规划教材申报、立项及管理意见》（教职成[2001] 1号）的精神，我们组织力量对实现中等职业教育培养目标和保证基本教学规格起保障作用的德育课程、文化基础课程、专业技术基础课程和80个重点建设专业主干课程的教材进行了规划和编写，从2001年秋季开学起，国家规划教材将陆续提供给各类中等职业学校选用。

国家规划教材是根据教育部最新颁布的德育课程、文化基础课程、专业技术基础课程和80个重点建设专业主干课程的教学大纲（课程教学基本要求）编写，并经全国中等职业教育教材审定委员会审定。新教材全面贯彻素质教育思想，从社会发展对高素质劳动者和中初级专门人才需要的实际出发，注重对学生的创新精神和实践能力的培养。新教材在理论体系、组织结构和阐述方法等方面均作了一些新的尝试。新教材实行一纲多本，努力为教材选用提供比较和选择，满足不同学制、不同专业和不同办学条件的教学需要。

希望各地、各部门积极推广和选用国家规划教材，并在使用过程中，注意总结经验，及时提出修改意见和建议，使之不断完善和提高。

教育部职业教育与成人教育司

2002年10月

前　言

教材事关国家和民族的前途命运，教材建设必须坚持正确的政治方向和价值导向。本书坚持党的二十大精神，全面贯彻党的教育方针，落实立德树人根本任务，为党育人，为国育才，弘扬劳动光荣、技能宝贵、创造伟大的时代风尚。

本教材根据教育部《面向21世纪职业教育课程改革和教材建设规划》的重点建设专业——农业水利技术专业的主干专业课程教学大纲编写的。根据大纲规定，本课程教学时数为56学时。考虑到该教材适用范围的广度及其他相关专业的通用性，按80学时编写。教材中有“*”的内容为按80学时编写的增学内容，可供各相关专业根据实际需要进行取舍。

根据中等职业学校培养应用型人才的目标，考虑到中等专业学校的生源、学制等因素，编写时力求做到：基本概念准确，分析计算方法、步骤简捷清晰，各部分内容紧扣专业培养目标。减少不必要的重复。文字简练，通俗易懂。不强调公式的推导过程和理论的系统性，努力避免求深求全的现象。为加强学生的操作技能和应用能力的培养，本书安排了必要的实验和实训内容。为开拓学生的思维，培养学生的创新能力，奠定继续深造的基础，在阐述成熟的专业知识的同时，注重介绍新材料、新工艺、新设备、新技术及电工与电气设备的最新成果。为提高学生的学习效果，书中每章均配有小结、习题及实验、实训项目。

本教材共九章，其中第一、第四、第五章由安徽水利水电职业技术学院汪永华编写；第六、第七、第八章由福建水利电力学校林世治编写；第二、第三、第九章由安徽水利水电职业技术学院陶有抗编写。全书由陶有抗主编。

本书经全国中等职业教育教材审定委员会审定，由华中科技大学张勇传院士担任责任主审，华中科技大学伍永刚、权先璋教授审稿，中国水利水电出版社另聘福建水利电力学校高汝武主审了全稿，提出了许多宝贵的修改意见，在此一并表示感谢。

书中的错误和不妥之处在所难免，殷切期望使用本书的师生和广大读者给予批评指正，以便以后修订提高。

作　者

目　录

第一章　直　流　电　路

第一节　电路及其基本物理量

一、电路和电路图

电在现代工农业生产、国防建设、科学技术以及人们日常生活中得到了愈来愈广泛的应用，而这种应用都是通过电气设备来实现的。电路就是由电气设备组成的总体，它提供了电流通过的途径，在电路中随着电流的流通进行能量的转换、传输和分配。如图 1-1 所示，当合上开关（SA）时，因电流流过小电珠，小电珠就发光。干电池、小电珠、开关和连接导线就构成了一个最简单的电路。

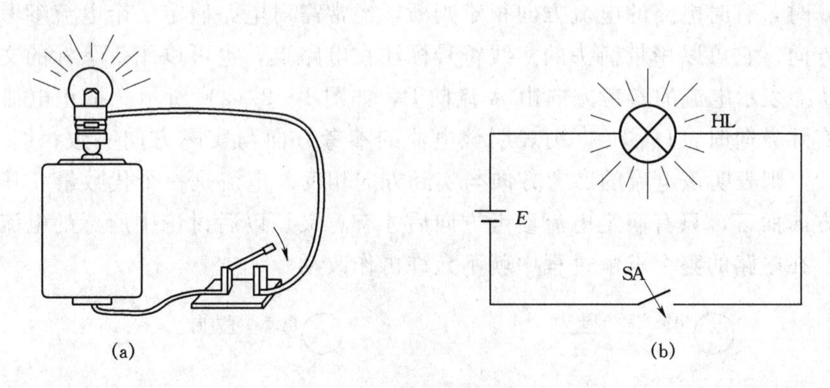

图 1-1　电路和电路图

用国家统一规定的符号来表示电路连接情况的图叫电路图，如图 1-1（b）就是图 1-1（a）的电路图。

一般电路都是由电源、负载、开关和连接导线四个基本部分组成的。电源是把非电能转换成电能、向负载提供电能的装置。常见的电源有干电池、蓄电池和发电机等。负载通常也称为用电器，它们是将电能转变成其他形式能的元器件或设备。如电灯可将电能转变成光能，电炉和电烙铁可将电能转换成热能，扬声器可将电能转变成声能，而电动机则可以把电能转换成机械能等。开关是控制电路接通或断开的器件。连接导线担负传输或分配电能的任务。

电路通常有三种状态：

通路：指处处连通的电路。通路也称闭合电路，简称闭路。此时电路中有工作电流。

开路：指电路中某处断开、不成通路的电路。开路也称断路，此时电路中无工作电流。

短路：指电路（或电路中的一部分）被短接。如负载或电源两端被导线连接在一起，就称短路。短路也称捷路，此时电源提供的电流将比通路时提供的电流大很多倍。一般不允许短路。

二、电路的几个物理量

1. 电流

电荷有规则的运动形成电流。在金属导体中，电流是自由电子在电场作用下作有规律地运动形成的。在某些液体或气体中，电流则是正负离子在电场力作用下有规则地运动形成的。

电流的大小取决于在一定的时间内通过导体横截面的电荷量多少，用电流强度来衡量。若在 t 秒内通过导体横截面的电量是 Q 库仑，则电流强度 I 就可用下式表示

$$I=\frac{Q}{t} \tag{1-1}$$

如果在1秒内通过导体横截面的电量是1库仑，则导体中的电流强度就是1安培，简称安，以字母A表示。除安培外，常用的电流强度单位还有千安（kA）、毫安（mA）和微安（μA）。$1kA=10^3A$，$1mA=10^{-3}A$，$1\mu A=10^{-6}A$。

电流不但有大小，而且有方向。习惯上规定以正电荷移动的方向为电流的方向。但在分析和计算时，有时电路的电流方向很难判断，经常需对电路假定一个电流参考方向，又称电流正方向。它可以用带箭头的实线符号标注在电路上，也可以用带下标的文字符号来表示。如 I_{AB} 表示电流的参考方向由A流向B，如图1-2（a）所示。把正电荷运动方向称为电流实际方向时，$I_{AB}>0$，则表明该电流的参考方向与实际方向一致；图1-2（b）中，$I_{BA}<0$，则表明该电流的参考方向与实际方向相反。电流是一个代数量，其正负仅相对于参考方向而言，只有假定电流参考方向后才有意义。以后讨论中所标的电流方向都是参考方向，在电路的整个求解过程中就不允许再作改动。

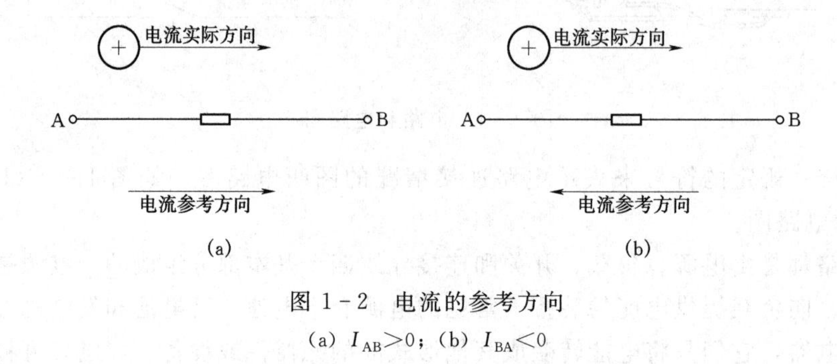

图1-2 电流的参考方向

(a) $I_{AB}>0$；(b) $I_{BA}<0$

2. 电压

电压又称电位差，是衡量电场作功本领大小的物理量。在电路中若电场力将电荷 Q 从a点移到b点，所做的功为 W_{ab}，则功 W_{ab} 与电量 Q 的比值就称为该两点间的电压，用符号 U_{ab} 表示。其数学式为

$$U_{ab}=\frac{W_{ab}}{Q} \tag{1-2}$$

若电场力将1库仑的电荷从a移到b，所做的功是1焦耳，则ab间的电压值就是1伏特，简称伏，用字母V表示。除伏特外常用的电压单位还有千伏（kV）、毫伏（mV）。$1kV=10^3V$，$1mV=10^{-3}V$。

电压和电流一样，是代数量，不但有大小，而且有方向，即有正负。对于负载来说，规定电流流进端为电压的正端，电流流出端为电压的负端。电压的方向由正指向负。也就是负载中电压的实际方向与电流方向的一致，如图 1-3 中的 U_{ab} 为正，U_{ba} 为负，即 $U_{ab}=-U_{ba}$。在电路图中，常以带箭头的细实线表示电压的方向。若遇到电路中某两点间的电压方向不能确定时，也可先假定电压的参考方向，再根据计算所得数值的正负，来确定其实际方向，方法与电流相同。

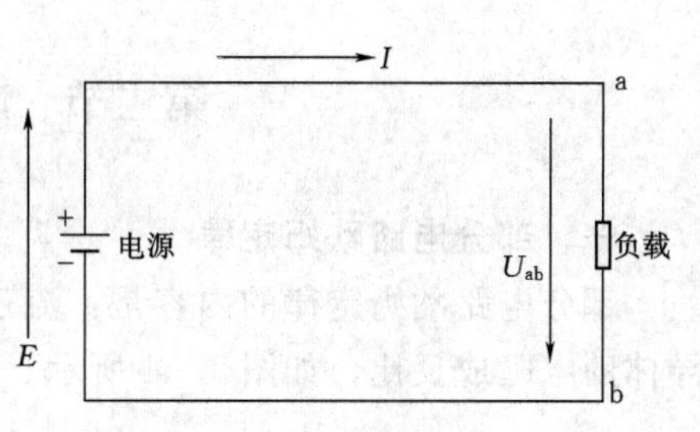

图 1-3 电压与电动势的方向

显然，对于负载来说，没有电流就没有电压，有电压就一定有电流。电阻两端的电压常叫电压降。

3. 电动势

电动势是衡量电源将非电能转换成电能本领的物理量。电动势的定义是：在电源内部，外力将单位正电荷从电源的负极移到电源正极所做的功，以字母 E 表示。若外力将电荷 Q 从负极移到正极所做的功是 W，则电动势的数学式为

$$E=\frac{W}{Q} \tag{1-3}$$

电动势的单位和电压相同，也是伏特。

电动势的方向规定为在电源内部由负极指向正极。在电路中，也用带箭头的细实线表示电动势的正方向。

对于一个电源来说，即有电动势又有电压，但电动势只存在于电源内部。电源两端的开路电压（即电源两端不接负载时的电压）等于电源电动势，但二者方向相反。电源两端的电压方向规定为：在电源外部由正极指向负极。如图 1-3 所示。

4. 电位

在分析电路时，有时需要比较某两点的电性能，常需引入电位的概念。电路中某点与参考点间的电压就称该点的电位。通常把参考点的电位规定为零电位。电位的符号常用带脚标的字母 V（或 φ）表示，如 V_A 表示 A 点的电位。电位的单位仍然是伏特。

通常选大地的电位为参考点，即把大地的电位规定为零电位，而在电子仪器和设备中又常把金属机壳或电路的公共接点的电位规定为零电位。

电路中任意两点间的电位之差，就称做该两点的电位差，常用带双脚标的字母 U 表示，如 U_{AB} 表示 A、B 两点之间的电位差，即

$$U_{AB}=V_A-V_B \tag{1-4}$$

前已提及，电位差就是电压，其单位自然也是伏特。

电位和电位差的异同点是：①电位是某点对参考点的电压，电位差是某两点间的电压。因此电位相同的各点间的电位差为零，电流也为零；②电位是相对值，随参考点的改变而改变，而电位差的绝对值不随参考点的改变而改变；③因为 $U_{AB}=V_A-V_B=-(V_B-V_A)=-U_{BA}$，所以当 $U_{AB}>0$ 时，A 点电位高于 B 点电位，反之当 $U_{AB}<0$ 时，A 点电位低于 B 点电位。

第二节 欧姆定律及其应用

一、部分电路欧姆定律

部分电路欧姆定律的内容是：流过导体的电流与这段导体两端的电压成正比，与这段导体的电阻成反比，如图 1-4 所示，其数学式为

$$I=\frac{U}{R} \tag{1-5}$$

式中 I——导体中的电流，A；

U——导体两端的电压，V；

R——导体的电阻，Ω。

【例 1-1】 已知某白炽灯的额定电压是 220V，正常发光时的电阻为 1210Ω，试求流过灯丝的电流。

解： 根据式（1-5）可求得流过灯丝的电流为

$$I=\frac{U}{R}=\frac{220}{1210}\approx 0.18\,(\mathrm{A})$$

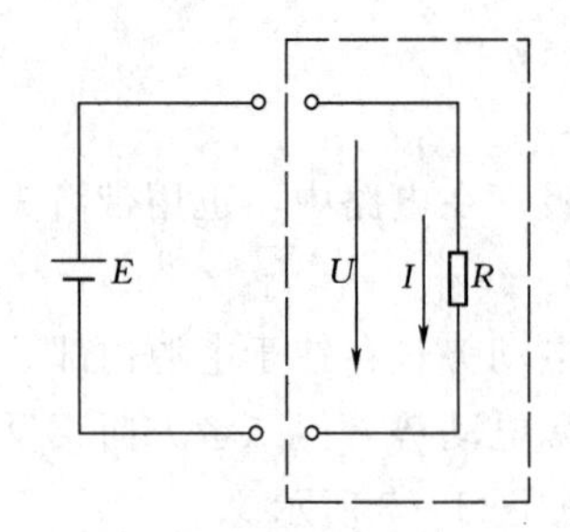

图 1-4 部分电路

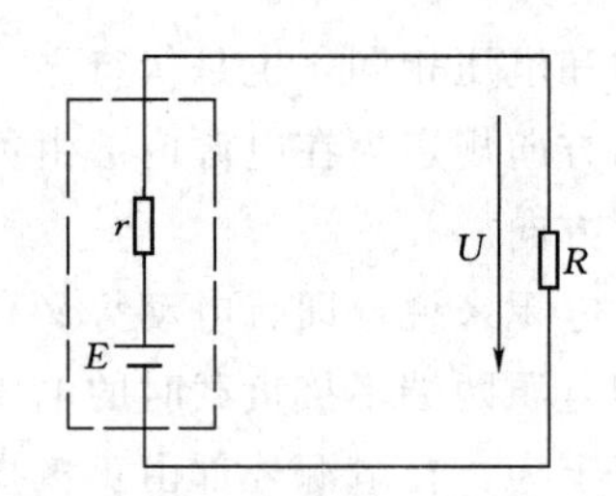

图 1-5 最简单的全电路

二、全电路欧姆定律

全电路是指含有电源的闭合电路，如图 1-5 所示。虚线框中的 E 代表电源电动势，r 代表电源内阻。通常把电源内部的电路称做内电路，电源外部的电路称做外电路。

全电路欧姆定律的内容是：全电路中的电流强度与电源的电动势成正比，与整个电路（即内电路和外电路）的电阻成反比。其数学式为

$$I=\frac{E}{R+r} \tag{1-6}$$

式中 I——电路中的电流，A；

E——电源电动势，V；

R——外电路电阻，Ω；

r——内电路电阻，Ω。

由式（1-6）可得

$$E=IR+Ir=U_{内}+U_{外} \tag{1-7}$$

式中 $U_{内}$——内电路电压；

$U_{外}$——外电路电压。

外电路电压是指电路接通时电源两端的电压，又称路端电压，简称端电压。这样，全电路欧姆定律又可叙述为：电源电动势在数值上等于闭合电路中各部分的电压之和。

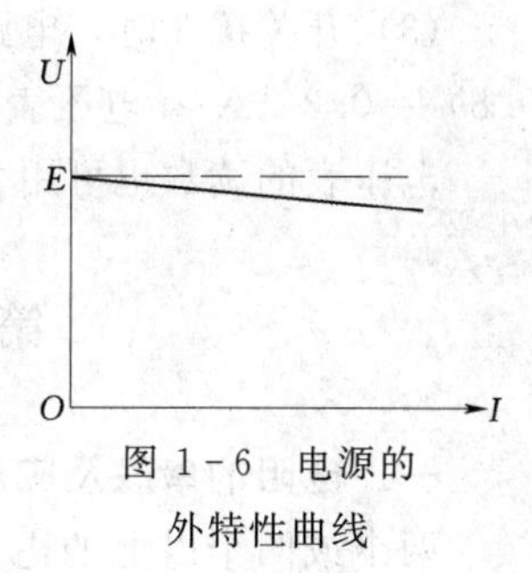

图 1-6 电源的外特性曲线

根据全电路欧姆定律就可以研究全电路中的电压与电流的变化规律。

(1) 电路处于通路状态时，由式 (1-7) 可得端电压与电流的关系式

$$U_{外}=E-Ir \tag{1-8}$$

根据式 (1-8) 可作出图 1-6 所示的电源外特性曲线。

由图 1-6 可知，电源的外特性曲线是一条向下倾斜的直线，随着 I 的增大，$U_{外}$ 由 E 沿直线下降，电源内阻越大，$U_{外}$ 下降越多。当电源内阻为零时，其外特性为一平行横轴的直线（见图 1-6 中虚线）。通常直流负载都需要恒定电压供电，所以总希望电源内阻越小越好。

(2) 电路处于断路状态时，相当于 $R\to\infty$，则电路电流 $I=0$，$U_{内}=0$，$U_{外}=E$，即电源的开路电压等于电源的电动势。

(3) 电路处于短路状态时，相当于 $R\to 0$，此时的电路电流叫短路电流，$I_{短}=\dfrac{E}{r}$。由于 r 一般都很小，所以 $I_{短}$ 很大；短路时 $U_{外}=0$，$U_{内}=E$。

以上各量关系见表 1-1。

表 1-1　电路的三种状态

电路状态	负载电阻	电路电流	外电路电压
通　路	$R=$常数	$I=\dfrac{E}{R+r}$	$U_{外}=E-U_{内}=IR$
断　路	$R\to\infty$	$I=0$	$U_{外}=E$
短　路	$R\to 0$	$I=\dfrac{E}{r}$	$U_{外}=0$

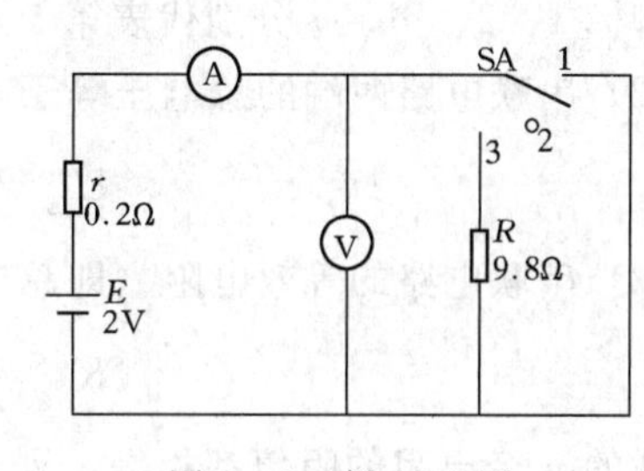

图 1-7 例 1-2 图

通常电源电动势和内阻都基本不变，且 r 很小，所以可近似认为电源的端电压就等于电源电动势。今后若不特别指出电源内阻时，就表示电源内阻很小，可以忽略不计。

但对于干电池来说，其内阻往往是随着放电时间的增加而增大。当电池内阻增大到一定值时，负载就不能正常工作。如旧电池开路时两端的电压并不低，但不能使晶体管收音机正常发声，就是因为电池内阻增大的缘故。

【例 1-2】 如图 1-7 所示，不计电压表和电流表的内阻对电路的影响，求开关在不同位置时，电压表和电流表的读数各为多少？

解：(1) 开关接 1 时，电路处于短路状态，所以电压表的读数为 0V；电流表中流过短路电流 $I_{短}=E/r=2/0.2=10$ (A)。

(2) 开关接 2 时，电路处于断路状态，所以电压表的读数等于电源电动势，即 2V；电流表中无电流流过，即 $I_{断}=0A$。

(3) 开关接 3 时，电路处于通路状态，电流表的读数为 $I=E/(R+r)=2/(0.2+9.8)=0.2$ (A)；电压表的读数为 $U=IR=0.2\times9.8=1.96$ (V)。

电压表的读数也可用公式 $U=E-Ir$ 计算，即 $U=E-Ir=2-0.2\times0.2=1.96$ (V)。

第三节　电阻的串联、并联及其应用

一、电阻的串联及应用

两个或两个以上的电阻依次相连，中间无分支的连接方式叫电阻的串联。图 1-8 (a) 所示是两个电阻的串联，图 1-8 (b) 是图 1-8 (a) 的等效图。

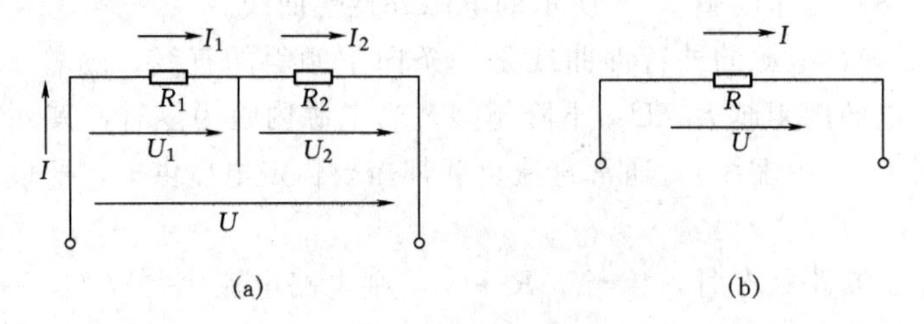

图 1-8　两个电阻的串联

串联电路有以下性质：

(1) 串联电路中流过每个电阻的电流都相等，即

$$I=I_1=I_2=\cdots=I_n \tag{1-9}$$

式中脚标 1、2、…、n 分别代表第 1、第 2…、第 n 个电阻（以下相同）。

(2) 串联电路两端的总电压等于各电阻两端的电压之和，即

$$U_\Sigma=U_1+U_2+\cdots+U_n \tag{1-10}$$

(3) 串联电路的等效电阻（即总电阻 R_Σ）等于各串联电路之和，即

$$R_\Sigma=R_1+R_2+\cdots+R_n \tag{1-11}$$

若串联的 n 个电阻的阻值都相等，则式 (1-10) 和式 (1-11) 变为

$$U_1=U_2=\cdots=U_n=\frac{U}{n}$$

$$R_\Sigma=nR$$

根据欧姆定律，$U_1=I_1R_1$，…，$U_n=I_nR_n$、$U=IR$ 及性质 1 可得

$$\frac{U_1}{U_n}=\frac{R_1}{R_n};\qquad \frac{U_n}{U_\Sigma}=\frac{R_n}{R_\Sigma} \tag{1-12}$$

上式表明，在串联电路中，电压的分配与电阻成正比，即阻值越大的电阻所分配到的电压越大；反之电压越小。这个结论是串联电路性质的重要推论，用途较广。如在已知串联电路的总电压 U_Σ 及电阻 R_1、R_2 时，可用式 (1-12) 直接写出

$$U_1=\frac{R_1}{R_1+R_2}U_\Sigma;\qquad U_2=\frac{R_2}{R_1+R_2}U_\Sigma \tag{1-13}$$

电阻串联的应用很广泛，在实际工作中常见的有：

(1) 用几个电阻串联来获得阻值较大的电阻。

(2) 采用几个电阻构成分压器，使用同一电源能提供几种不同的电压。如图 1-9 所示，由 $R_1 \sim R_4$ 构成的分压器，可使电源输出四种不同数值的电压。

(3) 当负载的额定电压低于电源电压时，可用串联的办法来满足负载需要。例如可将两个相同的 6V 指示灯串联后接到 12V 电源中使用。

(4) 利用串联电阻的方法来限制和调节电路中电流的大小。例如在初中物理课中曾做过用滑动变阻器来改变电流强度的实验，就是一例。

(5) 在电工测量中广泛应用串联电阻的方法来扩大电压表测量电压的量程。

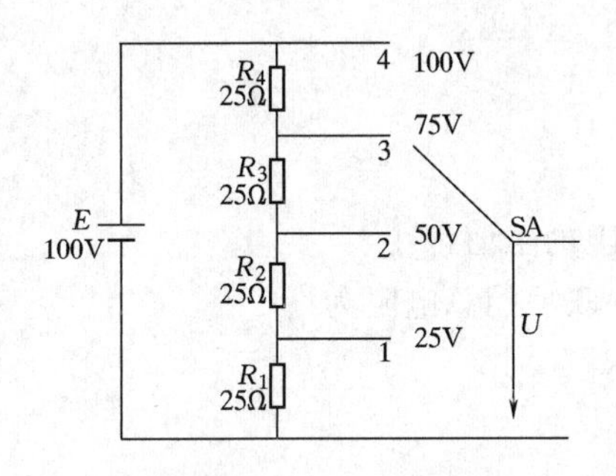

图 1-9 电阻分压器

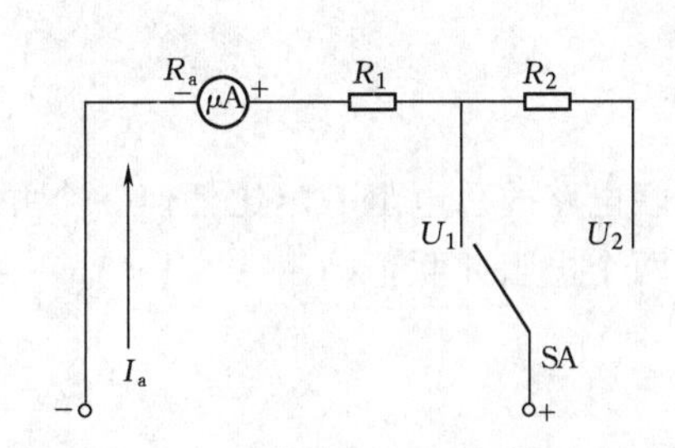

图 1-10 串联电阻扩大电压表的量程

【例 1-3】 图 1-10 是 500 型万用表测量直流电压的部分电路图。图 1-10 中仅画出两个量程，其中 $U_1=10\text{V}$，$U_2=250\text{V}$。已知表头的等效内阻 $R_a=10\text{k}\Omega$，允许流过的最大电流为 $I_a=50\mu\text{A}$，试求各串联电阻的阻值。

解： 因为表头是一只微安表，根据欧姆定律可知该表所能测量的最大电压为

$$U_a=I_aR_a=50\times10^{-6}\times3\times10^3=0.15\ (\text{V})$$

显然要用这只表头来测量大于 0.15V 的电压，就会把表头烧坏。为了扩大量程，最方便的办法就是串接电阻。根据已学知识，各串联电阻阻值的求解步骤如下：

因 $U_{R1}=U_1-U_a$，而 $U_a=I_aR_a$，$U_{R1}=I_1R_1=I_aR_1$，则

$$I_aR_1=U_1-I_aR_a$$

所以
$$R_1=\frac{U_1-I_aR_a}{I_a}=\frac{10-3\times10^3\times50\times10^{-6}}{50\times10^{-6}}=197\ (\text{k}\Omega)$$

又 $U_{R2}=U_2-U_1$，而 $U_{R2}=I_aR_2$，则

$$R_2=\frac{U_2-U_1}{I_a}=\frac{250-10}{50\times10^{-6}}=4.8\ (\text{M}\Omega)$$

二、电阻的并联及应用

两个或两个以上的电阻接在电路中相同的两点之间的连接方式，叫做电阻的并联。图 1-11 (a) 是两个电阻的并联，图 1-11 (b) 是图 1-11 (a) 的等效图。

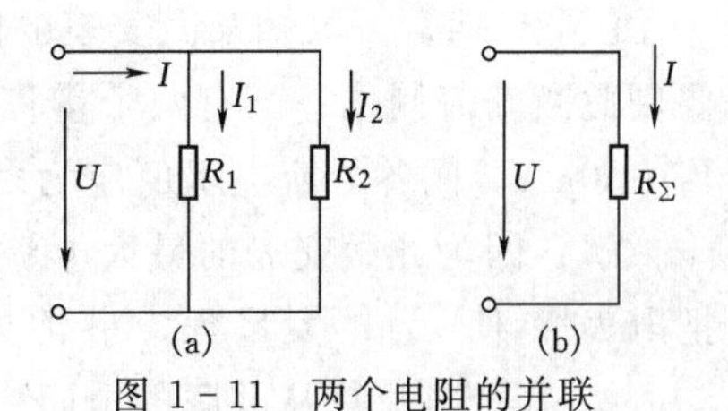

图 1-11 两个电阻的并联

并联电路有以下性质：

（1）并联电路中各电阻两端的电压相等，且等于电路两端的电压，即

$$U=U_1=U_2=\cdots=U_n \tag{1-14}$$

（2）并联电路中的总电流等于各电阻中的电流之和，即

$$I=I_1+I_2+\cdots+I_n \tag{1-15}$$

（3）并联电路的等效电阻（即总电阻 R_Σ）的倒数等于各并联电阻的倒数之和，即

$$\frac{1}{R_\Sigma}=\frac{1}{R_1}+\frac{1}{R_2}+\cdots+\frac{1}{R_n} \tag{1-16}$$

若并联的几个电阻值都为 R，则式（1－15）和式（1－16）变为

$$I_1=I_2=\cdots=I_n=\frac{I_\Sigma}{n}$$

$$R_\Sigma=\frac{R}{n}$$

显然，并联电路的总电阻一定比任何一个并联电阻的阻值都小。

若是两个电阻并联，则由式（1－16）可得并联后的总电阻为

$$R_\Sigma=\frac{R_1R_2}{R_1+R_2}$$

根据并联电路的性质1可得

$$\frac{I_1}{I_n}=\frac{R_n}{R_1};\quad \frac{I_n}{I_\Sigma}=\frac{R_\Sigma}{R_1} \tag{1-17}$$

式（1－17）表明，在并联电路中，电流的分配与电阻成反比，即阻值越大的电阻所分配到的电流越小；反之电流越大。这个结论是并联电路性质的重要推论，也有较广泛的用途。如已知并联电路的总电流 I_Σ 和电阻 R_1、R_2 时，可用式（1－17）直接求出

$$I_1=\frac{R_2}{R_1+R_2}I_\Sigma;\quad I_2=\frac{R_1}{R_1+R_2}I_\Sigma \tag{1-18}$$

电阻并联的应用也非常广泛，在实际工作中常见的应用主要有：

（1）凡是工作电压相同的负载几乎全是并联，例如工厂中的各种电动机、电炉，电烙铁以及各种照明灯具都是并联使用。这是因为负载在并联状态时，它们两端的电压完全相同，任何一个负载的工作情况都不影响其他负载，也不受其他负载的影响（指电源的容量足够大）。因此人们就可以根据不同需要起动或停止并联使用的各个负载。

（2）用并联电阻来获得某一较小电阻，如用两个 100Ω 电阻并联可得到一个 50Ω 的电阻。

（3）在电工测量中，广泛应用并联电阻的方法来扩大电流表测量电流的量程。

【例 1－4】 已知某微安表的内阻 $R_a=375\Omega$，允许流过的最大电流为 $I_a=40\mu A$。现要用此微安表制作一个有两个量程的直流电流表，各量程的最大电流分别为 $I_1=500mA$、$I_2=50\mu A$。问各分流电阻值应为多大？

解： 因为此微安表的最大电流仅为 40μA，要用它来测量大于 40μA 的电流，必然要把电表烧坏。为扩大量程，最常见的办法是并联电阻，让流过微安表的最大电流等于 40μA，其余电流都从并联的电阻中流过。

并联电阻的方式有两种。图 1-12 所示电路很容易为大家所想到。由于电阻是和电表并联，所以各电阻的端电压相等，而电表两端的电压为 $U_a=I_aR_a$，流过各分流电阻的电流分别为 I_1-I_a、I_2-I_a，所以各分流电阻分别等于

$$R_1=\frac{I_aR_a}{I_1-I_a}=\frac{40\times10^{-6}\times3750}{500\times10^{-3}-40\times10^{-6}}=0.3\ (\Omega)$$

$$R_2=\frac{I_aR_a}{I_2-I_a}=15\ (\mathrm{k}\Omega)$$

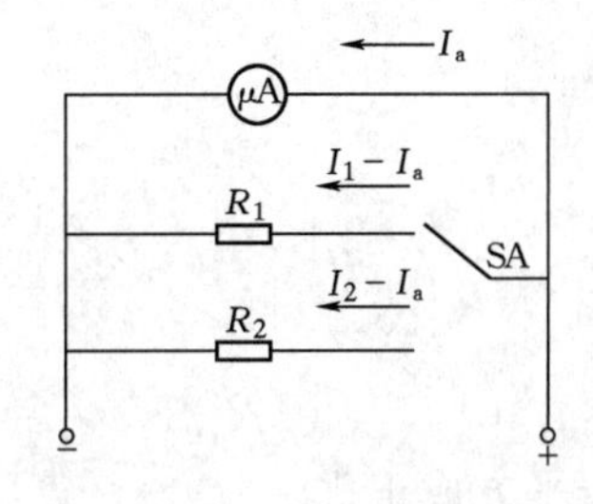

图 1-12　并联电阻扩大电流表的量程

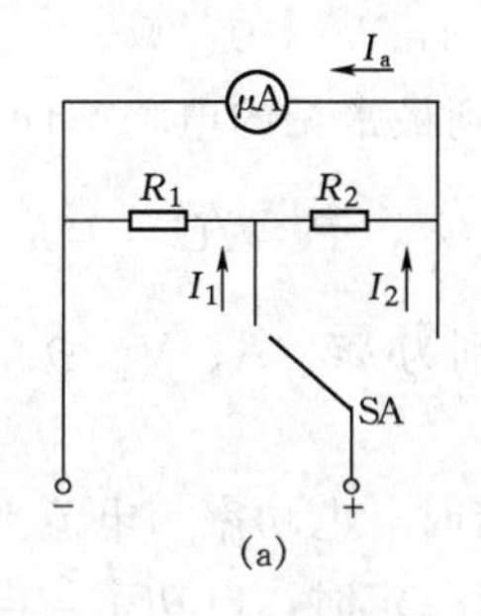

(a)

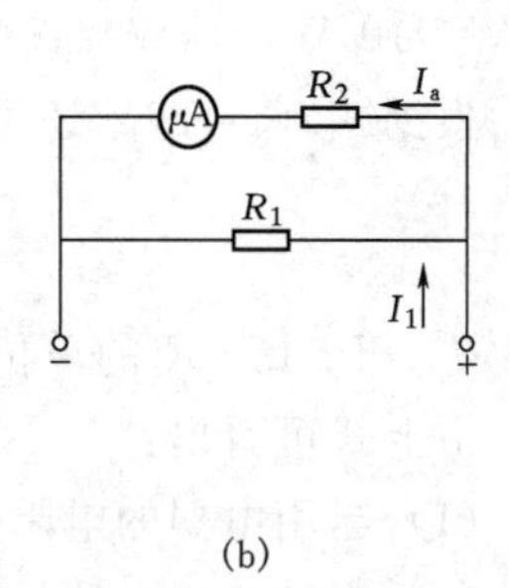

(b)

图 1-13　环形分流器

在实际工作中，大多数万用表都采用图 1-13 所示的环形分流器（也叫闭路抽头式分流器）来扩大测量电流的量程。由图 1-13（a）可知，当使用最小量程 $I_2=50\mu\mathrm{A}$ 时，全部分流电阻串联后再与微安表并联，则可用上述方法先求出它们的总电阻，即

$$R=R_1+R_2=\frac{I_aR_a}{I_2-I_a}=\frac{40\times10^{-6}\times3750}{(50-40)\times10^{-6}}=15\ (\mathrm{k}\Omega)$$

当采用量程 I_1 时，图 1-13（a）可等效为图 1-13（b），此时 R_2 和 R_a 串联后再与 R_1 并联。根据分流公式（1-18）得

$$I_a=\frac{R_1}{R_1+R_2+R_a}I_1=\frac{R_1}{R+R_a}I_1$$

则

$$R_1=\frac{(R+R_a)I_a}{I_1}=\frac{(15\times10^3+3750)\times40\times10^{-6}}{500\times10^{-3}}=1.5\ (\Omega)$$

$$R_2=R-R_1=15\mathrm{k}\Omega-1.5\Omega=14998.5\ \Omega$$

第四节　电 功 与 电 功 率

一、电功

电流流过用电器时，用电器就将电能转换成其他形式的能（如磁、热、光、机械能等）。我们把电能转换成其他形式的能，叫做电流做功，简称电功，用字母 W 表示。根据式（1-1）、式（1-2）以及欧姆定律可得电功的数学式为

$$W=UQ=IUt=I^2Rt=\frac{U^2}{R}t \tag{1-19}$$

在上式中，若电压单位为 V，电流单位为 A，电阻单位为 Ω，时间单位为 s，则电功单位就是焦耳，简称焦，用字母 J 表示。

二、电功率

电流在单位时间内做的功称为电功率，以字母 P 表示，其数学式为

$$P=\frac{W}{t} \tag{1-20}$$

上式中，若电功单位为焦耳，时间单位为秒，则电功率单位是焦耳/秒。焦耳/秒又叫瓦特，简称瓦，用字母 W 表示。

在实际工作中，电功率的常用单位还有兆瓦（MW）、千瓦（kW）、毫瓦（mW）等。$1\text{MW}=10^6\text{W}$，$1\text{kW}=10^3\text{W}$，$1\text{mW}=10^{-3}\text{W}$。

根据式（1-20）还可得到最常见的电功率计算式

$$P=IU=I^2R=\frac{U^2}{R} \tag{1-21}$$

式中 P、I、U、R 的单位分别为 W、A、V、Ω。

由上式可看出：

（1）当用电器的电阻一定时，电功率与电流平方或电压平方成正比。

（2）当流过用电器的电流一定时，电功率与电阻值成正比。由于串联电路流过同一电流，则串联电阻的功率与各电阻值成正比。

（3）当加在用电器两端的电压一定时，电功率与电阻值成反比。因并联电路中各电阻两端的电压相等，则各电阻的功率与各电阻值成反比。如额定电压同为 220V 的白炽灯，25W 灯泡的灯丝电阻（工作时的电阻约为 1936Ω）比 40W 灯泡的工作电阻（约 1210Ω）大。若把它们并联在 220V 的电源上，则 40W 灯泡比 25W 灯泡亮；但若将两个灯泡串联后接到 220V 电源上，则 25W 灯泡反而比 40W 灯泡亮。

在实际工作中，电功的单位常用千瓦小时（kW·h），原俗称“度”，它表示功率为 1 千瓦的用电器在 1 小时中所消耗的电能，即

$$1\text{千瓦小时}=1\text{千瓦}\times1\text{小时}=3.6\times10^6\text{焦}=1\text{度}$$

【例 1-5】 某电视机的功率为 30W，平均每天开机 2h，若每 kW·h 电费为人民币 0.5 元，则一年（以 365 天计算）要交纳多少电费？

解： 电视机一年内消耗的电量为

$$30\times2\times365=21.9\,(\text{kW}\cdot\text{h})$$

则一年的电费为

$$21.9\times0.5=10.95\,(\text{元})$$

【例 1-6】 如图 1-14 所示，已知 A、B、C 三个灯泡的电阻都是 $R=40\Omega$。设不论开关打开还是接通都不会烧坏灯泡，求（1）开关打开和接通时 A 灯消耗的功率；（2）开关打开和接通时 B 灯消耗的功率。

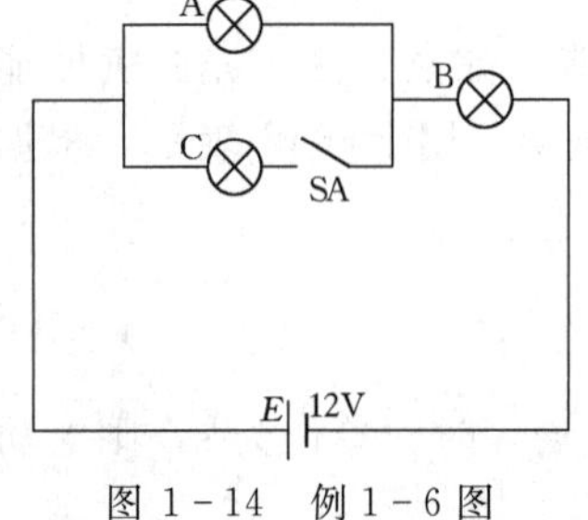

图 1-14　例 1-6 图

解： 当开关打开时，A 灯和 B 灯串联，因二者的电阻相等，则 A 灯和 B 灯的实际功率相等

$$P_A=P_B=\frac{U^2}{R}=\frac{(E/2)^2}{R}=\frac{E^2}{4R}=0.9\text{ W}$$

当开关接通时，A 灯和 C 灯并联后再与 B 灯串联，它们

的总电阻为

$$R_{\Sigma}=\frac{R}{2}+R=60\ \Omega$$

根据式（1-12）可得

$$\frac{U_B}{U_{\Sigma}}=\frac{R_B}{R_{\Sigma}}$$

$$U_B=\frac{R_B}{R_{\Sigma}}U_{\Sigma}=\frac{2}{3}E=8\text{ V}$$

$$U_A=E-U_B=\frac{1}{3}E=4\text{ V}$$

则此时 A 灯和 B 灯的实际功率分别为

$$P'_A=\frac{U_A^2}{R}=0.4\text{ W}$$

$$P'_B=\frac{U_B^2}{R}=1.6\text{ V}$$

三、电流的热效应

电流通过导体时使导体发热的现象叫电流的热效应。换句话说，电流的热效应就是电能转换成热能的效应。其数字式为

$$Q=I^2Rt \tag{1-22}$$

式中　Q 的单位是焦耳，简称焦，以字母 J 表示。

在生产和生活中，很多用电器都是根据电流的热效应制成的。如电灯、电烙铁、电烘箱、熔断器等在工厂中最为常见；电烫斗、电吹风等在家庭中最为常见。此外在电弧焊中也是利用电流的热效应，将金属熔化而达到焊接目的。但电流的热效应也有其不利的一面，如电流的热效应会使电路中不需要发热的地方（如导线等）也发热，不但消耗能量，而且会使用电设备的温度升高，加速绝缘材料的老化，甚至烧坏设备，所以必须注意。

四、负载的额定值

任何电气元件和设备在工作时都会发热。为保证电气元件和设备能长期安全工作，都规定有一个最高工作温度。很显然，工作温度取决于发热量，发热量又取决于电流、电压或电功率。我们把元器件和设备安全工作时所允许的最大电流、电压和电功率分别叫做它们的额定电流、额定电压和额定功率。一般元器件和设备的额定值都标在明显位置，也可从产品目录中查得；导线的额定电流也可以通过查表获得。

在实际工作中，元器件和设备所消耗的实际功率与工作条件有关。如额定电压为220V、额定功率为 60W 的灯泡，只有接到 220V 电源上时，它的功率才是 60W；当电源电压低于 220V 时，它的实际功率就小于 60W；当电压很低时，灯泡甚至不会发光；当电压高于 220V 时，灯泡的实际功率就会超过 60W，甚至会烧坏灯泡。

我们把元器件或设备在额定功率下的工作状态叫做额定工作状态，也叫满载；低于额定功率的工作状态叫轻载；高于额定功率的工作状态叫过载或超载。由于过载很容易烧坏用电器，所以一般不允许出现过载。

【例 1-7】　阻值为 100Ω、额定功率为 1W 的电阻两端所允许加的最大直流电压为

多少？允许流过的直流电流又是多少？

解： 根据式（1－21）可得电阻两端允许加的最大直流电压为

$$U=\sqrt{PR}=\sqrt{100}=10\ (\text{V})$$

电阻允许流过的最大直流电流为

$$I=\frac{P}{U}=\frac{1}{10}=0.1\ (\text{A})$$

*第五节　基尔霍夫定律

欧姆定律只能解决简单电路的计算问题，对于比较复杂的电路就要用基尔霍夫定律来解决。欧姆定律和基尔霍夫定律都是电路的基本定律，基尔霍夫定律包括第一、第二定律，有关电路中节点电流之间的关系称为基尔霍夫第一（电流）定律；有关回路电压之间的关系称为基尔霍夫第二（电压）定律。

在说明基尔霍夫定律前，先介绍一下电路中常用的几个名词。

支路：由一个或几个元件依次相接构成的无分支电路叫支路。在同一支路内，流过所有元件的电流都相等。如图 1－15（a）R_1 和 E_1 构成一条支路，R_3 却是一个元件构成一条支路。

节点：三条或是三条以上支路的汇交点，图 1－15（b）中的 A、B、C 、D 四个点都是节点。

回路：电路中任一闭合路径都叫回路。一个回路可能只含一条支路，也可能包含几条支路。如图 1－15（b）中有 ABDA、ABCDA、BCDB 等回路。

网孔：不可再分的回路，即最简单的回路。如图 1－15（a）中 $A-R_3-B-E_1-R_1-A$ 及 $A-R_2-E_2-B-R_3-A$ 都是网孔。

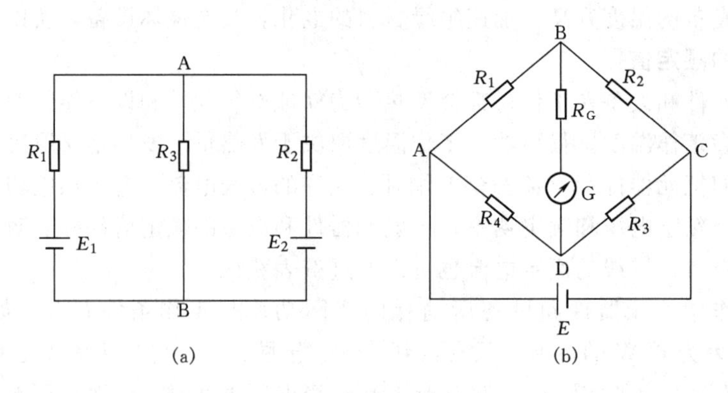

图 1－15　复杂电路

一、基尔霍夫第一定律

基尔霍夫第一定律的内容是：**流进一个节点的电流之和恒等于流出这个节点的电流之和。或者说流过任意一个节点的电流的代数和为零。**其数学式为

$$\sum I_{入}=\sum I_{出} \quad 或 \quad \sum I=0 \tag{1-23}$$

基尔霍夫第一定律表明电流具有连续性，在电路的任一节点上，不可能发生电荷的积累，即流入节点的总电量恒等于同一时间内从这个节点流出的总电量。

根据基尔霍夫第一定律，可列出任意一个节点的电流方程。在列节点电流方程之前，首先要标定电流的方向，其原则是：对已知电流，按实际方向在图中标定，对未知电流的方向可任意标定。在电流方向标定好后，就可列出该节点电流方程式来进行计算。最后根据计算结果来确定未知电流的方向。当计算结果为正值时，未知电流的实际方向与标定方向相同；当计算结果为负值时，未知电流的实际方向与标定方向相反。图 1-16（a）表示有五个电流汇交的节点，根据图中标出的电流方向及式（1-23），可列出该节点的电流方程式为

$$I_1+I_4=I_2+I_3+I_5 \quad 或 \quad I_1-I_2-I_3+I_4-I_5=0$$

基尔霍夫第一定律是用于节点的，但可以推广到应用于任意假定的封闭面。如图 1-16（b）是晶体三极管。由于可把它看成一个封闭面，所以根据基尔霍夫第一定律可得到该三极管的发射极电流 I_e 等于基极电流 I_b 加上集电极电流 I_c，即 $I_e=I_b+I_c$。事实上，不论电路怎样复杂，总是通过两根导线与电源连接。而这两根导线是串接在电路中的，所以流过它们的电流必然相等，如图 1-17 所示。显然，若将一根导线切断，另一根导线中的电流一定为零。

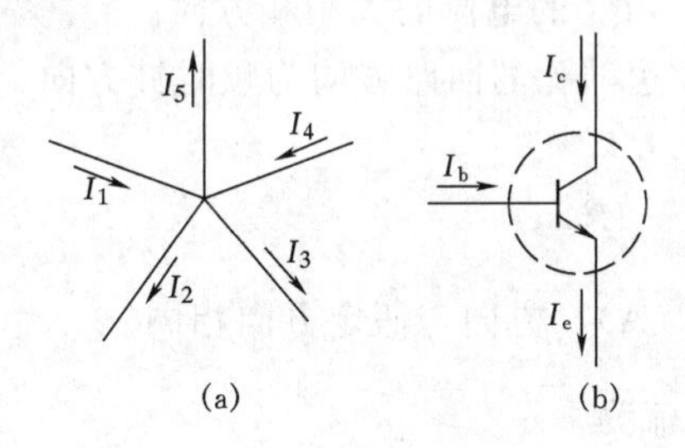

图 1-16　节点

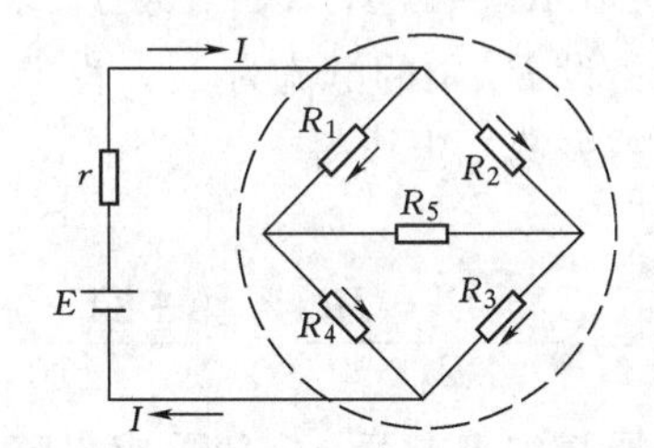

图 1-17　流进和流出封闭面的电流相等

二、基尔霍夫第二定律

基尔霍夫第二定律也叫回路电压定律。它的内容是：**在任意回路中，电动势的代数和恒等于各电阻上电压降的代数和。**其数学式为

$$\sum E=\sum IR \tag{1-24}$$

根据这一规律所列出的方程式叫回路电压方程式。在列方程前首先要确定电动势及电压降极性的正负。一般方法是：先在图中选择一个回路方向。回路的方向，原则上是可以任意选取的，但是回路方向一旦确定后，在解题的过程中就不得改变，并以这个回路方向作为标准来确定电动势和电压降极性的正负。其原则是：当电动势的方向与回路方向一致时为正，反之为负；当支路电流方向与回路方向一致时，电压降为正，反之为负。例如，在图 1-18 中选定虚线所示方向为回路方向后，E_2 的方向与回路方向一致而取正，E_1 的方向与回路方向相反而取负；而电流方向与回路方向一致，所以电压降全部取正。

在电动势和电压降的正负确定好后，就可根据基尔霍夫第二定律列出回路电压方程。对于图 1-18 所示回路的电压方程为

$$E_2-E_1=IR_1+IR_2$$

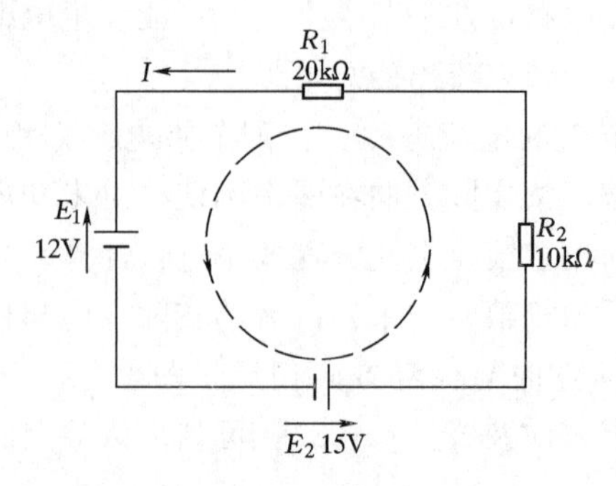

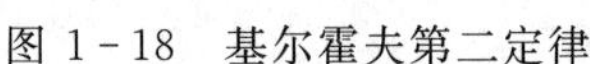
图 1－18　基尔霍夫第二定律

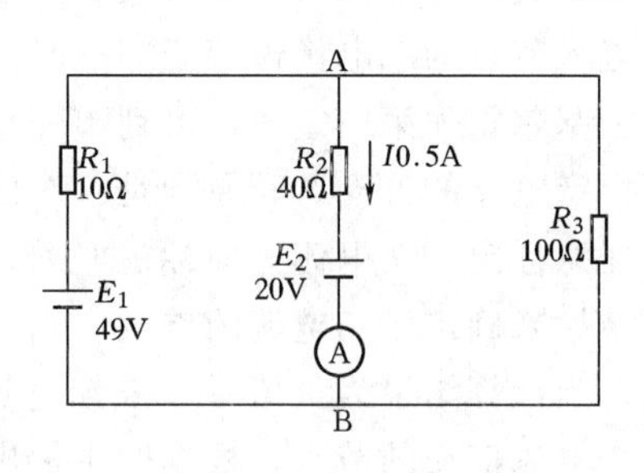

图 1－19

则该回路的电流

$$I=\frac{E_2-E_1}{R_1+R_2}=\frac{15-12}{(20+10)\times 1000}=0.1\times 10^{-3}\ (\mathrm{A})$$

显然回路方向是可任选的，但为避免计算中少出现或不出现负号，通常都选电动势大的正方向为回路方向。如，因图 1－18 中 $E_2>E_1$，所以选 E_2 的正方向为回路方向。

【例 1－8】　如图 1－19 所示，已知电流表的读数为 0.5A，$E_1=49\mathrm{V}$，$E_2=20\mathrm{V}$，$R_1=10\Omega$，$R_2=40\Omega$，$R_3=100\Omega$，求流过电阻 R_1、R_3 的电流的大小和方向。

解： 设 R_1 中的电流为 I_1，由 B 流向 A，取左边网孔的回路方向为顺时针方向，则根据基尔霍夫第二定律得

$$E_1-E_2=I_1R_1+IR_2$$

所以 $I_1=\dfrac{E_1-E_2-IR_2}{R_1}=\dfrac{49-20-0.5\times 40}{10}=0.9\ (\mathrm{A})$，方向与假定方向相同。

根据基尔霍夫第一定律可求得流过 R_3 中的电流为

$$I_3=I_1-I=0.9-0.5=0.4\ (\mathrm{A})$$

I_3 方向是由 A 到 B。

小　　结

1. 电流所流经的路径叫电路。电路由电源、负载、开关和连接导线组成。电路有三种状态：通路、开路和短路。

2. 电路中的几个物理量是电流强度（简称电流）、电压（即电位差、有时叫电位降或电压降）、电位和电动势。它们不但有大小而且有方向。

3. 电路中某点的电位是该点对参考点的电压，电位的数值随参考点而变，是相对值。而电路中任意两点间的电压绝对值则与参考点无关。

4. 欧姆定律是电路计算的基本定律，其内容是：流过电阻（或电路）的电流等于电阻（或电路）两端的电压除以电阻值（或电路的总电阻），即 $I=U/R\left(或\ I=\dfrac{E}{R+r}\right)$。

5. 电阻的连接主要有串联和并联。

对于串联电路来说，流过每个电阻的电流都相等；总电压等于各分电压之和；总电阻

等于各分电阻之和；各电阻两端的电压与电阻成正比；各电阻的功率与电阻成正比。

对于并联电路来说，各电阻的电压相等并等于总电压；总电流等于各分电流之和；总电阻的倒数等于各分电阻倒数之和；各电阻中的电流及功率都与电阻值成反比。

6. 借助欧姆定律和电阻串并联的知识，就可计算简单的电路。但对于不能用串并联化简的复杂电路来说，还要借助基尔霍夫定律才能进行计算。基尔霍夫第一定律又称节点电流定律，其内容是：流进一个节点的电流恒等于流出该节点的电流，即$\sum I_{入}=\sum I_{出}$或$\sum I=0$。基尔霍夫第二定律又称回路电压定律，其内容是：在任意回路中，电动势的代数和恒等于各电阻上电压降的代数和，即$\sum E=\sum IR$。

7. 求解复杂电路的一般方法是支路电流法。所谓支路电流法是首先假设各支路电流方向和回路方向，再列方程求解的方法。

8. 电流在单位时间内所做的功叫电功率。电功率是衡量用电器在单位时间内消耗电能多少的物理量，功率越大的用电器在单位时间内消耗的电能越大。在大多数情况下，工作中的用电器都会因电能转换成热能而发热，并使用电器的温度升高。当温度超过用电器的最高使用温度就会损坏用电器。所以通常用电器都有额定功率、额定电压或额定电流等额定值来保证其长期工作而不被烧坏。

9. 电功率P、电压U、电流I及电阻R四个量中，只要知道其中任意两个量，就可借助公式$P=IU=I^2R=U^2/R$求出另外两个未知量。

习　　题

1. 已知$U_{AB}=-20V$，$V_B=40V$，则$V_A=$______V；已知$V_A=-30V$，$V_B=20V$，则$U_{AB}=$______V；已知$U_{CD}=60V$，$V_C=30V$，则$V_D=$______V。

2. 如图 1-20 所示，$E=10V$，$r=0.1\Omega$，$R=9.9\Omega$，求开关在不同位置时的电流表和电压表的读数。

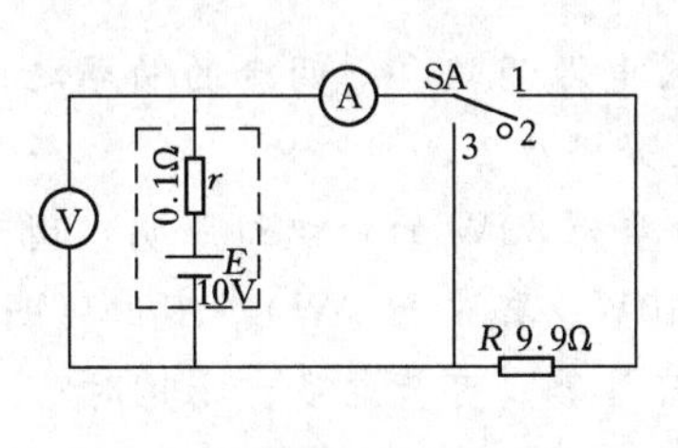

图 1-20

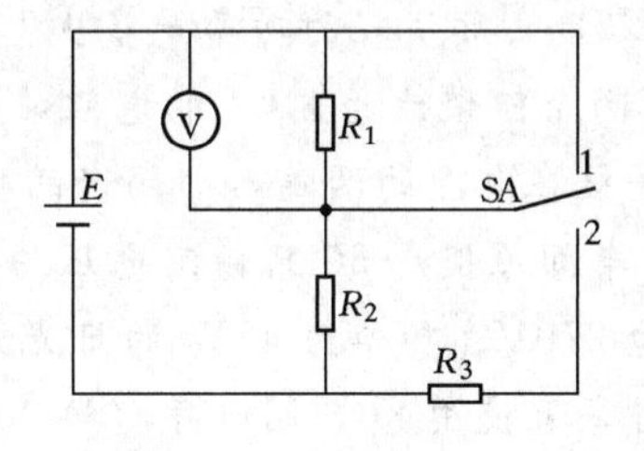

图 1-21

3. 已知某电池的电动势$E=1.65V$，在电池两端接上一个$R=5\Omega$的电阻，实测得电阻中的电流为$I=300mA$，试计算电阻两端的电压U和电池内阻r。

4. 要把一额定电压为 24V、电阻为 240Ω 的指示灯接到 36V 电源中使用，应串多大电阻？

5. 如图 1-21 所示，$E=10V$，$R_1=200\Omega$，$R_2=600\Omega$，$R_3=300\Omega$，求开关接到 1 和 2 以及打开时的电压表读数。

6. 如图 1－22 所示，$R_1=10\Omega$，$R_2=20\Omega$，$R_3=50\Omega$，求$\frac{U_1}{U_2}$、$\frac{I_2}{I_3}$。

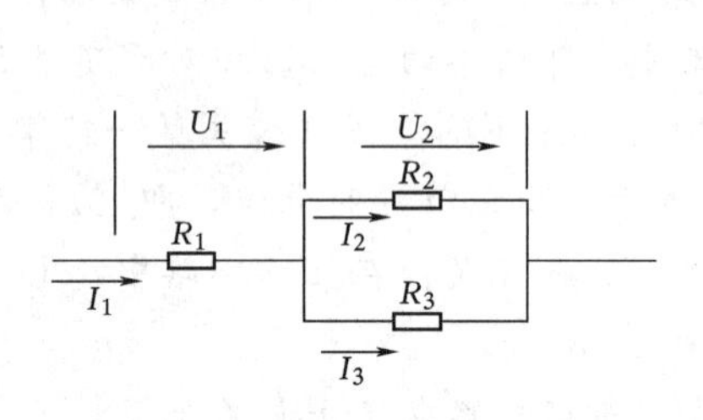

图 1－22

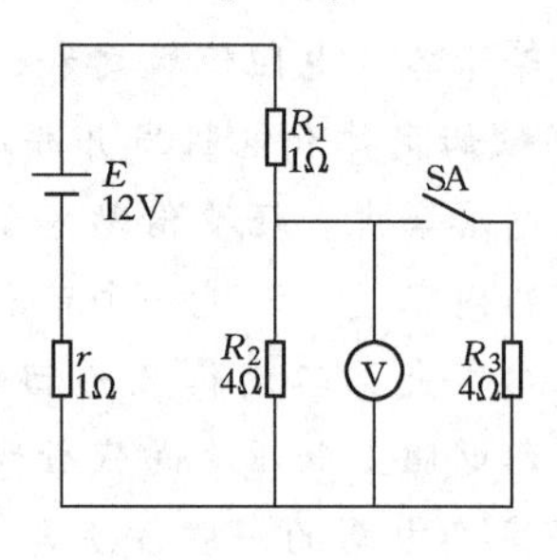

图 1－23

7. 如图 1－23 所示，$E=12\text{V}$，$r=1\Omega$，$R_1=1\Omega$，$R_2=R_3=4\Omega$（设电压表对电路无影响）。求：(1) 开关断开时电压表的读数；(2) 当开关闭合时，电压表的读数又是多少？

8. 已知 $R_1=R_2=5\Omega$，$R_3=10\Omega$，试画出草图说明，把它们按不同方式连接，一共有几种方式？并计算出各种接法的等效电阻。

9. 如图 1－24 所示，已知 $R_1=400\Omega$，$R_2=300\Omega$，$R_3=600\Omega$，$R_4=200\Omega$，求 R_{AB} 等于多少？

10. 有人认为：因为 $P=I^2R$，所以大功率负载中的电流一定比小功率负载中的电流大。你认为这种看法全面吗？为什么？

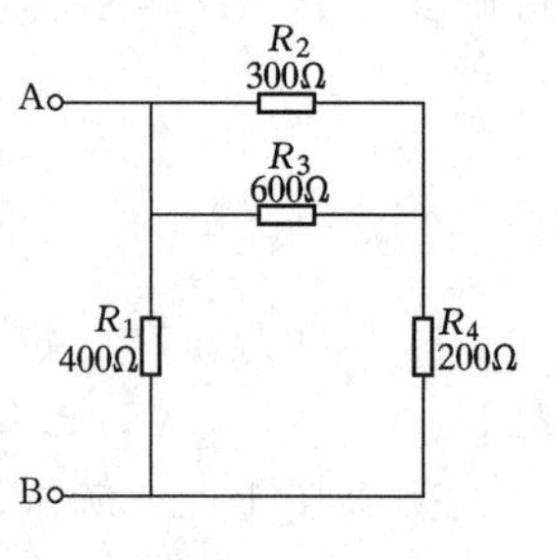

图 1－24

11. 电功率的表达式有：(1) $P=I^2R$；(2) $P=U^2/R$ 等。由 $P=I^2R$ 看出 P 与 R 成正比；由 $P=U^2/R$ 看出 P 与 R 成反比，问这个公式是否有矛盾？为什么？

12. 一个 1kΩ10W 的电阻，允许流过的最大电流是多少？若把它接到 110V 的电源两端，能否安全工作？（设电源内阻为零）

13. 某负载的额定值为 1600W，220V，求接在 110V 电源上（设内阻为零）实际消耗的功率是多少？

14. 有两个阻值比为 3∶1 的电阻，串联后接入电源两端，则两者的功率之比是多少？若把它们并接在电源的两端，则两者的功率之比又是多少？

15. 某车间原使用 50 只额定电压为 220V、功率为 60W 的白炽灯照明，现改为 40 只额定电压为 220V、功率为 47W 的日光灯（灯管 40W、镇流器 7W），不但照明度提高而且省电。若每天使用 8h，问一年（按 300 天工作日计算）可节电多少千瓦时？

16. 已知某电烘箱的电阻丝通过 5A 电流时，每分钟可放出 1.2×10^6J 的热量，求这台电烘箱的电功率及电阻丝工作时的电阻值。

17. 有额定值分别为 220V、60W 和 110V、40W 的白炽灯各一个。问：(1) 把它们串联后接到 220V 电源上时哪个灯亮？为什么？(2) 把它们并联接到 48V 电源上时哪个灯亮？为什么？

*18. 如图 1－25 所示，试说明该电路有几个节点？几个网孔？几个回路？

*19. 如图 1－26 所示，已知 $I_1=25\text{mA}$，$I_3=16\text{mA}$，$I_4=12\text{mA}$，试求 I_2、I_5 和 I_6 的数值和方向。

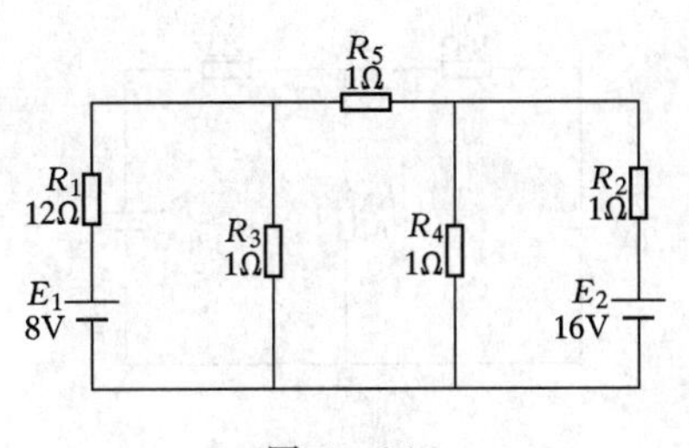

图 1-25

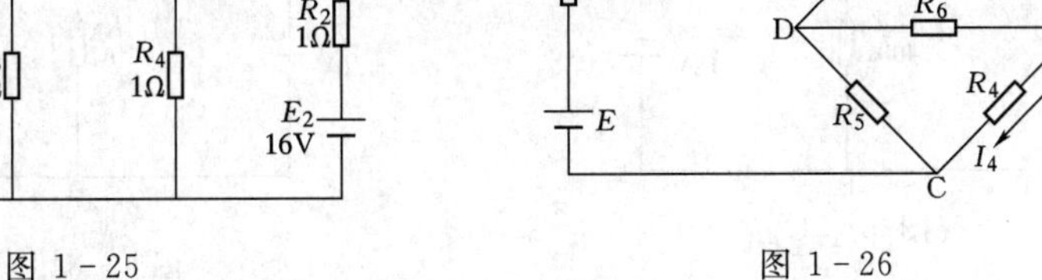

图 1-26

$*$20. 如图 1-27 所示，已知 $R_1=R_2=R_3=R_4=10\Omega$，$E_1=12\text{V}$，$E_2=9\text{V}$，$E_3=18\text{V}$，$E_4=3\text{V}$，用基尔霍夫第二定律求回路中的电流及 EA 两端的电压。

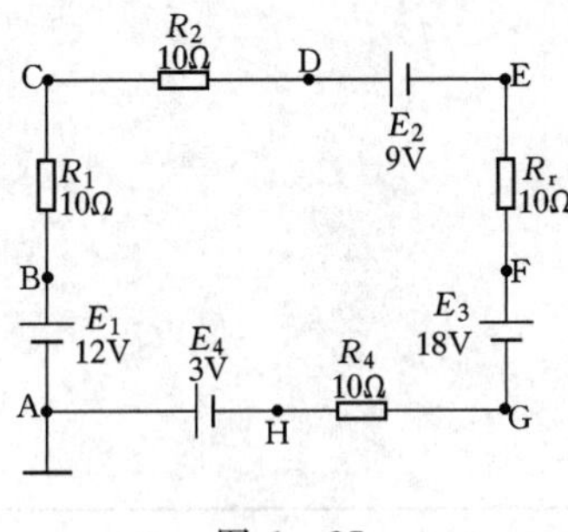
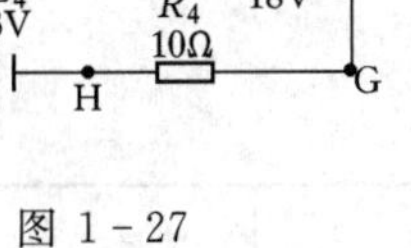

图 1-27

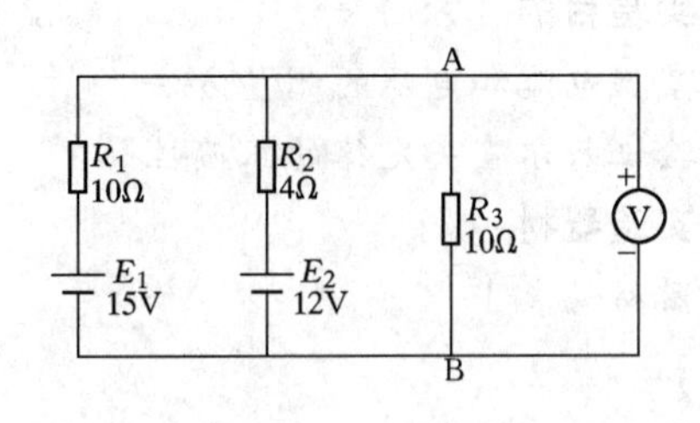

图 1-28

$*$21. 用电压表（内阻很大，对电路无影响）测量图 1-28 电路中 AB 两点间的电压 U_{AB} 为 10V，已知 $E_1=15\text{V}$，$E_2=12\text{V}$，$R_1=10\Omega$，$R_2=4\Omega$，$R_3=10\Omega$，求各支路电流。

22. 如图 1-29 所示，已知 $R_1=4\Omega$，$R_2=1\Omega$，流过电阻的电流 $I=2\text{A}$，电压表的读数为 $U_{\text{AB}}=40\text{V}$，求 E_2。

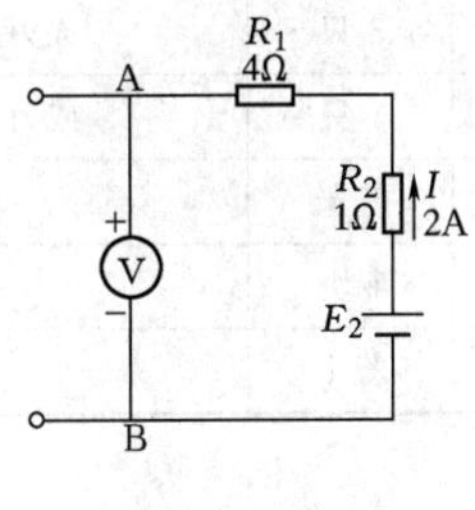

图 1-29

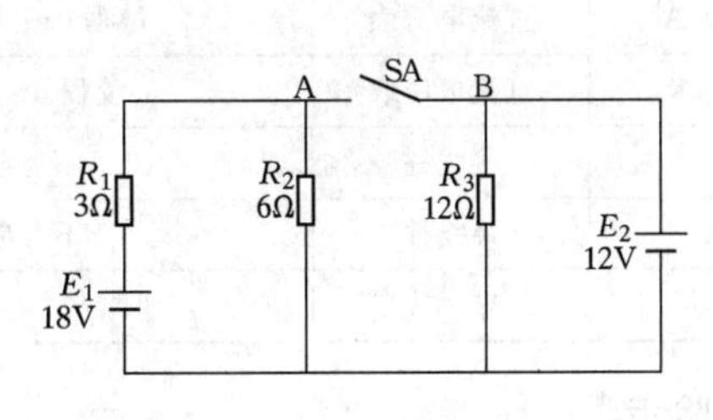

图 1-30

$*$23. 如图 1-30 所示，已知 $E_1=18\text{V}$，$E_2=12\text{V}$，$R_1=3\Omega$，$R_2=6\Omega$，$R_3=12\Omega$，试求：(1) 开关断开时流过各电阻的电流及电压 U_{AB}；(2) 开关接通后，流过各电阻的电流的大小和方向。

$*$24. 如图 1-31 所示，已知 $E_1=3\text{V}$，$E_2=18\text{V}$，$R_1=250\Omega$，$R_3=400\Omega$，流过 R_1 的电流 $I_1=4\text{mA}$，求 R_2 的电阻值及流过 R_2 的电流大小和方向。

$*$25. 如图 1-32 所示，已知 $E_1=120\text{V}$，$E_2=130\text{V}$，$R_1=10\Omega$，$R_2=2\Omega$，$R_3=10\Omega$。试用支路电流法求各支路电流的大小和方向。

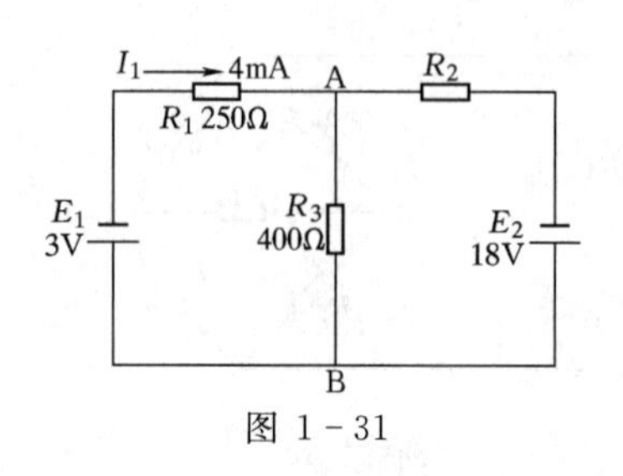

图 1-31

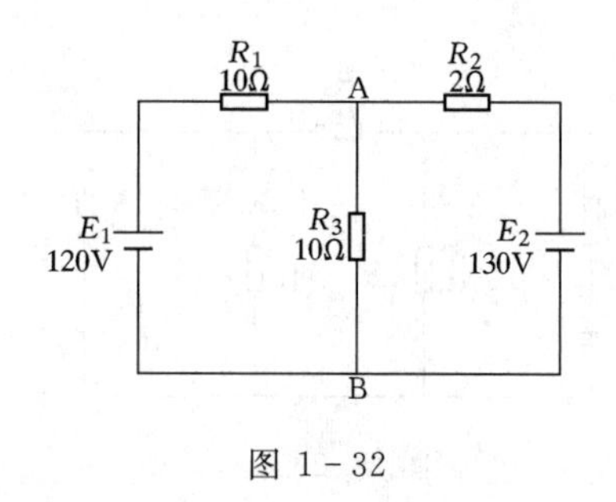

图 1-32

*实验　基尔霍夫定律的验证

一、实验目的

（1）掌握电流和电压的测量方法。

（2）验证基尔霍夫定律的正确性。

二、实验器材

实验器材见表1-2。

表 1-2

序号	代号	名　称	规　　格	数量	备　　注
1	R_1	电　阻	100Ω，1W	1只	阻值尽量接近标称值
2	R_2	电　阻	200Ω，1W	1只	
3	R_3	电　阻	300Ω，1W	1只	
4	E	直流稳压源	电压9～15V　电流大于0.5A	2台	或蓄电池或干电池
5	A	直流电流表	量程0～200mA	3只	或万用表
6	V	直流电压表	量程0～15V	1只	或万用表
7		接线柱	不　限	若干	
8		接线柱	不　限	1块	
9		导　线	不　限	若干	

三、实验步骤

（1）先将稳压电源的输出调整到11V，断开稳压电源的电源开关后按图1-33所示电路图进行接线，并检查有无差错。

（2）请指导教师复查后再接通电源。

（3）分别记下三个电流表的读数和U_{AB}、U_{CB}、U_{BD}的数值。

（4）适当增减E_1和E_2的数值，再分别记下三个电流表的读数和U_{AB}、U_{CB}、U_{BD}的数值，并填入表1-3中。

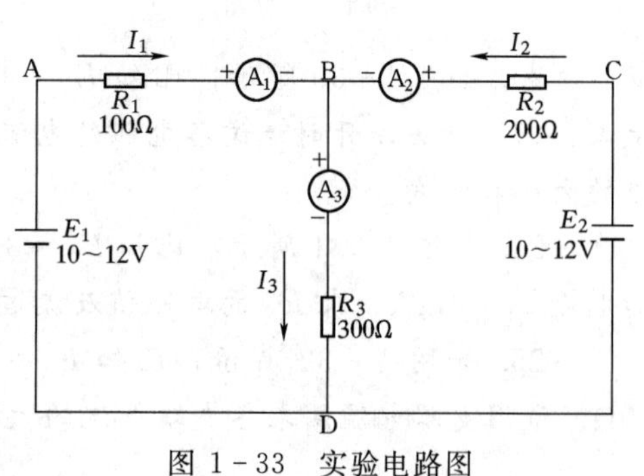

图 1-33　实验电路图

表 1-3

E_1（V）	E_2（V）	I_1（mA）	I_2（mA）	I_3（mA）	U_{AB}（V）	U_{CB}（V）	U_{BD}（V）
11	11						
10	12						
12	10						

（5）对上述实测数据分别按基尔霍夫第一定律和第二定律进行计算，以验证它们的正确性。

（6）若出现误差试分析原因。

四、写出实验报告

第二章 磁与电磁

第一节 电流的磁场

一、磁的基本知识

1. 磁体

具有磁性的物体就叫磁体。磁体分天然磁体（如吸铁石）和人造磁体两大类。常见的人造磁体有条形、蹄形和针形等几种。

2. 磁极

磁极是磁体上磁性最强的部位。实验证明，任何磁体都具有两个磁极，而且无论怎样把磁体分割总保持两个磁极。通常以S表示磁体的南极（常涂红色），以N极表示磁体的北极（常涂绿色或白色）。若让磁体任意转动，N极总是指向地球的北极，S极总是指向地球的南极。这是因为地球本身是个大磁体。地磁北极在地球的南极附近，地磁南极在地球的北极附近。

磁极间相互作用的规律是：同性相斥、异性相吸。

3. 磁场

磁场是磁极周围存在的一种特殊性质。它具有力和能的特性。

4. 磁力线

磁力线是为了形象描述磁场的强弱和方向而引入的假想线，如图2-1所示。它具有以下几个特点：

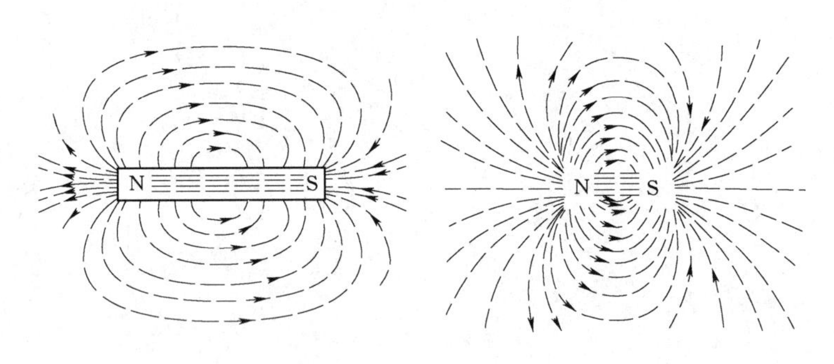

图2-1 磁力线

（1）磁力线是互不交叉的闭合曲线，在磁体外部由N极指向S极，在磁体内部由S极指向N极。

（2）磁力线上任意一点的切线方向，就是该点的磁场方向（即小磁针N极的指向）。

（3）磁力线越密磁场越强，磁力线越疏磁场越弱。磁力线均匀分布而又相互平行的区域称均匀磁场，反之称非均匀磁场。

二、电流的磁场

实验表明，不仅永久磁铁的周围存在磁场。当直导线或线圈通有电流时，它的周围也会产生磁场，这种现象称为电流的磁效应。在实际应用中，绝大多数磁场都是利用电流的磁效应产生的。

通电导体周围的磁场方向与产生该磁场的电流方向有关。磁场方向与电流方向之间的关系，可用右手螺旋定则来确定。对于通电直导体，在运用这个定则时，应把右手的大拇指指向电流方向，而弯曲四指的指向则表示磁场方向。它的磁力线是以导线为中心的一组同心圆，如图 2-2（a）所示。对于通电的螺管线圈，则是用右手握住线圈，使四指的方向与线圈电流的方向一致，伸直的拇指所指的方向就是磁场的方向。它的磁力线分布情况与条形磁铁相似，如图 2-2（b）所示。

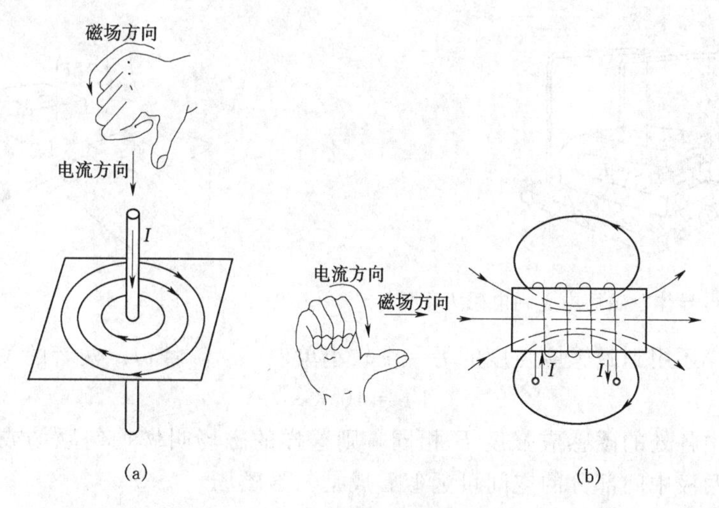

图 2-2　通电导体周围的磁场

（a）直导体；（b）筒形螺管线圈

第二节　磁场对电流的作用

一、磁场对通电直导体的作用

如图 2-3 所示，在蹄形磁铁的两极中悬挂一根直导体并使导体与磁力线垂直。当导体中没有电流流过时，导体静止不动；当电流流过导体时，导体就会向磁体内部移动，若改变电流流向，导体向相反方向移动。通电导体在磁场中移动的原因是受到磁场的作用力，通常把通电导体在磁场中受到的作用力叫电磁力。

电磁力的方向可用左手定则来判断。如图 2-4 所示，平伸左手，使拇指垂直其余四指，手心正对磁场的 N 极，四指指向电流方向，则拇指的指向就是通电导体的受力方向。

二、磁感应强度

磁体周围存在磁场。磁感应强度 B 就是表示磁场中某点磁场的强弱和方向的物理量，它是一个矢量。磁场中某点磁感应强度 B 的方向就是该点磁力线的切线方向。单位为特斯拉（T），其大小可用公式表示为

$$B=\frac{F}{Il} \tag{2-1}$$

式中 l——导体在磁场中的有效长度，即与磁力线垂直的长度，m；

I——通过导体 l 的电流，A；

F——长度为 l 的导线当通以电流 I 时，在磁场中受到的作用力，N；

B——磁感应强度，T。

式（2-1）表明：一根具有单位长度并与磁场方向相垂直的导体，当通过单位电流时，它所受到作用力称为导体所在处的磁感应强度 B。

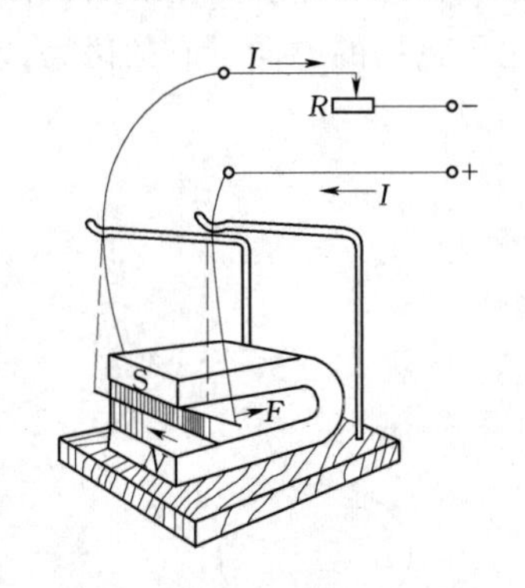

图 2-3 通电导体在磁场中受到电磁力作用

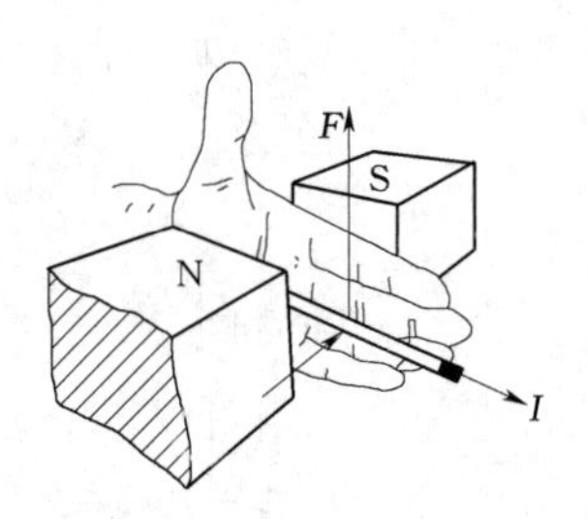

图 2-4 左手定则

在工程上，还用到磁感应强度的另一个较小单位 Gs（高斯）。两者的关系是

$$1\text{T}=10^4\ \text{Gs}$$

如果磁场中各处的磁感应强度 B 相同，则这样的磁场叫做均匀磁场或匀强磁场。例如马蹄形磁铁两极中间部分的空间可近似看成是匀强磁场。

在电机、电器上应用的磁感应强度的范围一般在 0.2～1.8T。至于地球磁场的 B 值，仅为 0.00005T 左右。

三、磁通

仅仅知道磁场中某一点的磁感应强度是不够的，因为有时要考虑磁场中某一截面的磁场在空间的分布情况。为此，需要引入磁通这个物理量。

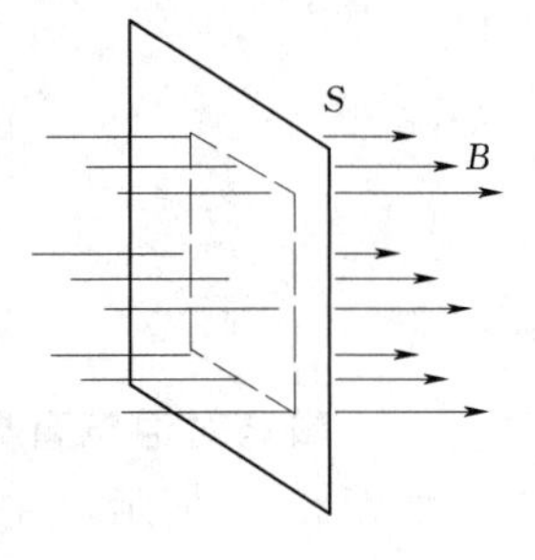

图 2-5 磁通

在磁感应强度为 B 的均匀磁场中，取一与磁场方向垂直的平面 S，如图 2-5 所示。把磁感应强度和垂直于磁场方向的面积 S 的乘积，称为通过该面积的磁通，用字母 Φ 表示，即

$$\Phi=BS \tag{2-2}$$

式中 B——磁感应强度，T；

S——垂直于磁场方向的面积，m^2；

Φ——磁通，Wb。

磁通的单位除了用 Wb（韦伯）外，工程上还用到 Mx（麦克斯韦），两者的关系是

$$1\text{Wb}=10^8\,\text{Mx}$$

式（2-2）也可写成

$$B=\frac{\Phi}{S} \tag{2-3}$$

上式表明，磁感应强度的大小等于与磁场方向垂直的单位面积上的磁通。所以，B 又称为磁通密度，简称磁密。由式（2－3）可知，磁感应强度单位的另一种等效形式是 Wb/m^2，它和 T 的关系是 $1T=1Wb/m^2$。

四、磁场对通电线圈的作用

由于磁场对通电导体有作用力，因此磁场对通电线圈也应有作用力。如图 2－6 所示，在磁感应强度为 B 的均匀磁场中，放一矩形通电线圈 abcd。当线圈平面与磁力线平行时，因 ab 和 dc 边与磁力线平行，不受力；ad 和 bc 边与磁力线垂直而受到力的作用。根据左手定则可知 ad 和 bc 边的受力方向是一上一下而构成一对力偶。线圈在力矩作用下将绕轴线 OO′做顺时针方向转动。

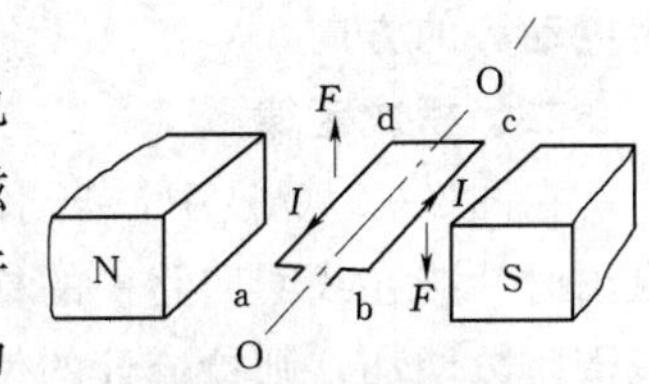

图 2－6　磁场对通电线圈的作用

当线圈平面与磁力线平行时，如图 2－6 所示，此时线圈受到的转矩为最大；当线圈平面与磁力线垂直时，线圈受到的转矩为零。可见通电线圈在磁场中，磁场总是使线圈平面转到与磁力线相垂直的位置上。如果此时改变线圈的电流方向，加之线圈的旋转惯性，线圈就能绕轴线 OO′顺时针方向连续运转下去。

第三节　电　磁　效　应

实验证明：当导体相对于磁场运动而切割磁力线，或线圈中的磁通发生变化时，在导体或线圈中都会产生电动势；若导体或线圈是闭合电路的一部分，则导体或线圈中将产生电流。从本质上讲，上述两种现象都是由于磁场发生变化而引起的。我们把变动磁场在导体中引起电动势的现象称为电磁感应，也称“动磁生电”；由电磁感应引起的电动势叫做感生电动势；由感生电动势产生的电流叫感生电流。

一、直导体中产生的感生电动势

如图 2－7 所示，当导体在磁场中静止不动或沿磁力线方向运动时，检流计的指针都不偏转；当导体向下或磁体向上运动时，检流计指针向右偏转一下；当导体向上或磁体向下运动时，检流计指针向左偏转一下。而且导体切割磁力线的速度越快，指针偏转的角度越大。上述现象说明，感生电流不但与导体在磁场中的运动方向有关，而且还与导体的运动速度 v 有关。

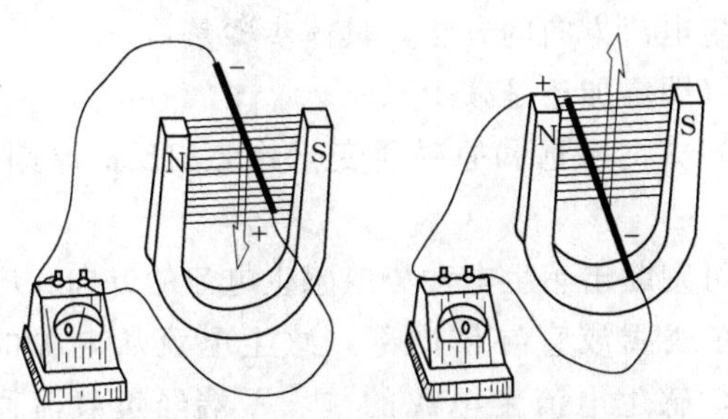

图 2－7　导电回路切割磁力线时产生感生电动势和感生电流

直导体中产生的感生电动势的大小为

$$e=Bvl\sin\alpha \tag{2-4}$$

若 B 的单位为 T，v 的单位为 m/s，l 的单位为 m，则 e 的单位为 V。当导体垂直磁力线（即导体在磁场中的有效长度 $l\sin\alpha=l\sin90°=l$）时，即导体运动方向、磁力线方向、感生电动势方向两两相互垂直时，感生电

动势最大，即

$$E_m = Bvl \tag{2-5}$$

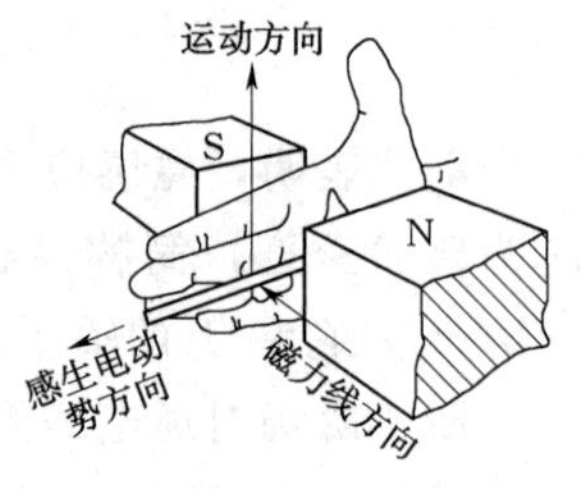

图 2-8　右手定则

直导体中产生的感生电动势方向可用右手定则来判断，如图 2-8 所示：平伸右手，拇指与其余四指垂直，让掌心正对磁场 N 极，以拇指指向表示导体的运动方向，则其余四指的指向就是感生电动势的方向。

二、楞次定律

在图 2-9 (a) 中，当永久磁铁 3 插入线圈 2 或从线圈 2 中取出时，接在线圈回路中的检流计 1 就会向不同的方向偏转。若磁铁插入或取出得愈快或线圈匝数增加，则检流计的偏转角也就愈大。上述现象表明在线圈回路中产生了不同大小和方向的感应电动势 e。改变图 2-9 (b) 中线圈 4 内的电流大小，同样可使线圈回路 2 中产生上述结果。

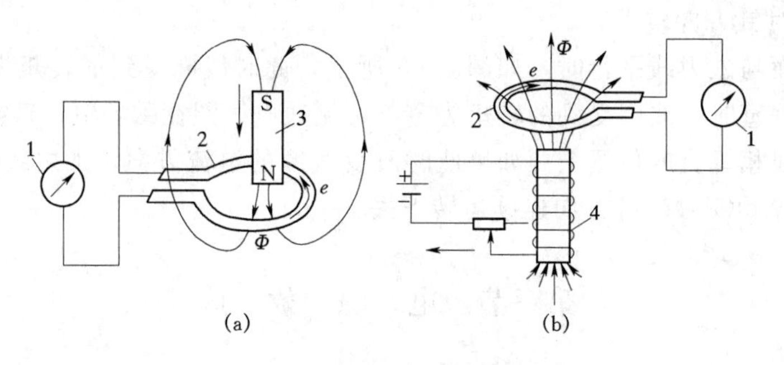

图 2-9　线圈中的感应电动势

1—检流计；2—线圈；3—永久磁铁；4—线圈

通过上述实验可得出以下两个结论：

第一，导体中产生感生电动势和感生电流的条件是：导体相对于磁场作切割磁力线运动或线圈中的磁通发生变化时，导体或线圈中就产生感生电动势；若导体或线圈是闭合电路的一部分，就会产生感生电流。

第二，感生电流产生的磁场总是阻碍原磁通的变化。也就是说，当线圈中的磁通要增加时，感生电流就要产生一个磁场去阻碍它的增加；当线圈中的磁通要减少时，感生电流所产生的磁场将阻碍它减少。这个规律就称为楞次定律。

楞次定律提供了一个判断感生电动势或感生电流方向的方法，具体步骤是：

(1) 首先判定原磁通的方向及其变化趋势（即增加还是减少）。

(2) 根据感生电流的磁场（俗称感生磁场）方向永远和原磁通变化趋势相反的原则，确定感生电流的磁场方向。

(3) 根据感生磁场的方向，用安培定则就可判断出感生电动势或感生电流的方向。应当注意，必须把线圈或导体看成一个电源。在线圈或直导体内部，感生电流从电源的“—”端流到“+”端；在线圈或直导体外部，感生电流由电源的“+”端经负载流回“—”端。因此，在线圈或导体内部感生电流的方向永远和感生电动势的方向相同。

【例 2-1】　在图 2-10 (a) 中，当把磁铁插入线圈时，线圈中的磁通将增加。根据楞次定律，感生电流的磁场应阻碍磁通的增加，则线圈的感生电流产生的磁场方向为上 N 下 S。再根据右手螺旋定则可判断出感生电流的方向是由左端流进检流计。当磁铁拔出线圈时，见图 2-10（b）。用同样的方法可判断出感生电流由右端流进检流计。

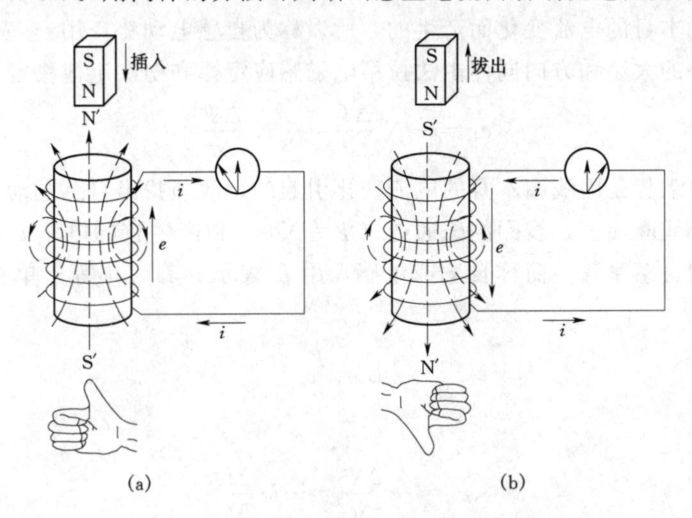

图 2-10　磁铁插入和拔出线圈时感生电流的方向

三、法拉第电磁感应定律

楞次定律说明了感生电动势的方向，而没有回答感生电动势的大小。为此，我们可以重复图 2-9（a）的实验。我们发现检流计指针偏转角度的大小与磁铁插入或拔出线圈的速度有关，当速度越快时，指针偏转角度越大，反之越小。而磁铁插入或拔出的速度，正是反映了线圈中磁通变化的快慢。所以，线圈中感生电动势的大小与线圈中磁通的变化速度（即变化率）成正比。这个规律，就叫做法拉第电磁感应定律。

用 $\Delta\Phi$ 表示在时间间隔 Δt 内一个单匝线圈中的磁通变化量。则一个单匝线圈产生的感生电动势为

$$e=-\frac{\Delta\Phi}{\Delta t}$$

对于 N 匝线圈，其感生电动势为

$$e=-N\frac{\Delta\Phi}{\Delta t}=-N\frac{\Delta\Psi}{\Delta t} \qquad (2-6)$$

式中　e——在 Δt 时间内感生电动势的平均值，V；

N——线圈的匝数；

$\Delta\Psi$——N 匝线圈的磁通变化量，Wb；

Δt——磁通变化 $\Delta\Psi$ 所需要的时间，s。

式（2-6）是法拉第电磁感应定律的数学表达式。式中负号表示了感生电动势的方向永远和磁通变化的趋势相反。在实际应用中，常用楞次定律来判断感生电动势的方向，而用法拉第电磁感生定律来计算感生电动势的大小（取绝对值）。所以这两个定律，是电磁感应的基本定律。

四、自感

因为通电导体的周围存在着磁场，所以当线圈中电流变化时，其周围的磁场也随之变化。根据电磁感应定律，这个变化的磁场会使线圈产生感应电动势。因上述的感应电动势是由于通过线圈本身的电流变化而产生的，所以称为自感电动势，用 e_L 表示。

自感电动势的大小和方向同样由法拉第电磁感应定律和楞次定律决定，即

$$e_L = -N\frac{\Delta\Phi}{\Delta t} = -N\frac{\Delta\Psi}{\Delta t}$$

由于自感电动势是因线圈本身的电流变化引起的，故须找出自感电动势与电流变化率的关系。对空心线圈而言，线圈的磁通链（$\Psi = N\Phi$）和产生它的电流 i 成正比，其比例常数称为线圈的自感系数，简称自感或电感，用 L 表示，其大小等于单位电流产生的磁链数，即

$$L = \frac{\Psi}{i} \tag{2-7}$$

因此自感电动势

$$e_L = -\frac{\Delta\Psi}{\Delta t} = -L\frac{\Delta i}{\Delta t} \tag{2-8}$$

式（2－8）说明，自感电动势的大小与线圈的自感系数及线圈中电流的变化率成正比。公式右侧的负号表示自感电动势 e_L 起着阻碍电流变化的作用，即当电流 i 增大时，e_L 与 i 的方向相反，以阻碍电流的增大。而当电流减小时，则 e_L 与 i 方向相同，以阻碍电流的减小。

电感 L 是衡量线圈产生自感磁通本领大小的物理量。一个线圈电感的大小与它的匝数、几何形状、介质的磁导率有关。如果一个线圈通过 1A 电流，能产生 1Wb 的自感磁通，则该线圈的电感就叫 1 亨利，简称亨（H）。在实际工作中，特别在电子应用技术中，常采用较小的单位：毫亨（mH）、微亨（μH），它们之间的换算关系是

$$1\text{mH} = 10^{-3}\text{H}$$

$$1\mu\text{H} = 10^{-3}\text{mH} = 10^{-6}\text{H}$$

五、互感与同名端

互感也是电磁感应现象之一，如图 2－11 所示。若线圈 1 通过变化的电流 i_1，则其中就有变化的磁通 Φ_1 产生。由于线圈 2 非常靠近线圈 1，所以磁通 Φ_1 中的一部分（即 Φ_{12}）将穿过线圈 2，线圈 2 中就有感应电动势产生。这种由一个线圈的电流变化而引起另一个线圈产生感应电动势的现象，就称为互感。由互感而产生的电动势称为互感电动势。能够产生互感电动势的两个线圈称为磁耦合线圈。通常把通入外电流的线圈称为原线圈，产生互感电动势的线圈称为副线圈。

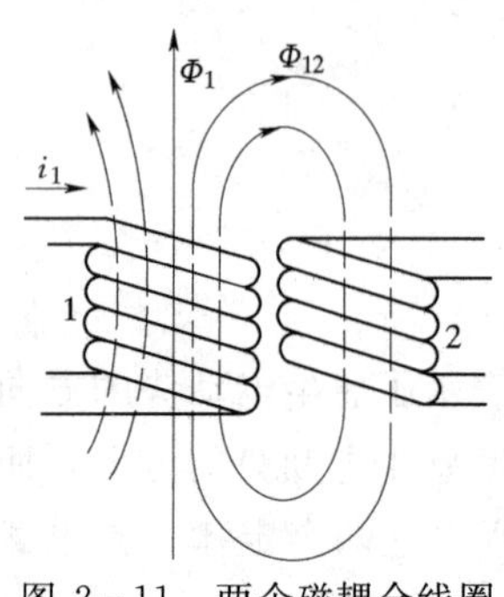

图 2－11　两个磁耦合线圈

互感电动势的大小和方向同样由法拉第电磁感应定律和楞次定律决定，第二个线圈中的互感电动势总是力图阻止第一个线圈中电流的变化。

互感电动势的方向不仅与磁通的变化趋势有关，而且还与

线圈的绕向有关。如图 2-12（a）所示，设线圈 A 中通以电流 i，并正在增大，根据楞次定律可判断出线圈 A 中的自感电动势及线圈 B、C 中的互感电动势的极性如图示。若电流 i 不是增大而是减小，则各端的正负极性都要改变。但无论 i 如何变化，图中 1、4、5 三个端点感应电动势的极性始终一致（同样，2、3、6 三个端点的极性也一致，但与前者相反）；无论电流从哪端流入线圈，上述三个端点感应电动势的极性都分别保持一致。由图 2-1（a）还可看出，端点 1、4、5 和端点 2、3、6 的绕向分别一致。

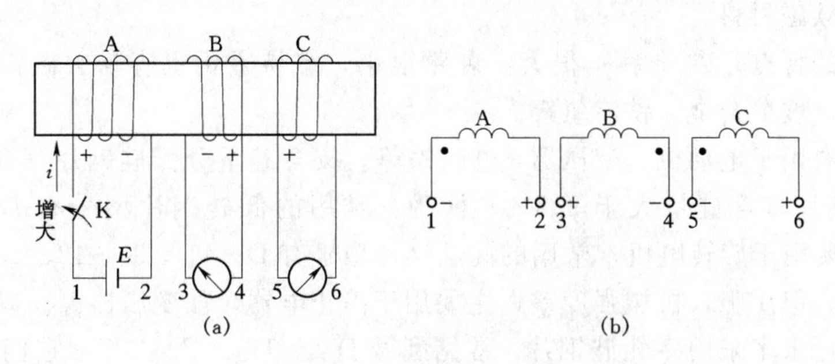

图 2-12　线圈的同名端

这种由于绕向一致而使感应电动势的极性始终保持一致的端点称为同名端，用符号“·”表示。标出同名端后，每个线圈的具体绕法和各线圈间的相对位置都不必在图中表示出来，这样，图 2-12（a）就可以画成图 2-12（b）的形式。

第四节　磁导率与铁磁材料

一、磁导率

磁导率也称导磁系数，它是用来衡量物质导磁性能的物理量，用符号 μ 表示。磁导率的单位是享/米（H/m）。

自然界的物质，就导磁能力来说可以分为非铁磁物质和铁磁物质两大类。非铁磁物质如铜、铝、空气等，它们的导磁性能差，磁导率接近于真空的磁导率 μ_0。经过实验测定，真空的磁导率 $\mu_0=4\pi\times10^{-7}$ H/m，且为一常数。铁磁物质如铁、镍、钴以及含有这些元素的合金，它们的导磁性能好，磁导率高，可以是 μ_0 的数千甚至数万倍，并且不是一个常数，此类物质在电工技术中应用很广。

通常把各种物质的磁导率 μ 用真空磁导率的倍数表示，称为物质的相对磁导率，用 μ_r 表示。即

$$\mu_r=\frac{\mu}{\mu_0}$$

各种物质的相对磁导率 μ_r 可从有关手册中查到，它的物理意义是：在其他条件相同的情况下，媒介质中的磁感应强度是真空中的多少倍。

二、铁磁材料

铁磁性材料，主要是指铁、钴、镍或它们的合金以及某些含铁的氧化物（铁氧体）。铁磁性材料具有下列磁性能。

（1）磁化性。能被磁化而变成磁体。

（2）高导磁性。铁磁材料的磁导率通常比非铁磁材料大很多倍，导磁性能好。

（3）剩磁性。被磁化并除去外磁场后，铁磁材料中能保留一定剩余磁性。

（4）磁滞性。在反复磁化过程中，铁磁材料中磁感应强度的变化总滞后于外磁场的变化，并有一定磁滞损耗。

常用的铁磁材料有两大类：

第一类：软磁材料。

软磁材料的特点是磁导率 μ 很大，剩磁很小，容易磁化也容易去磁，因而磁滞损耗小，如硅钢片、坡莫合金、铁淦氧等。

硅钢片主要用于电动机、变压器，电磁铁等。按含硅量分低硅钢片（含硅量在2.8%以下）、高硅钢片（含硅量大于2.8%）两种。常用的低硅钢片型号有D—22、D—23、D—24等，主要用于旋转电机；常用的高硅钢片型号有D—41 、D—42、D—43等。它们的磁滞损耗小，但质脆，机械强度差，主要用于静止电器，如变压器等。以上两种都属于热轧硅钢片。近来多采用冷轧硅钢片，常见型号 D_{310}、D_{320}、D_{330} 等。它们和热轧硅钢片相比，具有磁导率高、磁滞损耗小等特点。

坡莫合金（主要是铁、镍合金）不但剩磁很小，而且磁导率很高，起始相对磁导率可达几十万。所以常用来做小型元件，如高精度的交流仪表、小型变压器等。

铁淦氧磁体（铁氧体）和磁介质（铁粉心）用在高频电路中，所引起的磁滞损耗比金属磁性材料低得多，而且具有高电阻性，如铁氧体的电阻比金属磁性材料要大几百万甚至几亿倍以上。所以广泛用于无线电工业和计算机技术方面，日常生活中使用的收录机中的磁性天线（磁棒）、电视机中偏转线圈的磁心以及中周的磁心都属这类材料。

第二类：硬磁材料。

硬磁材料的特点是，必须用较强的外磁场才能使它们磁化，但一经磁化，取消外磁场后磁性不容易消失，具有很强的剩磁。常见的硬磁材料有碳钢、钴钢、铝镍钴合金及钡铁氧体、锶—钙铁氧体等。它们的主要用途是制造各种形状的永久磁铁和恒磁（如扬声器磁钢）。

*第五节　磁路欧姆定律

磁力线所通过闭合路径叫磁路。图2-13是简单的无分支磁路和等效磁路。设绕在铁心上的线圈匝数为 N，通以恒定电流 I，铁心截面积为 S，磁路的平均长度为 l，通过数学计算可得

$$\Phi=\frac{NI}{R_{\mathrm{m}}} \tag{2-9}$$

式中 NI 是产生磁通的原动力，称为磁势，相当于电路中的电动势。$R_{\mathrm{m}}=\frac{1}{\mu S}$ 为磁阻，是铁磁材料对磁通的阻力，相当于电路中的电阻，即

$$磁通=\frac{磁通势}{磁阻}$$

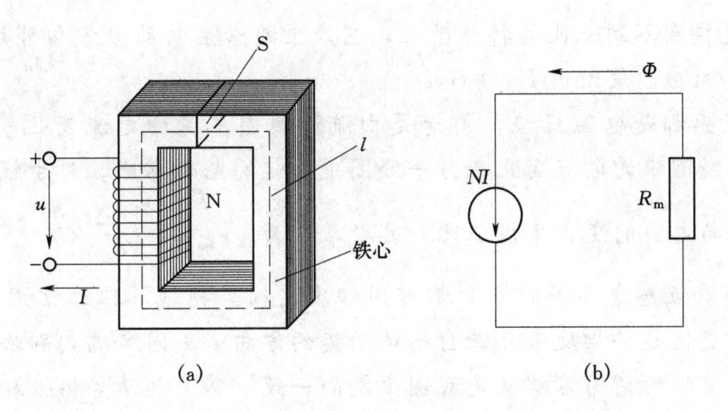

图 2-13　简单的无分支磁路和等效磁路

式（2-9）表明，磁路中的磁通与磁通势成正比，与磁阻成反比。这和电路中的欧姆定律很相似，所以把式（2-9）叫做磁路欧姆定律。

由 $R_m=\dfrac{l}{\mu S}$ 看出，磁阻的大小不但与磁路长度、截面面积有关，而且与磁场中媒介质的磁导率有很大关系，当 l 和 S 一定时，μ 越大则磁阻 R_m 越小，μ 越小 R_m 越大，铁磁材料的 μ 一般都很大，所以磁阻很小，但空气、纸等的 $\mu_r \approx 1$，所以它们的磁阻很大。

通常磁路都是由几段截面不同的铁磁性材料构成，加上铁磁性材料的导磁系数又不是常数，所以使用磁阻来计算磁路是很不方便的。磁路的欧姆定律一般用来对磁路作定性分析。

小　结

1. 磁铁周围和电流周围都存在着磁场。和电场相似，磁场也具有力和能的特性，是一种特殊物质。磁力线能形象地描述磁场，它们是互不交叉的闭合曲线，在磁体外部由N极指向S极，在磁体内部由S极指向N极；磁力线的切线方向表示磁场方向，其疏密程度表示磁场的强弱。

2. 描述磁场的两个物理量是：(1) 磁感应强度 $B=\dfrac{F}{Il}$（T）是表示磁场中某点磁场强弱和方向的物理量；(2) 磁通 $\Phi=BS$（Wb）是表示磁场在空间分布的物理量。

3. 电流产生的磁场方向可用右手螺旋定则判断。电流受到的电磁力方向可用左手定则判断。

4. 电磁感应的实质是变化的磁场在导体中引起感生电动势，所以常把电磁感应叫做“动磁生电”。产生感生电动势的条件是导体相对磁场运动而切割磁力线或线圈中的磁通发生变化；产生感生电流的条件除必须具备感生电动势外，导体或线圈必须是闭合电路的一部分。

5. 楞次定律的基本内容是：感生磁通永远阻碍原磁通的变化。法拉第电磁感应定律的基本内容是：感生电动势的大小与磁通的变化率成正比，即 $|e|=\dfrac{\Delta\Phi}{\Delta t}$。通常用楞次定律来判别感生电动势的方向，用法拉第电磁感应定律来计算感生电动势的大小。

6. 直导体是线圈不到一匝的特殊情况，它产生的感生电动势方向可用右手定则判断，其大小为 $e=Bvl\sin\alpha$，最大值 $E_m=Bvl$。

7. 自感和互感都是电磁感应，前者是由流过线圈本身的电流变化引起的电磁感应；后者则是由一个线圈中的电流变化在另一线圈中引起的电磁感应。对于线性电感来说，自感电动势的大小与电流的变化率成正比，其数学式为 $|e_L|=L\dfrac{\Delta i}{\Delta t}$。

8. 虽然自感和互感电动势的方向都可用楞次定律来判别，但通常用自感电流的方向永远与原电流的变化趋势相反来判断自感电动势的方向；用同名端判别法来判断互感电动势的方向较为方便。所谓同名端就是线圈中绕向一致、感生电动势极性相同的端点。

9. 铁磁材料是相对磁导率 $\mu_r\gg1$ 的物质，大致可分为软磁（容易磁化容易去磁，剩磁很小）和硬磁（不易磁化，一旦磁化就不易去磁，剩磁很大）两类。它们是生产中必不可少的材料之一。

10. 磁路是磁力线所通过的闭合路径。对于简单的无分支磁路，可用磁路欧姆定律作定性说明。

习　题

1. 有人说"磁力线永远是从磁体的N极出发，终止于S极"。你认为对吗？为什么？

2. 在图2-14中，标出由电流产生的磁极极性或电源的正负极性。

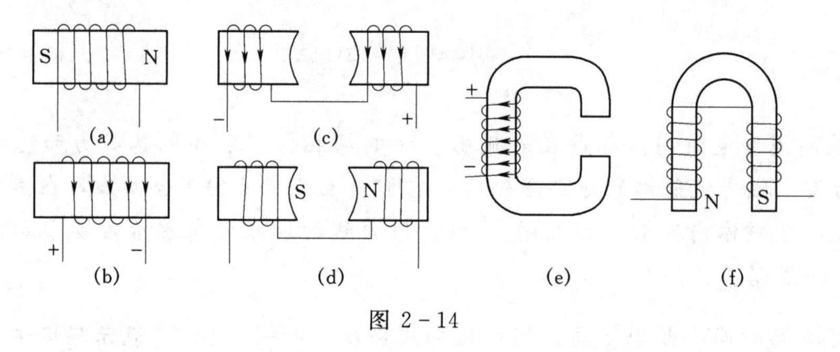

图 2-14

3. 根据左手定则标出图2-15中各图的电流方向或载流导体的受力方向。

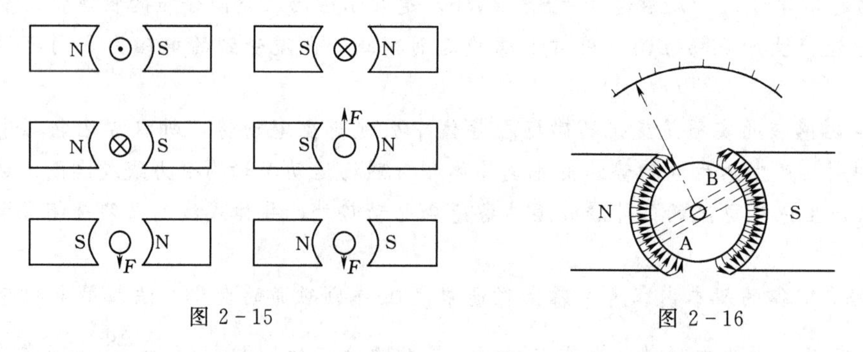

图 2-15　　　　图 2-16

4. 图2-16是磁电式电表测量机构的剖面图，图中指针固定在动圈AB上。已知动圈的电流方向是由B流进、A流出，试判别指针如何偏转？

5. 试判别下列各小题的结论，是正确的还是错误的？为什么？

（1）产生感生电流的惟一条件是导体切割磁力线运动或线圈中的磁通发生变化。（2）感生磁场的方向总是和原磁场的方向相反。（3）感生电流的方向总是和感生电动势的方向相反。（4）自感电动势是由于线圈中流过恒定电流而引起的。（5）自感电流的方向总与外电流的方向相反。

6. 如图 2－17 所示，（1）标出图 2－17（a）、（b）中感生电流的方向；（2）标出图 2－17（c）、（d）中的磁极极性；（3）标出图 2－17（e）、（f）中导线切割磁力线的运动方向；（4）为使在磁场内运动导体所产生的感生电流方向如图 2－17（g）、（h）图所示，试把线圈连接到电源上。

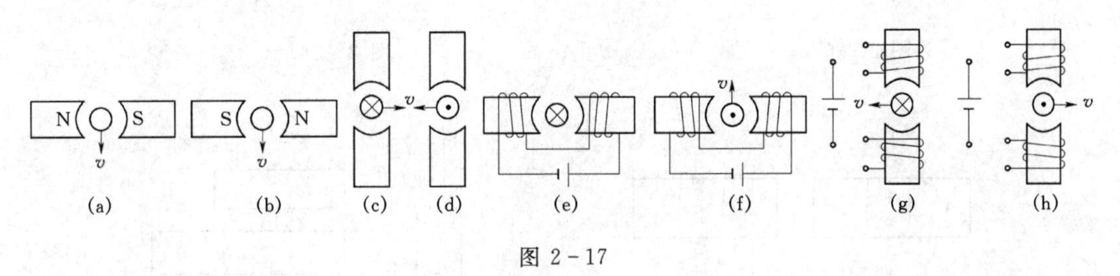

图 2－17

7. 如图 2－18 所示，矩形导电线圈的平面垂直磁力线。若线圈按箭头方向运动，即图 2－18（a）平移，图 2－18（b）水平转动，图 2－18（c）左边向上右边向下转动，哪些情况能产生感生电流？试分别画出各线圈中感生电流的方向。

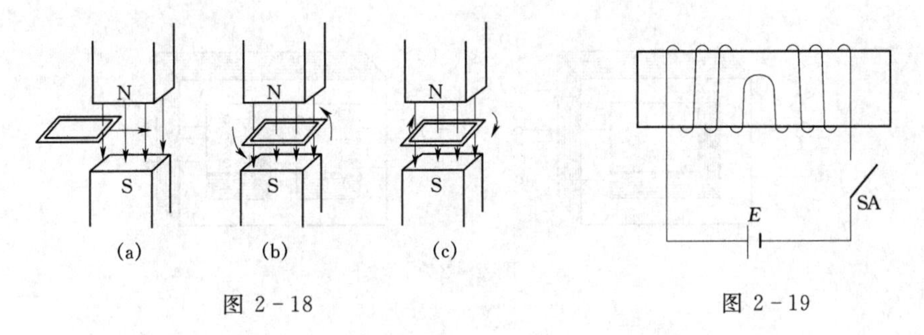

图 2－18　　　　图 2－19

8. 如图 2－19 所示是一个特殊绕法的线圈。当开关接通瞬间，线圈中是否产生感生电动势？为什么？

9. 如图 2－20 所示，闭合线圈 abcd 在铁心 A、B 间绕 OO′轴作顺时针方向转动，试在图中标出：（1）铁心 A、B 两端，哪端是 N 极；哪端是 S 极；（2）线圈 abcd 的感生电流方向；（3）磁场对线圈 abcd 的作用力方向。

10. 如图 2－21 所示，设导体 MN 在均匀磁场中按 v 的方向作匀加速直线运动。试在 A、B 两个线圈中标出感生电流的方向和感生电动势的极性。

11. 如图 2－22 所示，问当线圈 A 通电瞬间、电流增强和电流减弱以及断电瞬间四种情况下，线圈 B 中能否产生感生电流？方向怎样？

12. 如图 2－23 所示，问条形磁铁插进线圈的过程中，放在导线下面的小磁针如何偏转（只考虑直导线产生的磁场，N 极指的方向即为磁场方向）标出接检流计的两个线圈的感生电流方向。

13. 试在图 2-24 中用同名端判别法分别标出开关接通瞬间，线圈 B 和 C 中的感生电动势极性。

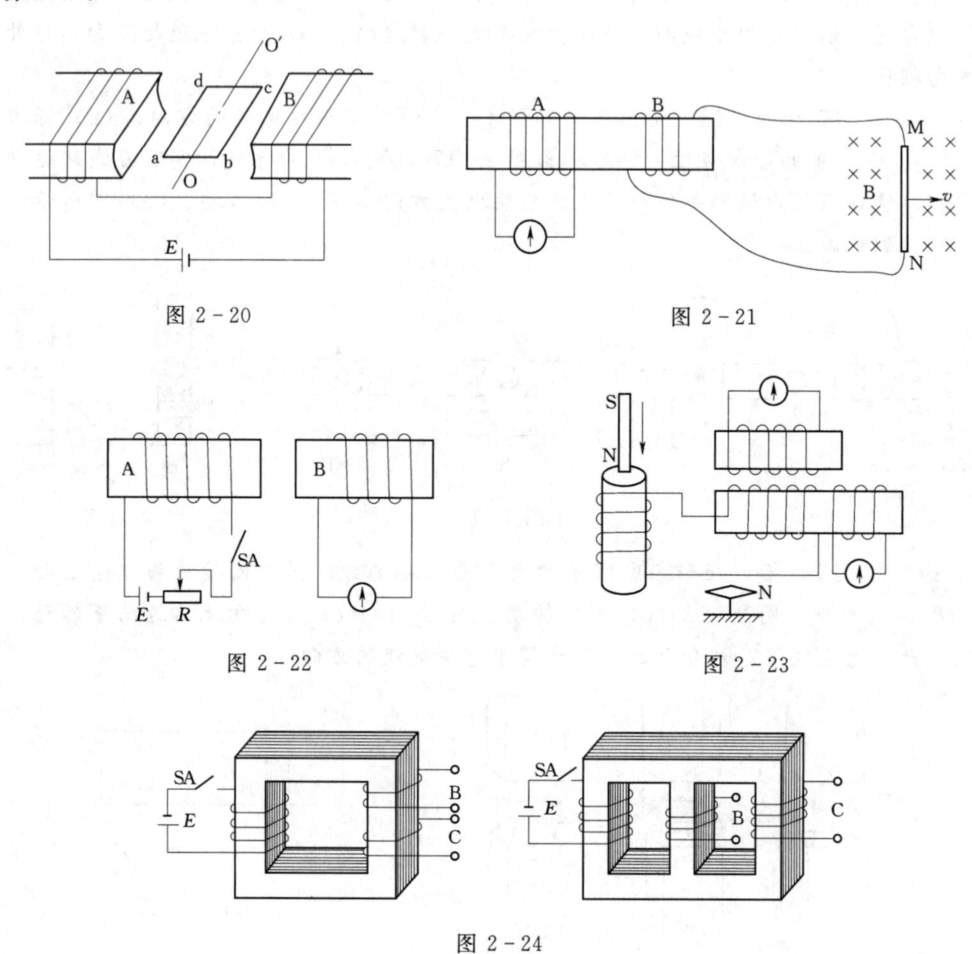

图 2-20　图 2-21

图 2-22　图 2-23

图 2-24

第三章　正弦交流电路

第一节　交流电的基本概念

一、交流电的概念

大小和方向随时间作周期性变化的电动势、电压和电流分别称为交流电动势、交流电压和交流电流，它们统称为交流电。在交流电源作用下的电路称为交流电路。

如果交流电是按正弦曲线规律变化的，则称为正弦交流电。

表达交流电随时间变化规律的数学式称为解析式，如 $e=E_m\sin\omega t$。表达交流电随时间变化规律的图像，称为波形图，如图 3-1 就是交流电动势 e 的波形图。

交流电的应用非常广泛。首先，可以用变压器来变换交流电的电压。在输电时，通过变压器把低电压变为高电压输电，可减小线路电流，从而减少线路的电能损失。在用电时，再将高电压变为低电压，以保证人身安全，同时又降低了对负载的绝缘要求。此外，交流电机比直流电机结构简单，因而便于制造和维护。有些直流电气设备，其直流电源是利用整流设备把交流电变为直流电的。

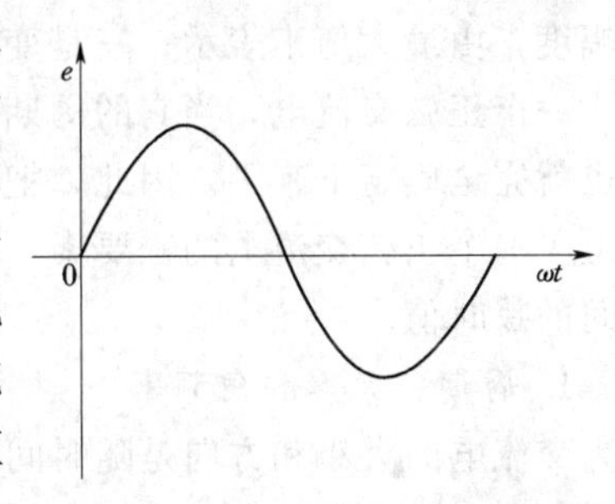

图 3-1　正弦交流电动势的波形图

二、正弦电动势的产生

正弦电动势通常是由交流发电机产生，图 3-2（a）、（b）所示是交流发电机的示意图。在静止不动的磁极间装有能转动的圆柱形铁心，铁心上紧绕着线圈 aa′b′b。线圈的两端分别连接着两个彼此绝缘的铜环 C，铜环又通过电刷 A、B 与外电路相连。当线圈在磁场中沿逆时针方向作旋转时，线圈中就产生感生电动势。为获得正弦交流电，磁极被设计成特殊形状，如图 3-2（b）所示。在磁极中心处磁感应强度最强，在中心两侧磁感应强度按正弦规律逐渐减小，在磁极分界面 OO′处磁感应强度正好为零（我们把磁感应强度为零的面称为中性面）。这样，不仅铁心表面的磁感应强度按正弦规律分布，而且磁感应

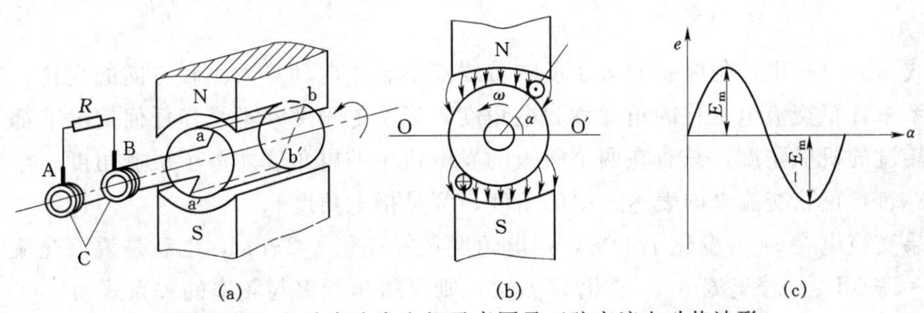

图 3-2　正弦交流发电机示意图及正弦交流电动势波形

强度的方向总是处处与铁心表面垂直。若磁极中心处的磁感应强度为 B_m，线圈平面与中性面的夹角为 α，则铁心表面的磁感应强度可表示为

$$B = B_m \sin\alpha$$

设单匝线圈垂直 B 的导线总长度为 l，（图 3－2 中指 ab＋a′b′），导线的切线速度为 v，且起始时线圈平面与中性面重合，则线圈中的感生电动势为

$$e = Bvl = B_m vl \sin\alpha$$

若切割磁力线的线圈有 N 匝，则线圈中的感生电动势为

$$e = NB_m vl \sin\alpha = E_m \sin\alpha \tag{3-1}$$

式中 $E_m = NB_m vl$。由上式看出，线圈中的感生电动势是按正弦规律变化的交流电，如图 3－2（c）所示。如果将一个用电器 R 与静止的电刷连接，形成闭合电路。在用电器 R 中将通过一个大小和方向都随时间作周期性变化的正弦交流电流。

三、正弦交流电的三要素

交流电路中的电动势、电压和电流都是按正弦规律变化的。这些正弦量的变化情况，主要取决于以下三方面：一是变化的快慢，由周期（或频率、角频率）来表示；二是变化的幅度，由最大值来表示；三是变化的起始位置，由初相位来表示。

一个正弦交流电，当它的周期、最大值和初相位确定之后，这个正弦交流电的变化情况也就完全确定下来了。因此，把周期、最大值和初相位称为正弦交流电的三要素。只要知道了一个正弦交流电的三要素，就可以写出它的解析式，画出它的波形图，确定它任一瞬间的瞬时值。

1. 周期、频率和角频率

交流电的大小和方向是随时间作周期性变化的。交流电变化一周（即一个循环）所需要的时间称为周期，用 T 表示，单位是秒（s）。比秒小的单位有毫秒（ms）、微秒（μs）。$1\text{ms}=10^{-3}\text{s}$，$1\mu\text{s}=10^{-6}\text{s}$。

交流电在 1s 内变化的周数称为频率，用 f 表示，单位是赫兹，简称赫（Hz）。频率与周期互为倒数，即

$$f = \frac{1}{T} \tag{3-2}$$

频率的常用单位还有千赫（kHz）和兆赫（MHz）。$1\text{kHz}=10^3\text{Hz}$，$1\text{MHz}=10^6\text{Hz}$。

在我国的供电系统中，交流电的频率为 50Hz（通常称为工频），其周期为 0.02s。

交流电在单位时间内所变化的电角度称为角频率，用 ω 表示，单位是弧度/秒（rad/s）。

在式（3－1）中，角度 α 的大小反映着线圈中感生电动势大小和方向的变化。这种以电磁关系来计量交流电变化的角度称为电角度。当然电角度并不是在任何情况下都等于线圈实际转过的机械角度，只有在两个磁极的发电机中的电角度才等于机械角度。今后在类似式（3－1）正弦交流电的表达式中的角度，都是指电角度。

如果交流电在 1s 内变化了 1 次，则电角度正好变化了 2πrad，也就是说该交流电的角频率 $\omega = 2\pi\text{rad/s}$。若交流电 1s 变化了 f 次，则可得角频率与频率的关系式为

$$\omega = 2\pi f \tag{3-3}$$

由角频率的定义可得：$\omega=\frac{\alpha}{t}$或$\alpha=\omega t$，这样，式（3-1）可改写为

$$e=E_{\mathrm{m}}\sin\omega t \tag{3-4}$$

上式更加明确地表示交流电是随时间按正弦规律变化的。

2. 瞬时值与最大值

因为正弦交流电是随时间按正弦规律不断变化的，所以它在某一时刻的数值和其他时刻的数值不一定相同。正弦交流电在任一时刻的数值叫做瞬时值，用小写字母e、u、i表示，最大的一个瞬时值称为最大值（或叫峰值、幅值），正弦交流电动势、电压和电流的最大值分别用E_{m}、U_{m}、I_{m}表示。

3. 相位、初相和相位差

在发电机的定子上绕制两个完全相同的绕组AX和BY，如图3-3（a）所示。绕组与中性面的夹角为φ_1和φ_2。当转子按逆时针方向匀速旋转时，由于这两个绕组是处在同一磁场内，所以它们产生的正弦交流电动势的最大值和频率就彼此相等。但因两个绕组在定子上所处的位置不同，它们在同一瞬间与转子磁极中性面的夹角不同，所以它们的感应电动势e_{A}和e_{B}变化的步调不可能一致，不能同时到达最大值或零值。它们的波形如图3-3（b）所示。e_{A}比e_{B}先到达最大值或零值。

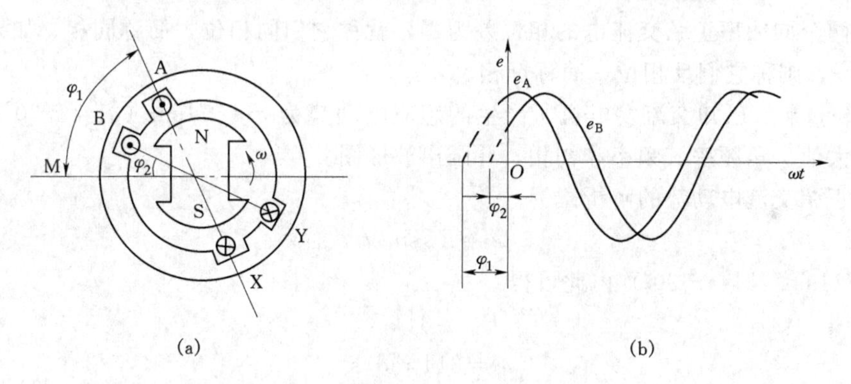

图3-3　装有两个定子绕组的发电机

如以图3-3（a）所示位置为计时起点，则在任一时刻t，此两电动势的瞬时值分别为

$$e_{\mathrm{A}}=E_{\mathrm{m}}\sin(\omega t+\varphi_1) \tag{3-5}$$

$$e_{\mathrm{B}}=E_{\mathrm{m}}\sin(\omega t+\varphi_2) \tag{3-6}$$

交流电在任一瞬时所经历的电角度称为相位角或相位。所以，e_{A}的相位是（$\omega t+\varphi_1$），e_{B}的相位是（$\omega t+\varphi_1$）。

在计时开始（即$t=0$）时的相位称为初相角或初相位，简称初相。如图以3-3（a）所示位置为计时起点，e_{A}的初相是φ_1，e_{B}的初相是φ_2。

交流电的初相可以是正值，也可以是负值，图3-4及图3-5分别表示初相为（$-30°$）及初相为（$+60°$）的正弦电动势e_1和e_2的波形。

两个同频率交流电的相位之差，称为相位差，用φ来表示。图3-3中e_{A}和e_{B}的相

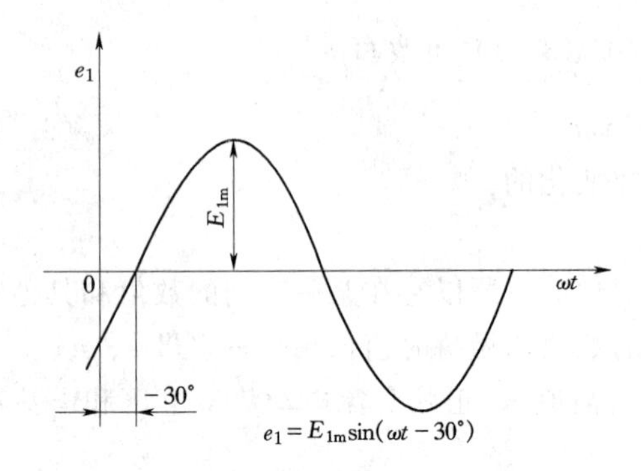

图 3-4 具有正初相的电动势的波形

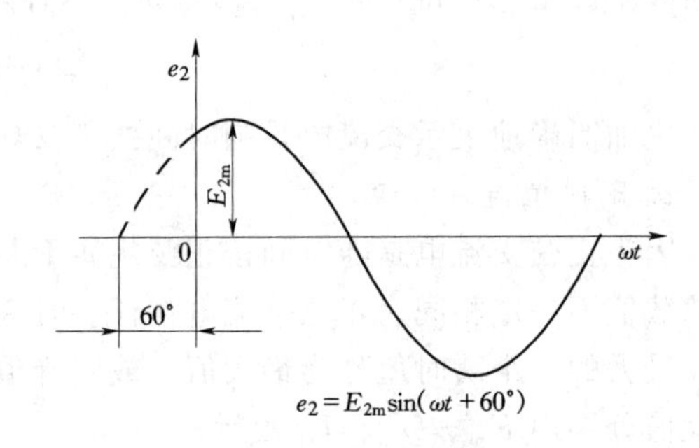

图 3-5 具有负初相的电动势的波形

位差为

$$\varphi=(\omega t+\varphi_1)-(\omega t+\varphi_2)=\varphi_1-\varphi_2 \tag{3-7}$$

由式（3-7）表明，两个同频率交流电的相位差在数值上等于它们的初相之差。

由图 3-3（b）可见，e_A 总是先于 e_B 到达正的最大值（或零值），这种情况叫做 e_A 超前于 e_B，或者说 e_B 滞后于 e_A。超前或滞后的程度，可用它们相位间的差别即相位差来衡量。对同频率正弦交流电来说，相位差在任何瞬间都是一常数。

如果两个同频率正弦交流电的相位差为零，就称它们同相位，简称同相。如果它们的相位差为 π，则称它们反相位，简称反相。

【例 3-1】 已知交流发电机所产生的感应电动势为 $e=311\sin(314t-30°)$ V。试求它的最大值、角频率、频率和初相，并画出波形图。

解： 正弦交流电动势的解析式为

$$e=E_m\sin\omega t$$

已知 $e=311\sin(314t-30°)$ 由此可得

$$E_m=311\text{ V}$$

$$\omega=314\text{ rad/s}$$

则

$$f=\frac{\omega}{2\pi}=\frac{314}{2\times3.14}=50\text{ (Hz)}$$

$$\omega=-30$$

所求电动势的波形，如图 3-6 所示。

四、正弦交流电的有效值

比较不同的交流电时，除初相、频率外还要比较大小。前已学过，交流电的大小是不断变化的，难以取哪个数值作为衡量交流电大小的标准，特别是在比较交流电和直流电的时候就更难以哪个数值来说明问题。所以有必要引入一个既能准确反映交流电的大小，又方便计算和测量的物理量。通常是根据交流电做功的多少来作为衡量交流电大小

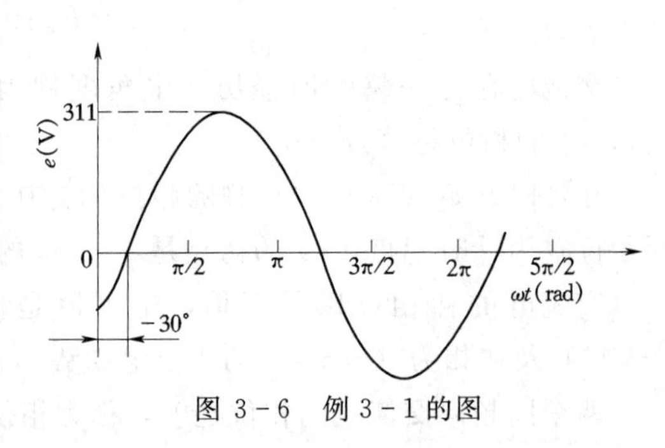

图 3-6 例 3-1 的图

的标准。根据这个标准定义出来的量值就是交流电的有效值。如图 3-7 所示，让交流电和直流电分别通过阻值完全相同的电阻，如果在相同的时间中这两种电流产生的热量相等，就把此直流电的数值定义为该交流电的有效值。换句话说，把热效应相等的直流电流（或电压、电动势）定义为交流电流（或电压、电动势）的有效值。交流电流、电压和电动势有效值的符号分别是 I、U 和 E。

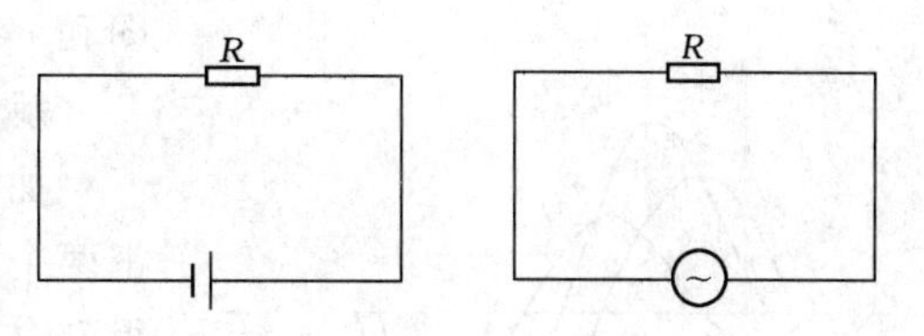

图 3-7　交直流电热效应比较图

通过计算，正弦交流电的有效值和最大值之间有如下关系

$$\left.\begin{aligned} I &= \frac{I_m}{\sqrt{2}} \approx 0.707 I_m \\ U &= \frac{U_m}{\sqrt{2}} \approx 0.707 U_m \\ E &= \frac{E_m}{\sqrt{2}} \approx 0.707 E_m \end{aligned}\right\} \tag{3-8}$$

特别应指出的是：今后若无特殊说明，交流电的大小总是指有效值。如一般交流电表所测出的数值都是有效值；一般灯泡、电器、仪表上所标注的交流电压、电流数值也都是有效值。显然，有效值不随时间变化。

第二节　正弦交流电的表示法

正弦交流电一般有四种表示法：解析法、曲线法、旋转相量法和符号法。本书只介绍前三种表示法。

一、解析法

用三角函数式表示正弦交流电随时间变化关系的方法叫解析法。根据前面所学，正弦交流电动势、电压和电流的解析式分别为

$$e = E_m \sin(\omega t + \varphi_e)$$

$$u = U_m \sin(\omega t + \varphi_u)$$

$$i = I_m \sin(\omega t + \varphi_i)$$

一般说来，若 ωt 用弧度表示，初相角就应用弧度表示；若 ωt 用角度表示，初相角也应用角度表示。但有时为表示初相角的方便，也允许 ωt 用弧度表示、而初相角用角度表示。

二、曲线法

根据解析式的计算数据，在平面直角坐标中作出曲线的方法叫曲线法，如图 3-6 所示。图中，纵坐标表示瞬时值，横坐标表示电角度 ωt 或时间 t。我们把这种曲线叫做正弦交流电的曲线图或波形图。

【例 3-2】　已知 $i_1 = I_{1m} \sin(\omega t + 45°)$、$i_2 = I_{2m} \sin(\omega t - 30°)$，求 i_1 和 i_2 的波形

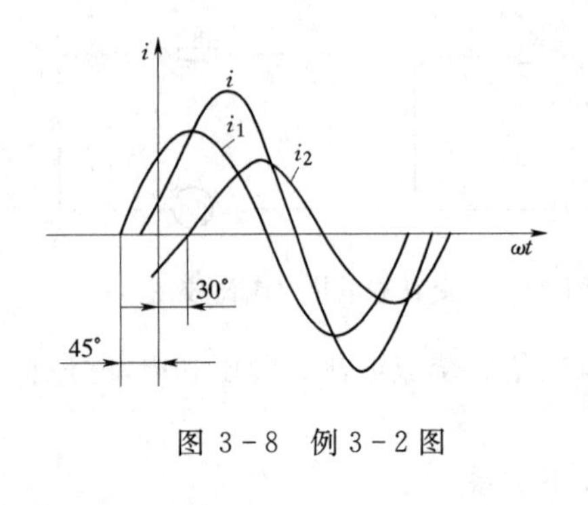

图 3-8 例 3-2 图

图和 i_1+i_2 的波形图。

解：（1）曲线法求解：

如图 3-8 所示，先作出 i_1 和 i_2 的波形图，然后把两个波形在每一瞬时所对应的纵坐标值相加，就可得到合成电流 $i=i_1+i_2$ 的波形。但这种方法既复杂又不准确，一般情况下不用。

（2）用三角函数求和的计算方法，求出 i_1+i_2 的三角函数表示式，然后再根据三角函数式画出 i_1+i_2 的波形图。很显然，这种方法比曲线法求解还要繁杂得多。

为了形象化表示正弦交流电，使正弦交流电的加减计算更加简便，常采用旋转向量法。

三、旋转相量法

所谓旋转相量法，简称相量法，就是用一个旋转相量来表示正弦量的方法：用旋转相量的长度表示正弦量的最大值；用旋转相量的旋转角速度表示正弦量的角频率；用旋转相量的初始位置与横轴的夹角表示正弦量的初相位。通常规定，按逆时针方向旋转而成的角度为正值。旋转相量 A 用符号 $\dot{A}$ 表示，利用图 3-9 说明这种方法。为表示正弦电流 $i=I_m\sin(\omega t+\varphi)$，从坐标原点画一个相量 $\dot{I}$，使 $\dot{I}$ 的长度等于电流的最大值 I_m，使 $\dot{I}$ 与横轴的夹角等于正弦电流的初相角 φ，经过时间 t_1 后，相量 $\dot{I}$ 旋转了电角度 ωt_1，此时，相量 $\dot{I}$ 在纵轴上的投影 OB′为 $I_m\sin(\omega t_1+\varphi)$，这就是电流 i 在 t_1 时的瞬时值。当 t_2 时，相量在纵轴上的投影 OC 等于电流的最大值 I_m。这样，就可以用一个旋转相量 $\dot{I}$ 表示一个正弦电流 i。

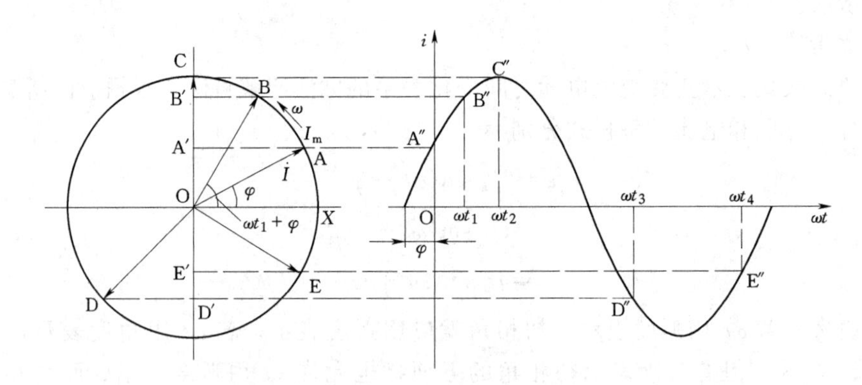

图 3-9 正弦交流电的旋转相量表示法

按照图 3-9 所示的方法画旋转相量来表示正弦量，由于要画出旋转相量在每一瞬间的位置，因此是很繁琐的。通常，可只用初始位置的旋转相量 $\dot{A}$ 来表示一个正弦量。使初始位置的旋转相量的长度等于正弦量的最大值，使初始位置的相量与横轴的夹角等于正弦量的初相角，如图 3-10 所示就是一个旋转相量 $\dot{I}_m$，初始位置的旋转相量可简称为初

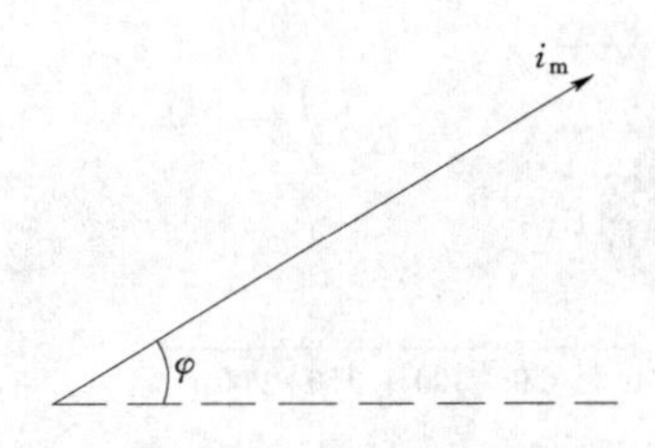

图 3-10　用旋转相量的初始位置表示正弦量

始相量。尽管交流电的角频率没有通过初始相量直接表示出来，但是可以想象，这个相量是以正弦量的角速度按逆时针方向旋转，它在纵轴上的投影就表示正弦量的瞬时值。在实际问题中，往往更关心正弦量的有效值而不是最大值。因此，在用相量法表示正弦量时，常用有效值的相量（即用相量的长度表示正弦量的有效值而不是最大值）来表示正弦量。

需要指出，上述表示正弦量的相量是一个时间相量，它与表示空间的矢量是不同的。因此，为区别起见，将表示正弦量的矢量称为相量，将矢量法称为相量图法。

*** 四、用旋转相量法计算正弦量**

既然正弦量可以用相量来表示。因此，两个同频率正弦量的加、减运算可按相量的加、减运算法则进行。例如两个相量的加法运算可用相量合成的平行四边形法则进行。

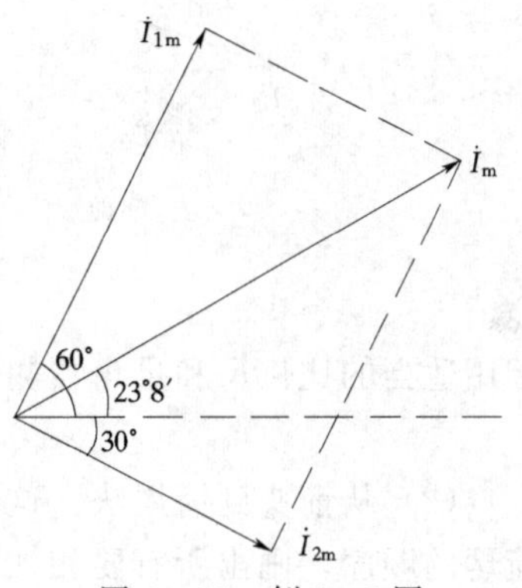

图 3-11　例 3-3 图

【例 3-3】　已知两正弦量 $i_1=4\sin(\omega t+60°)$ A 和 $i_2=3\sin(\omega t-30°)$ A，试求 i_1+i_2。

解：先作 i_1 和 i_2 的相量 $\dot{I}_{1m}$ 和 $\dot{I}_{2m}$，然后以这两个相量作为平行四边形的两条边，作一平行四边形，其中通过这两条边交点的那条平行四边形的对角线，就是两正弦量之和 i 的相量 $\dot{I}_m$，如图 3-11 所示。由于 $\dot{I}_{1m}$ 和 $\dot{I}_{2m}$ 之间的夹角为 90°，所以，i 的最大值为

$$I_m=\sqrt{4^2+3^2}=5\,(\text{A})$$

$$\varphi=60°-\text{arctg}\frac{3}{4}=60°-36°52'=23°8'$$

因此　　$$i=5\sin(\omega t+23°8')\ \text{A}$$

用相量法进行同频率的两个正弦量的减法运算，实质上和加法类似。计算时只需先将各正弦量用相应的相量表示后，再将作为减数的相量变成负相量，然后进行相加。

相量的合成除了可用平行四边形的法则外，还可用相量合成的箭头到箭尾法则。

【例 3-4】　求图 3-12 所示电路中的三个正弦电压 e_1、e_2 与 e_3 之和 e。其中

$$e_1=100\sin(\omega t+45°)\ \text{V}$$

$$e_2=50\sin(\omega t-30°)\ \text{V}$$

$$e_3=60\sin\omega t\ \text{V}$$

解：为求 $e_1+e_2+e_3$，可先求 $\dot{E}_{1m}+\dot{E}_{2m}+\dot{E}_{3m}$，其方法有两种：

(1) 平行四边形法则：按平行四边形法则先求出两个相量 $\dot{E}_{1m}$ 和 $\dot{E}_{3m}$ 的合相量（$\dot{E}_{1m}+\dot{E}_{3m}$），然后把求得的合相量（$\dot{E}_{1m}+\dot{E}_{3m}$）与 $\dot{E}_{2m}$ 再按平行四边形法则合成一次，最后得到总电压相量 $\dot{E}_{Tm}$，如图 3-12 (d) 所示。$\dot{E}_{Tm}$ 的大小和初相角可在相量合成图上直

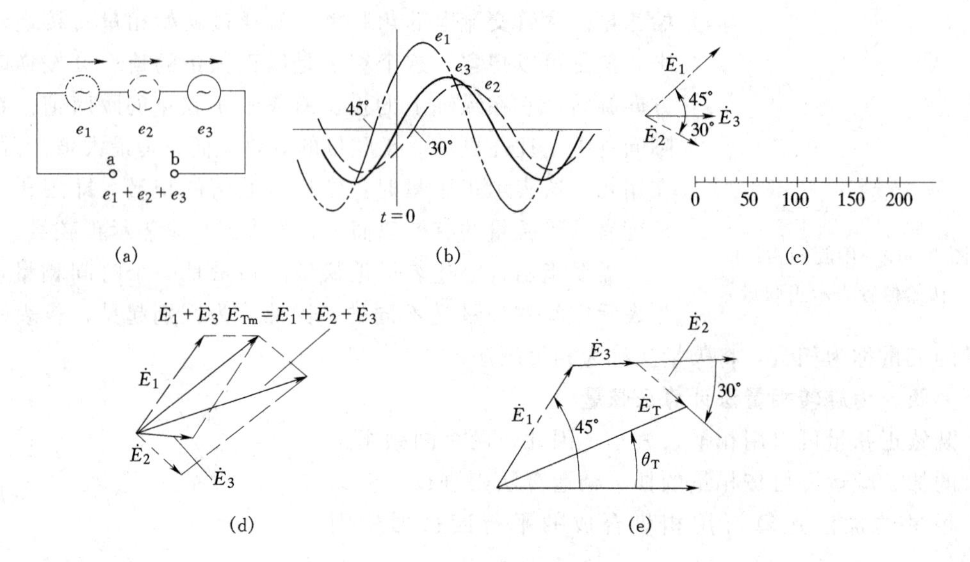

图 3-12　例 3-4 图

接用适当的比例尺和量角器测量得到。于是有

$$e_T = 180\sin(\omega t + 14.7°)\ \text{V}$$

（2）从箭头到箭尾法：这种方法是在相量图上，按照后一个相量的箭头接前一个相量箭尾的顺序，画出所有要相加的相量即可。如图 3-12（e）所示，从起始点到最后一个相量箭头的连线就是总电压相量的大小。于是有：

$$e_T = 180\sin(\omega t + 14.7°)\ \text{V}$$

第三节　单相交流电

由交流电源、用电器、连接导线和开关等组成的电路称交流电路。若电源中只有一个交变电动势，则称单相交流电路。交流负载一般是电阻、电感、电容或它们的不同组合。我们把负载中只有电阻的交流电路称为纯电阻电路；只有电感的电路称为纯电感电路；只有电容的电路称为纯电容电路。严格地讲，几乎没有纯单一参数的电路存在，但为分析交流电路的方便，常常先从分析纯单一参数电路所具有的特点着手。

由于交流电路中的电压和电流都是交变的，因而有两个作用方向。为分析电路时方便，常把其中一个方向规定为正方向，且同一电路中的电压和电流以及电动势的正方向完全一致，如图 3-13 所示。

一、纯电阻电路

1. 纯电阻电路中电压和电流的关系

白炽灯泡、电炉、电热器等都可认为是纯电阻。图 3-13 所示为一纯电阻电路。当在电阻的两端施加交流电压 $u_R = U_{Rm}\sin\omega t$ 时，电阻 R 中将通过电流 i。电压 u_R 和电流 i 的关系仍满足欧姆定律，即

$$i = \frac{u_R}{R} = \frac{U_{Rm}}{R}\sin\omega t = I_m\sin\omega t \qquad (3-9)$$

其中　　$I_m=\frac{U_{Rm}}{R}$　或　$U_{Rm}=I_mR$

如用电流和电压的有效值表示，则有

$$I=\frac{U_R}{R}\quad 或\quad U_R=IR \tag{3-10}$$

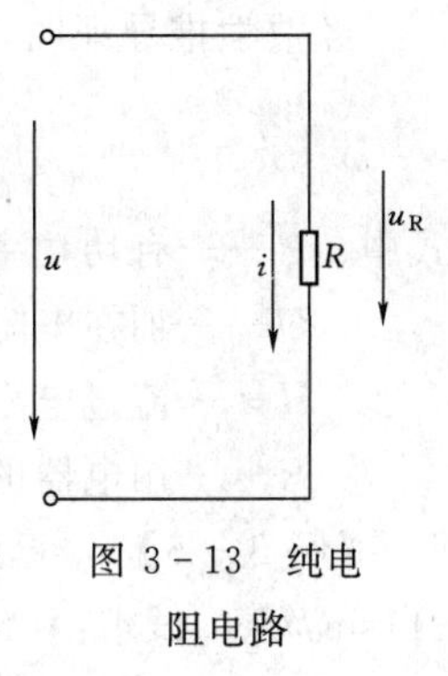

图 3-13　纯电阻电路

纯电阻电路中表示电压和电流的波形图如图 3-14（a）所示。

由式（3-9）可见，对于纯电阻电路，当外加电压是一个正弦量时，其电流也是同频率的正弦量，并且电流和电压同相位。由此可见，电阻在交流电路中的作用是，可以改变电流的大小但没有改变交流电流频率和相位的作用。

纯电阻电路中电压和电流的相量图如图 3-14（b）所示。

2. 纯电阻中的功率

在纯电阻电路中，电压的瞬时值与电流的瞬时值的乘积叫瞬时功率，用 p 表示，即

$$p=u_Ri$$

在图 3-14（a）中，将电压、电流在同一瞬时的数值逐点相乘，可画出瞬时功率曲线。

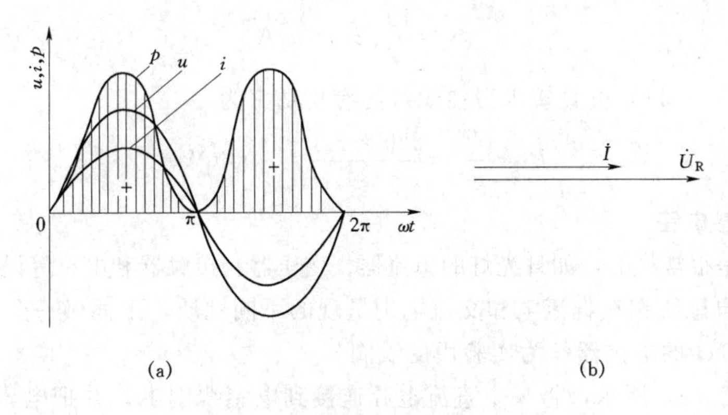

图 3-14　纯电阻电路中电压、电流和功率的波形图及电压、电流相量图

由于在纯电阻电路中，电压和电流是同相位的，所以，p 在任何瞬间都是正值或为零，这说明在 u 和 i 都等于零的瞬间以外，电阻始终在消耗电源电能；利用图 3-14（a）中的功率曲线也可以说明这个问题，在前半个周期内，由于电压、电流都是正值，所以功率也是正值。在后半个周期内，虽然电压和电流都是负值，但它们的乘积是正值，所以瞬时功率仍为正值，说明电阻是消耗功率的。

由于瞬时功率 p 随时间不断变化，因此没有什么实际意义，且不便测量和计算，故在电功上通常是利用瞬时功率在一个周期内的平均值 P 来衡量交流电功率的大小，这个平均值 P 就叫做平均功率或者有功功率。

因为瞬时功率 $p=u_Ri$，将 $u_R=U_{Rm}\sin\omega t$ 和 $i=I_m\sin\omega t$ 代入上式，得

$$p=U_{Rm}\sin\omega t I_m\sin\omega t$$

经数学推导证明，有功功率等于最大瞬时功率的一半，即

$$P = \frac{1}{2}U_{\mathrm{Rm}}I_{\mathrm{m}} = U_{\mathrm{R}}I = I^2R = \frac{U_{\mathrm{R}}^2}{R} \tag{3-11}$$

式中 P——有功功率，W；

U——加在电阻两端的交流电压有效值，V；

I——流过电阻的交流电流有效值，A；

R——用电器的电阻值，Ω。

【例 3-5】 已知某白炽灯工作时的电阻为 484Ω，其两端加有的电压为 $u=311\sin\omega t\,\mathrm{V}$，试求：(1) 电流有效值并写出电流瞬时值解析法；(2) 白炽灯的有功功率。

解：(1) 由 $u=311\sin\omega t\,\mathrm{V}$ 可知，交流电的有效值为

$$U = \frac{U_{\mathrm{m}}}{\sqrt{2}} = \frac{311}{\sqrt{2}} = 220\ (\mathrm{V})$$

则电流有效值为

$$I = \frac{U}{R} = \frac{220}{484} = \frac{10}{22}\ (\mathrm{A})$$

又因为白炽灯丝可视为纯电阻，电流与电压同相，所以电流瞬时值的解析式为

$$i = \frac{10}{22}\sqrt{2}\sin\omega t\ \mathrm{A}$$

(2) 由式 (3-11) 可直接求得白炽灯的有功功率为

$$P = \frac{U^2}{R} = \frac{220 \times 220}{484} = 100\ (\mathrm{W})$$

二、纯电感电路

电感线圈是很常见的，如日光灯的镇流器、变压器、接触器和电机等设备中都有线圈。为了说明电感线圈在直流电和交流电中呈现的不同性质，下面做一个实验。

选用一个 1H 的电抗器作为实验用的线圈。

如图 3-15 (a) 所示，将一个直流电源连接到电感线圈上，并把电压从零逐渐升高。因为线圈加上很小的电压就能产生很大的电流（注意到这一点并进行实验），因此在直流电压为 2.7V 时就有 1A 的电流通过线圈。

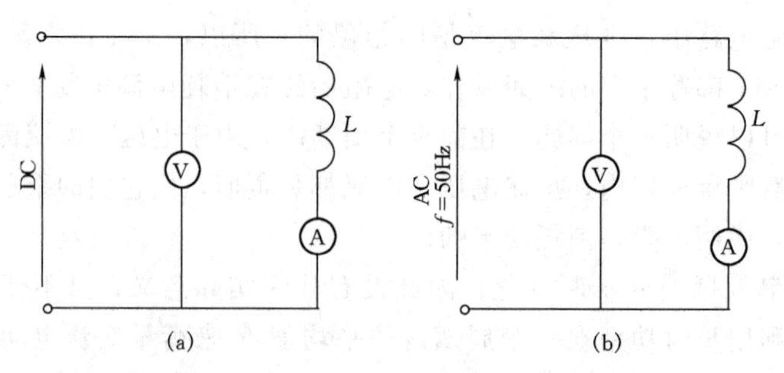

图 3-15 电感线圈在交、直流电路中呈现不同的性质

另外换一个频率为 50Hz 的交流电源重复做同样的实验，如图 3-15 (b) 所示。这一次，与加直流电压的情况不同，即使施加的交流电压达 100V，也只有 0.32A 的电流通过

线圈。如果加 2.7V 交流电压，则几乎没有电流通过电感线圈。

由上述实验可知，一个实际的电感线圈对直流电阻碍很小，而对交流电的阻碍很大。实际的电感线圈之所以对直流还呈现一点阻碍，这是由于实际的电感线圈并不是一个纯电感，而它的电阻也在起着作用，为了简化分析，往往假设电感线圈的电阻可忽略不计，这就是所谓的纯电感电路。

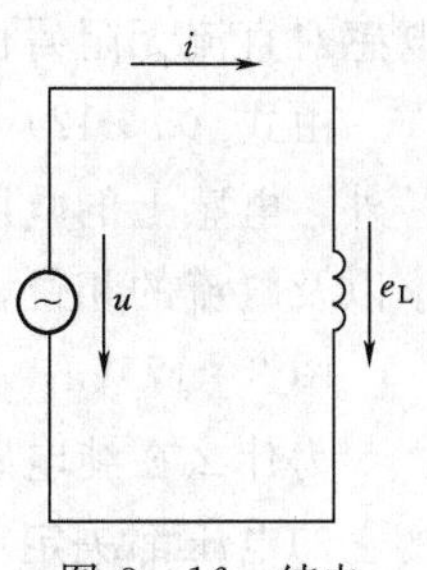

图 3-16 纯电感电路

1. 纯电感电路中电压和电流的关系

如图 3-16 所示是一个由无铁心的电感线圈构成的纯电感电路。当电感线圈加上正弦电压 u 时，线圈中就有电流 i 通过。

当交流电流 $i=I_{\mathrm{m}}\sin\omega t$ 通过线圈时，根据电磁感应定律，在电感线圈两端就产生了自感电动势。设电流为 i，自感电动势 e_{L} 和电压 u 的正方向如图 3-16 所示，则自感电动势为

$$e_{\mathrm{L}}=-L\frac{\Delta i}{\Delta t}=-L\frac{\Delta(I_{\mathrm{m}}\sin\omega t)}{\Delta t}$$

经计算得

$$e_{\mathrm{L}}=I_{\mathrm{m}}\omega L\sin(\omega t-90°)$$

在纯电感电路中，由于忽略电感的电阻，故自感电动势与外加电源总是大小相等方向相反，即

$$u=-e_{\mathrm{L}}$$

于是

$$u=I_{\mathrm{m}}\omega L\sin(\omega t+90°)=U_{\mathrm{m}}\sin(\omega t+90°) \tag{3-12}$$

其中

$$U_{\mathrm{m}}=I_{\mathrm{m}}\omega L \tag{3-13}$$

上式两边同除以$\sqrt{2}$得

$$U=I\omega L \quad 或 \quad I=\frac{U}{\omega L} \tag{3-14}$$

由此可见，在纯电感电路中，电压有效值与电流有效值之间的关系仍满足欧姆定律，其比值为 ωL。当电压一定时，ωL 越大，则电流越小。说明电感和电阻相似，对电流起阻碍作用，所以，ωL 称为电感线圈的感抗，用 X_{L} 表示，即

$$X_{\mathrm{L}}=\omega L=2\pi fL \tag{3-15}$$

式中 ω——交流电的角频率，rad/s；

f——交流电的频率，Hz；

L——电感线圈的电感，H；

X_{L}——感抗，Ω。

由式（3-15）可知，感抗 X_{L} 与电感 L、频率 f 成正比。这是因为线圈的电感越大、通过线圈的电流频率越高，则电流变化就越快，线圈中产生的自感电动势也就越大；自感电动势对电流变化的阻碍作用就是由 X_{L} 来反映的。由于感抗与外加交流电的频率成正比，因此电感线圈对高频电流的阻碍作用很大，高频扼流圈就是根据上述原理阻碍高频电流通过的；反之，电感线圈对低频电流的感抗很小，整流电路中的滤波扼流圈就是根据这个原理滤除低频电流的。对于直流电来说，频率 $f=0$，则感抗 X_{L} 也等于零，这说明纯

电感对直流无阻碍作用。

由式（3-12）还可以看到，电压 u 和 i 是同频率的正弦量，其频率和电源频率相同。另外，电感上的电压较电流超前 90°。由此可见，电感在交流电路中的作用是改变电流大小以及电流的相位，使之滞后于外加电压 90°，但电感不改变正弦量的频率。

图 3-17（a）是电压、电流和自感电动势的波形图。

为什么在纯电感电路中电压和电流之间的相位差是 90°呢？这是由于自感电动势与平衡它的电压都决定于电流变化率的缘故。对于图 3-17（a）所示的正弦交流电流来说，当它过零值时，电流的变化率为最大，故此时的自感电动势和与之平衡的外加电压也均为最大；而当电流为最大值时，电流的变化率偏偏最小而等于零，故此时的自感电动势和外加电压也均为零。在正弦曲线中，由零值到最大值所经过的电角度恰好是 90°，因此电压和电流间就有 90°的相位差。

电压、电流和自感电动势的相量图如图 3-17（b）所示。

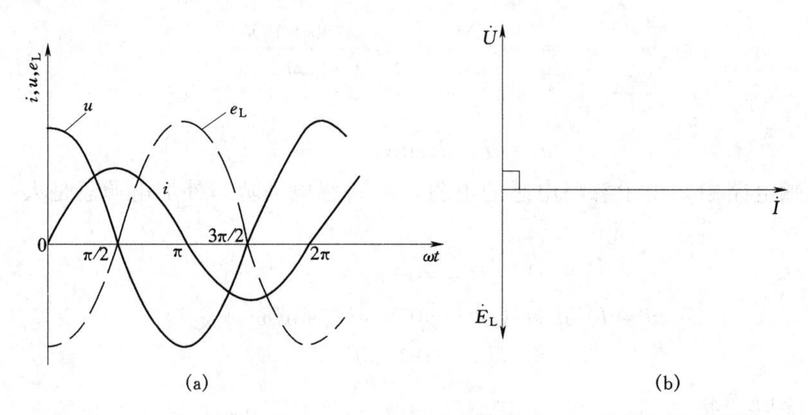

图 3-17　纯电感电路中电压、电流和自感电动势的波形图和相量图

2. 纯电感电路的功率

知道了电压 u 和电流 i 的变化规律和相互关系后，便可了解瞬时功率的变化规律。在纯电感电路中，瞬时功率 p 应该是瞬时电压 u 和瞬时电流 i 的乘积，即

$$p = ui$$

设
$$u = U_m \sin(\omega t + 90°), \quad i = I_m \sin\omega t$$

于是
$$p = U_m \sin(\omega t + 90°) I_m \sin\omega t = U_m I_m \sin\omega t \cos\omega t$$

$$= \frac{1}{2} U_m I_m 2\sin\omega t = UI \sin 2\omega t \tag{3-16}$$

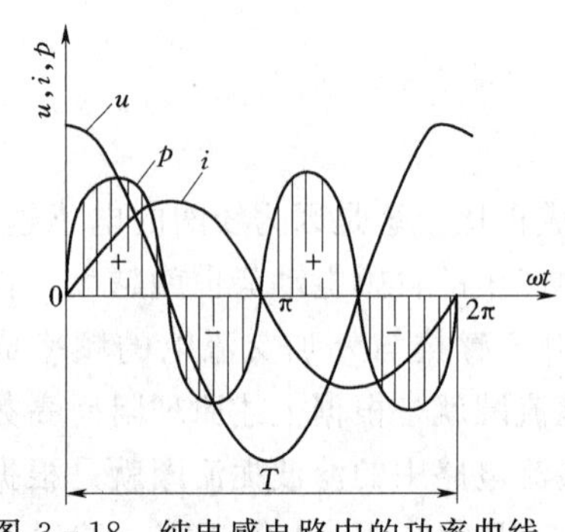

图 3-18　纯电感电路中的功率曲线

由于瞬时功率 p 是一个周期函数，因此 p 在一个周期内的平均值等于零，即在纯电感电路中，有功功率等于零。其物理意义是，电感线圈与电源之间只有能量互换而没有能量的消耗。功率曲线如图 3-18 所示。

由式（3-16）可知，电感的瞬时功率是以两倍于电源的频率交变的，这也可从图 3-18 看出，在第一和第三个$\frac{1}{4}$周期内，p 为正，表示电感从电源吸取功率，把它变成了储存在线圈中的磁场能量；而在第二和第四个$\frac{1}{4}$周期内，p 为负，说明电感又把上述磁场能量还给了电源。

为了衡量电感和电源间能量互换的规模，引入电感的无功功率，它等于纯电感电路中瞬时功率的最大值，用 Q_L 表示。Q_L 的单位是 var 和 kvar 。根据无功功率的定义，有

$$Q_L = UI = I^2 X_L = \frac{U^2}{X_L} \tag{3-17}$$

式中 Q_L——电感的无功功率，var；

U——线圈两端电压，V；

I——流过线圈的电流，A；

X_L——感抗，Ω。

【例 3-6】 设有一电阻可以忽略的线圈接在交流电源上，已知 $u=220\sqrt{2}\sin(314t+30°)$ V，线圈的电感量 $L=0.7$H。(1) 写出流过线圈电流的瞬时值表达式；(2) 求电路的无功功率；(3) 作电压和电流的相量图。

解：(1) 因线圈的感抗 $X_L=\omega L=314\times0.7\approx220\Omega$，电压有效值为 $U=220$V，则流过线圈的电流有效值 $I=\frac{U}{X_L}=\frac{220}{220}=1$A，又因电流滞后电压 90°，而电压的初相为 30°，则电流的初相为 $\varphi_i=\varphi_u-90°=30°-90°=-60°$。所以流过线圈电流的瞬时值表达式为

$$i=\sqrt{2}\sin(314t-60°)\ \text{A}$$

(2) 根据式 (3-17) 可得电路的无功功率为

$$Q_L=UI=220\times1=220\ (\text{var})$$

(3) 电压和电流的相量图如图 3-19 所示。

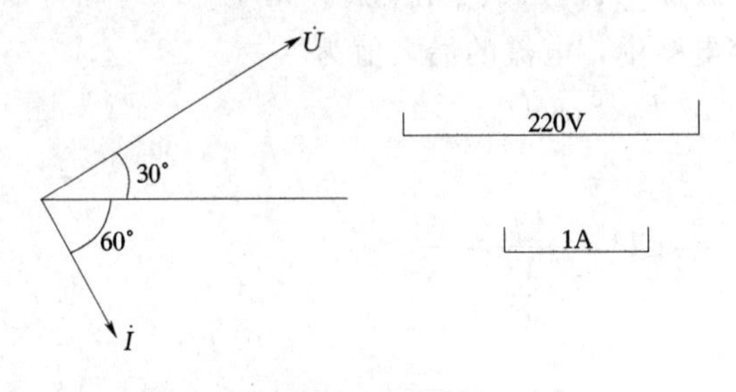

图 3-19 例 3-5 图解

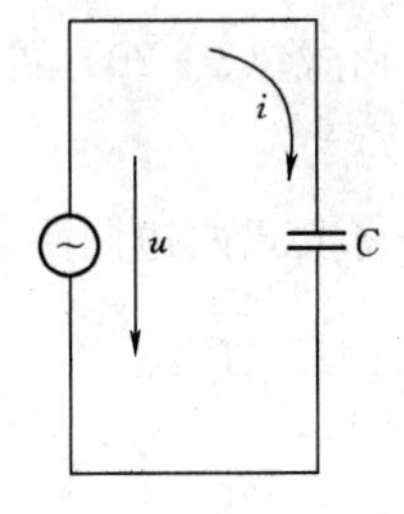

图 3-20 纯电容电路

三、纯电容电路

所谓纯电容电路就是把电容器接在交流电源上的电路，如图 3-20 所示。

为了说明电容器对直流电和交流电的不同作用，再做一个实验。如图 3-21 所示的实验电路图。

由图 3-21 (a) 所示的实验可知，将 100V 的直流电压加到电容为 10μF 的电容器上，当电路稳定后，电压表指示为 100V，而电流表指示为零。这说明，在电容器上加上直流电压，没有电流，因此电容器不让直流通过。

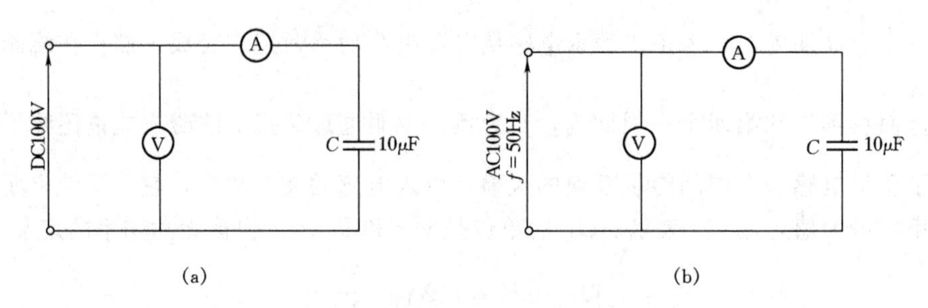

图 3-21　电容器对直流电和交流电的不同作用

在同一个 10μF 的电容器上加上一频率为 50Hz 的 100V 交流电压，如图 3-21（b）所示。这是电流表指示为 0.314A。说明电容器可以让交流通过，但有一定的阻碍作用。

1. 纯电容电路中电压和电流的关系

根据电容的定义有

$$C=\frac{Q}{U}\quad 或\quad Q=CU$$

其中 Q 是电容器的每个极板上储存的电荷数值。当加以交流电时，由于 U 不断变化，Q 也是不断变化的。因而在电路中形成电流。根据电流的定义

$$i=\frac{\Delta q}{\Delta t} \tag{3-18}$$

可知，这个电流就是由于电容器的充放电而形成的电流。将 $q=Cu$ 代入式（3-18），得

$$i=\frac{\Delta(Cu)}{\Delta t}=C\frac{\Delta u}{\Delta t} \tag{3-19}$$

设 $u=U_m\sin\omega t$，将 u 代入上式，经计算可得

$$i=\omega CU_m\sin(\omega t+90°)=I_m\sin(\omega t+90°) \tag{3-20}$$

由式（3-20）可知，在纯电容电路中，电流的最大值为

$$I_m=\omega CU_m$$

将上式两边同除以$\sqrt{2}$，得

$$I=\omega CU=\frac{U}{\frac{1}{\omega C}}=\frac{U}{X_C}$$

即

$$I=\frac{U}{X_C} \tag{3-21}$$

式（3-21）中，X_C 称为容抗，单位是 Ω。由式（3-21）可见，在纯电容电路中，电压和电流的有效值及容抗三者之间的大小关系满足欧姆定律。

当电容器两端电压一定时，X_C 越大，电路中的电流就越小，可见它对电流有阻碍作用。由 $X_C=\frac{1}{2\pi fC}$可知，容抗 X_C 和电容 C、频率 f 成反比。这是因为电容越大时，在相同的电压下，电容器所储存的电量就越多，因而电流越大。频率越高，电容器的充放电过程就越快，在同样电压下，单位时间内电荷的移动量就越多，因而电流越大。所以电容器对高频电流所呈现的容抗很小，而对直流（$f=0$）所呈现的容抗很大（$X_C=\infty$）。这就

是通常所说的电容具有高频短路、直流开路性质的根据。

比较 $u=U_{m}\sin\omega t$ 和 $i=I_{m}\sin(\omega t+90°)$ 可知，在纯电容电路中，电流和电压频率相同，但电流的相位超前电压 90°。由此可见，纯电容在交流电路中的作用是，可以改变电流的大小以及电流的相位，使电流超前外加电压相位 90°，但电容不改变交流电的频率。

电压和电流的波形图、相量图如图 3-22（a）、（b）所示。

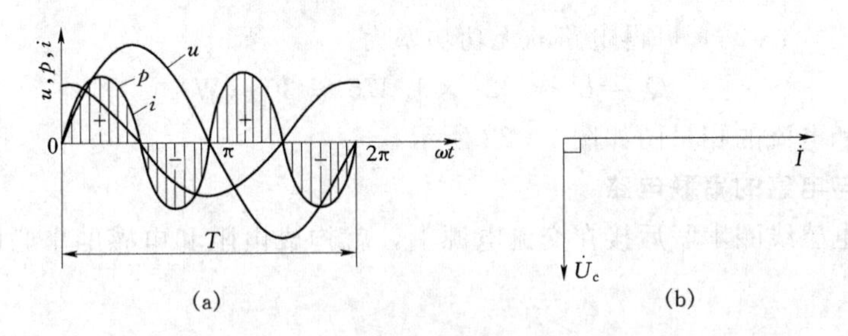

图 3-22　纯电容电路的波形图、相量图

2. 纯电容电路的功率

在纯电容电路中，瞬时功率 p 同样是瞬时电压 u 和瞬时电流 i 的乘积，即

$$p=ui$$

设
$$u=U_{m}\sin\omega t,\quad i=I_{m}\sin(\omega t+90°)$$

于是
$$p=U_{m}\sin\omega t I_{m}\sin(\omega t+90°)=U_{m}I_{m}\sin\omega t\cos\omega t$$

$$=\frac{1}{2}U_{m}I_{m}\sin2\omega t=UI\sin2\omega t \tag{3-22}$$

根据式（3-22）可作出电容器的功率曲线，如图 3-22（a）所示。显然，p 在一个周期内的平均功率应该等于零。这就是说，在纯电容电路中，有功功率和在纯电感电路中一样，也等于零，其物理意义是，电容与电源之间只有能量互换而没有能量的消耗。由式 3-22 可知电容的瞬时功率以两倍于电源的频率交变的。在第一个和第三个 1/4 周期内，P 为正值，表示电容器储存电能；而在第二个和第四个 1/4 周期内，p 为负值，表示电容器把储存的电能又还给电源。

为了衡量电容器能量互换的规模，引入电容器的无功功率，它等于纯电容电路中瞬时功率的最大值，用 Q_{c} 表示。据无功功率的定义，有

$$Q_{c}=UI=I^{2}X_{c}=\frac{U^{2}}{X_{c}} \tag{3-23}$$

式中　Q_{c}——电容的无功功率，var；

U——电容器两端电压，V；

I——纯电容电路中的电流，A；

X_{c}——容抗，Ω。

【例 3-7】　已知某纯电容电路两端的电压为 $u=220\sqrt{2}\sin(314t+30°)$ V，电容量 $C=20\mu F$，(1) 写出电容电流的瞬时值表达式；(2) 求电路的无功功率；(3) 做电压和电

流的相量图。

解：(1) 因容抗 $X_C=\dfrac{1}{\omega C}=\dfrac{1}{314\times 20\times 10^{-6}}\approx 160\Omega$，电压有效值为 $U=220V$，则流过电容的电流有效值 $I=\dfrac{U}{X_C}=\dfrac{220}{160}\approx 1.375A$。又因电流超前电压 90°，而电压的初相为 30°，则电流的初相为 $\varphi_i=\varphi_u+90°=30°+90°=120°$。所以电流的瞬时值表达式为

$$i=1.375\sqrt{2}\sin(314t+120°)\ A$$

(2) 根据式 (3-23) 可得电路的无功功率为

$$Q_c=UI=220\times 1.375\approx 303\ (W)$$

(3) 电压和电流的相量图如图 3-23 所示。

四、电阻与电感的串联电路

把电阻和电感线圈串联后接在交流电源上，就构成电阻和电感的串联电路，如图 3-24 所示。

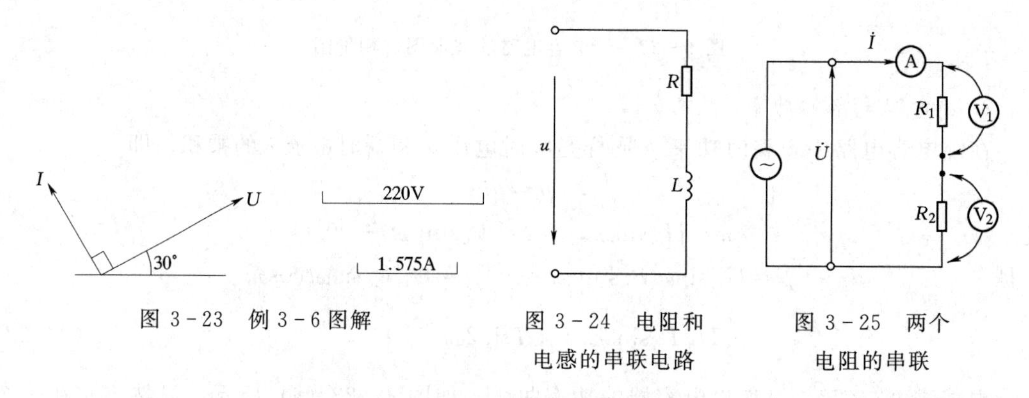

图 3-23 例 3-6 图解

图 3-24 电阻和电感的串联电路

图 3-25 两个电阻的串联

在实际应用方面，如日光灯、电动机、变压器和输电线等，都可以看成是电阻和电感的串联电路。

为了讨论电阻和电感的串联电路，先看一下两个电阻串联的实验。

如图 3-25 所示，将 $R_1=50\Omega$ 和 $R_2=150\Omega$ 串联起来，两端加上 100V、频率 50Hz 的正弦交流电压。为了测量流过电路的电流和各个电阻的端电压，连接电流表 A 和电压表 V_1 和电压表 V_2。流过这个电路电流 I 的大小可通过下式算出

$$I=\frac{U}{R_1+R_2}=0.5\ A$$

计算结果和电路中电流表的指示值相等。

另外，V_1 和 V_2 的指示值之和等于外加电压值。这也可以通过计算证明

$$U_1+U_2=R_1I+R_2I=25V+75V=100V$$

但是，如果对 RL 串联电路重复上述的实验，就得到不同的结果。

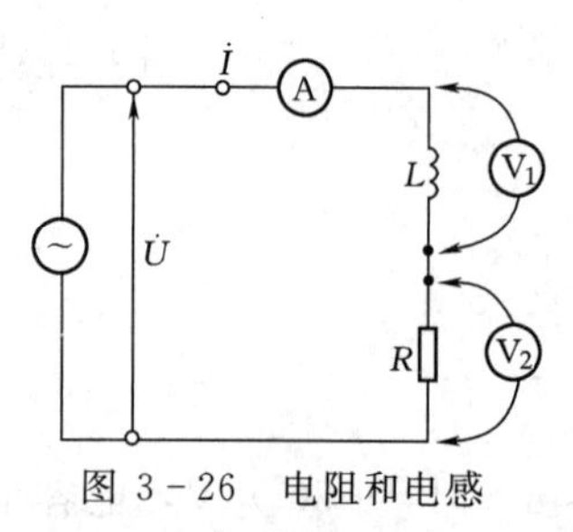

图 3-26 电阻和电感串联电路

如图 3-26 所示，将电阻 $R=50\Omega$ 与电感 $L=0.48H$ 的线圈串联，并加上 100V、50Hz 的正弦交流电压。

$L=0.48\text{H}$ 的线圈，对于 50Hz 的交流电来说具有 $X_L=150\Omega$ 的感抗。所以，流过电路电流的大小计算为

$$I=\frac{U}{R+X_L}=\frac{100\text{V}}{50\Omega+150\Omega}=0.5\ \text{A}$$

按以上的计算，应有 0.5A 的电流流过电路，但电流表 A 的指示值却为 0.63A。这说明，在 R 与 L 的串联电路中，能用与纯电阻电路相同的计算方法来求电流。

另外，连接在 R 和 L 两端的电压表 V_1 和 V_2 指示值分别为 $U_1=31.5\text{V}$ 和 $U_2=94.5\text{V}$。因为电流表的指示值为 0.63A，所以上面两个电压表的指示值也可以通过如下计算求得

$$U_1=RI=50\Omega\times0.63\text{A}=31.5\ \text{V}$$

$$U_2=X_LI=150\Omega\times0.63\text{A}=94.5\ \text{V}$$

但施加于电路的电压是 100V 而 V_1 和 V_2 指示值之和却是 126V，比外加电压大。这说明在 R 和 L 的串联电路中，外加电压 U 和电阻、电感两端的电压 U_1 和 U_2 之间不存在简单的代数和关系，即 $U\neq U_1+U_2$。因此，在 R 和 L 的串联电路上，不能采用纯电阻电路那样的方法来计算电流和电压。这是由于外加的电压与流过的电流之间有相位差的缘故。

为了计算 RL 串联电路的电流和电压，可使用相量法。用相量法分析图 3-26 所示的 RL 串联电路。

1. 电压和电流的关系

当交流电通过电阻和电感时，电阻两端电压和电流的相位是相同的，但电感两端电压的相位超前电流 90°。正因为相位不同，所以 RL 串联电路总电压和电阻、电感两端分电压的有效值之间不存在代数和关系，即 $U\neq U_R+U_L$。要求 RL 串联电路的总电压必须采用相量求和的方法，即

$$\dot{U}=\dot{U}_R+\dot{U}_L$$

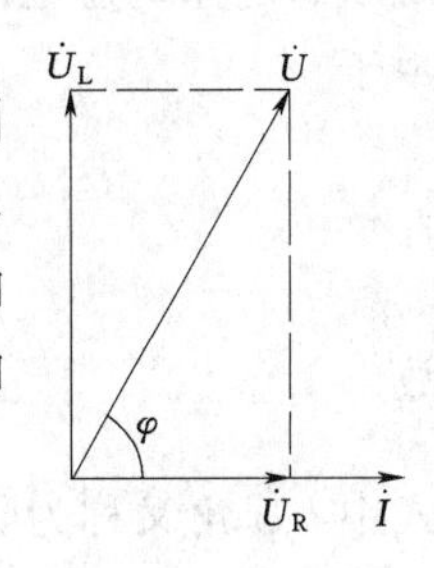

图 3-27 RL 串联电路的相量图

现据上式作相量图。由于是串联电路，故通过各元件的电流相同。选 $\dot{I}$ 为参考相量，画在水平位置；$\dot{U}_R$ 和 $\dot{I}$ 同相位，且 $U_R=IR$；$\dot{U}_L$ 超前 $\dot{I}$90°，且 $U_L=IX_L$。据此作出 RL 串联电路的相量图，如图 3-27 所示。根据相量求和的三角形或平行四边形法则，即可求出总电压 $\dot{U}$。如图 3-27 所示，已知 $\dot{U}_R$、$\dot{U}_L$ 求 $\dot{U}$ 的计算，可归结为解 $\dot{U}_R$、$\dot{U}_L$ 及 $\dot{U}$ 所组成的直角三角形，这个三角形称为电压三角形。如图 3-28（a）所示，由电压三角形可得到

$$U=\sqrt{U_R^2+U_L^2}=\sqrt{(IR)^2+(IX_L)^2}=I\sqrt{R^2+X_L^2}=IZ \qquad (3-24)$$

其中，$Z=\sqrt{R^2+X_L^2}$ 称为 RL 电路的阻抗，其单位是 Ω。

由 $Z=\sqrt{R^2+X_L^2}$ 可知，在 RL 串联电路中，要求串联电路的阻抗 Z，不能直接由电

阻和感抗相加而得，也必须由 R、L 和 Z 构成的直角三角形求得，这个三角形就称为阻抗三角形，如图 3－28（b）所示。事实上，只要把电压三角形的各边除以 I，就可得到一个阻抗三角形。

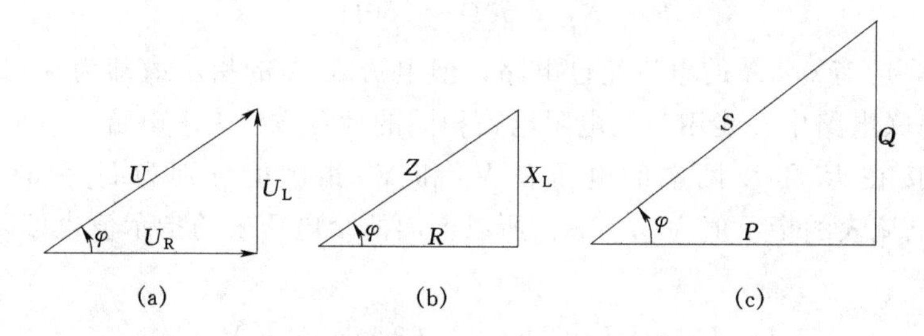

图 3－28　RL 串联电路中的电压、阻抗和功率三角形

式（3－24）也可写成

$$I = \frac{U}{Z} \tag{3-25}$$

式中　U——总电压有效值，V；

　　Z——RL 串联电路阻抗，Ω；

　　I——电路中电流有效值，A。

式（3－25）说明，在 RL 串联电路中，电流、电压的有效值和阻抗之间的关系仍满足欧姆定律；总电压 U 和 I 的相位关系，仍可利用上述电压三角形或阻抗三角形求出。由于

$$\text{tg}\varphi = \frac{U_L}{U_R}$$

故

$$\varphi = \text{arctg}\frac{U_L}{U_R} = \text{arctg}\frac{X_L}{R} = \text{arctg}\frac{\omega L}{R} \tag{3-26}$$

式中　φ 角又称为阻抗角。

式（3－26）说明，在 RL 串联电路中，总电压超前于电流 φ 角度，而且相位差角 φ 仅决定于电路的参数（R、L）及电源角频率（ω）。当 R 和 L 一定时，交流电频率越高，角越大，而与电压及电流的大小及相位无关。

2. RL 串联电路中的功率

在 RL 串联电路中，电阻消耗能量，或者说电阻吸收功率；而电感不消耗能量，仅进行能量的互换。从整个 RL 电路来说，既有能量的消耗又有能量的转换。一般把电阻 R 所消耗的功率称为有功功率（平均功率），用 P 表示，而把电感 L 所转换的功率称为无功功率，用 Q_L 表示。

$$P = U_R I = UI\cos\varphi$$

根据 P 和 Q_L 的定义有

$$Q_L = U_L I = UI\sin\varphi$$

将以上各式两边平方，有

$$\left.\begin{aligned}P^2 &= S^2\cos^2\varphi \\ P^2 &= S^2\sin^2\varphi\end{aligned}\right\} \tag{3-27}$$

式中　S——视在功率，$S=UI$。

将式（3-27）中两式相加得

$$P^2+Q_L^2=S^2$$

或

$$S=\sqrt{P^2+Q_L^2} \tag{3-28}$$

式（3-27）和式（3-28）都说明，S、P 和 Q_L 之间的关系可以用一个直角三角形来表示，这个三角形叫做功率三角形，如图 3-28（c）所示。

实际上，功率三角形还可以用电压三角形各边乘上电流 I 得到。但要注意，与阻抗三角形一样，功率三角形的各边均不能用带箭头的相量表示。

总之，在 RL 串联电路中，视在功率 S、有功功率 P 和无功功率 Q_L 之间的关系式为

$$P=S\cos\varphi$$

$$Q_L=S\sin\varphi$$

$$S=\sqrt{P^2+Q_L^2}$$

其中 $\cos\varphi$ 被称为 RL 电路的功率因数。

【例 3-8】　将电感为 25.5mH、电阻为 6Ω 线圈接到电压有效值 $U=220$V，角频率 $\omega=314$rad/s 的电源上。(1) 求线圈的阻抗；(2) 求电路中的电流；(3) 求电路的 P、Q 和 S；(4) 求功率因数；(5) 以电流为参考量作出电压三角形。

解： (1) 因
$$X_L=\omega L=314\times25.5\times10^{-3}\approx8\,(\Omega)$$

则
$$Z=\sqrt{R^2+X_L^2}=\sqrt{6^2+8^2}=10\,(\Omega)$$

(2)
$$I=\frac{U}{Z}=\frac{220}{10}=22\,(\text{A})$$

(3)
$$P=I^2R=22\times22\times6=2904\,(\text{W})$$

$$Q=I^2X_L=22\times22\times8=3872\,(\text{var})$$

$$S=UI=220\times22=4840\,(\text{VA})$$

(4)
$$\cos\varphi=\frac{P}{S}=\frac{R}{Z}=\frac{6}{10}=0.6$$

(5) 因
$$U_R=IR=22\times6=132\,(\text{V})$$

$$U_L=IX_L=22\times8=176\,(\text{V})$$

$$\varphi=\arccos0.6\approx53°8'\text{（电流滞后电压）}$$

则电压三角形如图 3-28（a）所示。

＊五、提高功率因数的意义及方法

1. 提高功率因数的意义

我们知道，对于每个供电设备（如发电机、变压器）来说都有额定容量，即视在功率。在正常工作时是不允许超过额定值的，否则极易损坏供电设备。我们又知道，在有感性负载时，供电设备输出的总功率中即有有功功率又有无功功率。由 $P=S\cos\varphi$ 知，当 S 一定时，功率因数 $\cos\varphi$ 越低，有功功率就越小，无功功率的比重自然就大。这说明电源

提供的总功率被负载利用的部分就越小。如当 $\cos\varphi=0.5$ 时，$P=\frac{S}{2}$，这说明负载只利用了电源提供容量的一半，从供电的角度来看，显然是很不合算的。但若功率因数能提高到1，则 $P=S$，这说明电源提供的容量全部被负载利用了。

另外，由 $P=UI\cos\varphi$ 还可看出，当电源电压 U 和负载的有功功率 P 一定时，功率因数 $\cos\varphi$ 越低，电源提供的电流就越大。又由于供电线路总具有一定电阻，当电流越大时线路上的电压降就越大。这不仅会使电能白白地消耗在线路上，而且还会使负载两端的电压降低，影响负载正常工作。

【例 3-9】 已知某发电机的额定电压为220V，视在功率为440kVA。(1) 用该发电机向额定工作电压为220V，有功功率为4.4kW，功率因数为0.5的用电器供电，能供多少负载？(2) 若把功率因数提高到1时，又能供多少负载？(设线路无损耗)。

解：(1) 因发电机额定电流为

$$I_e=\frac{S}{U}=\frac{440\times10^3}{220}=2000\ (\mathrm{A})$$

当 $\cos\varphi=0.5$ 时，每个用电器的电流为

$$I=\frac{P}{U\cos\varphi}=\frac{4.4\times10^3}{220\times0.5}=40\ (\mathrm{A})$$

则发电机能供电的负载数为

$$\frac{I_e}{I}=\frac{2000}{40}=50\ (个)$$

(2) 当 $\cos\varphi=1$ 时，每个用电器的电流为

$$I'=\frac{P}{U}=\frac{4.4\times10^3}{220}=20\ (\mathrm{A})$$

则发电机能供电的负载数为

$$\frac{I_e}{I'}=\frac{2000}{20}=100\ (个)$$

【例 3-10】 已知某水电站以220kV的高压输送给负载440kW的电力，若输电线路的总电阻为10Ω，试计算负载的功率因数由0.5提高到0.9时，输电线上一年365天要少损失多少电能？

解：当功率因数 $\cos\varphi=0.5$ 时，线路电流为

$$I_1=\frac{P}{U\cos\varphi_1}=\frac{44\times10^7}{22\times10^4\times0.5}=4\times10^3\ (\mathrm{A})$$

当功率因数 $\cos\varphi=0.9$ 时，线路电流为

$$I_2=\frac{P}{U\cos\varphi_2}=\frac{44\times10^7}{22\times10^4\times0.9}\approx2222\ (\mathrm{A})$$

所以一年中线路上少损失的电能为

$$\Delta W=(I_1^2-I_2^2)Rt=[(4\times10^3)^2-2222^2]\times10\times365\times24=9.69\ (亿\ \mathrm{kW\cdot h})$$

从以上讨论可明显看出，提高功率因数是必要的。其意义就在于：(1) 提高供电设备的利用率；(2) 减少输电线路上的损耗，提高输电效率。

2. 提高功率因数的一般方法

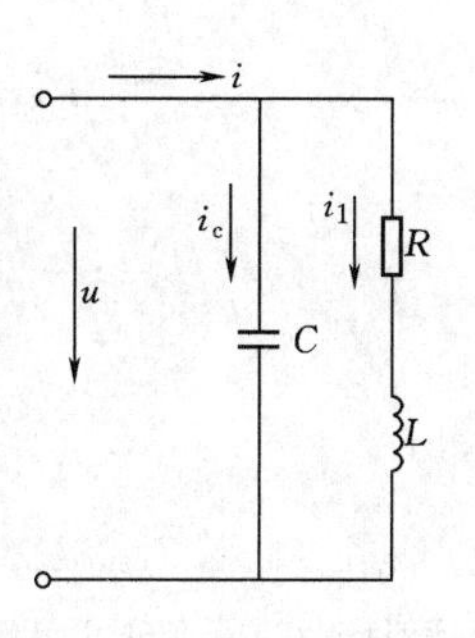

图 3-29　感性负载并联电容器的电路

既然提供功率因数是必要的，那么如何提高功率因数呢？由于交流用电器多为由电阻和电感串联组成的感性负载，为了既提高功率因数又不改变负载两端的工作电压，通常都采用下面两种方法：

(1) 并联电容补偿法。感性负载功率因数不高的原因主要是由于电抗的存在，为了提高向感性负载供电线路的功率因数，通常采用并联电容器的方法，其电路如图 3-29 所示。

考虑到并联支路的两端电压相等，所以在作相量图时，以电压作为参考相量。根据每一条支路上负载的特性，可以作出各支路电流的相量图，如图 3-29 所示。根据交流电路的欧姆定律，R、L 串联支路上的电流 I_1 的大小是

$$I_1=\frac{U}{Z}=\frac{U}{\sqrt{R^2+X_L^2}}$$

而且电流 $\dot{I}_1$ 的相位要滞后电压 $\dot{U}\varphi_1$ 角，即

$$\varphi_1=\arccos\frac{R}{Z}=\arccos\frac{R}{\sqrt{R^2+X_L^2}}$$

通过电容支路的电流是

$$I_C=\frac{U}{X_C}$$

并且电流 $\dot{I}_C$ 在相位上要超前电压 $\dot{U}90°$。

电路总电流 $\dot{I}$ 将是两个分支电流 $\dot{I}_1$ 和 $\dot{I}_C$ 相量和，即 $\dot{I}=\dot{I}_1+\dot{I}_C$。根据相量图 3-30 利用解析的方法可以求出 I，即

$$I=\sqrt{(I_1\cos\varphi_1)^2+(I_1\sin\varphi_1-I_C)^2}$$

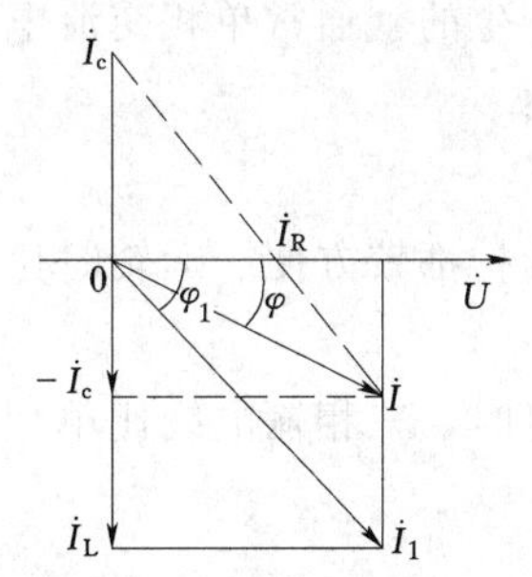

图 3-30　感性负载并联电容后电压、电流相量图

总电流 $\dot{I}$ 在相位上要滞后电压 $\dot{U}$ 一个角度 φ，且等于

$$\varphi=\mathrm{arctg}\frac{I_1\sin\varphi_1-I_C}{I_1\cos\varphi_1}$$

不论是图解，还是解析求解，都可以看出感性负载并联电容以后，将会出现以下几个特点：①并联电路的总电流 I 要比 R、L 串联支路电流 I_1 还要小；②R、L 串联支路的有功功率，$P=UI_1\cos\varphi_1$ 与并联电容以后的有功功率 $P=UI\cos\varphi$ 是相等的，即 $UI_1\cos\varphi_1=UI\cos\varphi$；③电路总的功率因数 $\cos\varphi$ 比未并电容时的功率因数 $\cos\varphi_1$ 提高了。这些特点说明了感性负载并联电容以后，对原负载的工作情况没有任何影响。提高功率因数只意味着负载所需的无功功率的一部分将由并联电容供给，使原来和电源之间进行能量交换变为一部分和电容器之间进行能量交换。这样就降低了电源的负担，同时也降低了线路上的损耗。

利用相量图 3-30 还可以定量地计算出并联电容器电容值与提高功率因数的关系

$$I_C = I_R \text{tg}\varphi_1 - I_R \text{tg}\varphi = I_R(\text{tg}\varphi_1 - \text{tg}\varphi) = \frac{P}{U}(\text{tg}\varphi_1 - \text{tg}\varphi)$$

$$I_C = \frac{U}{Z_C} = U\omega C$$

$$U\omega C = \frac{P}{U}(\text{tg}\varphi_1 - \text{tg}\varphi)$$

$$C = \frac{P}{\omega U^2}(\text{tg}\varphi_1 - \text{tg}\varphi) \tag{3-29}$$

式中　C——所并联电容器的电容量；

P——负载上的有功功率；

U——电路的额定电压；

ω——交流电源的频率；

φ_1——未并联电容时电压与电流的相位差；

φ——并联电容以后电路中电压与电流的相位差。

若已知交流负载以及接入电源的频率和额定电压，欲将功率因数由 $\cos\varphi_1$ 提高到 $\cos\varphi$，利用式（3－29）就可以计算出需要并联电容器电容的数值。

（2）提高自然功率因数法。提高自然功率因数主要是指合理选用电动机，即不要用大容量的电动机来带动小功率负载（俗话说的不要用大马拖小车）。另外，应尽量不让电动机空转。

第四节　三相交流电路

前面所讲的单相交流电路中的电源只有两根输出线，而且电源只有一个交变电动势，如果在交流电路中有几个电动势同时作用，每个电动势的大小相等，频率相同，但初相不同，则称这种电路为多相制电路。其中每一个电路称为多相制电路的一相。

目前应用最为广泛的是三相制电路，其电源是由三相发电机产生的（通常单相交流电源多是从三相交流电源中获得的）。由于三相交流电具有以下优点：

（1）三相发电机比尺寸相同的单相发电机输出的功率要大。

（2）三相发电机和变压器的结构及制造都不复杂，且使用和维护都较方便、运转时比单相发电机的振动小。

（3）在同样条件下输送同样大的功率时，特别是在远距离输电时，三相输电线比单相输电线可节约25%左右的线材。

所以三相交流电获广泛应用。

一、三相电动势的产生

三相正弦交流电动势是由三相交流发电机产生的。三相交流发电机的构造基本上和单相交流发电机相同，不过在定子上装了三个独立而相同的绕组，称为三相绕组。三相绕组对称地放置在定子铁心内圆周上的凹槽中，铁心和绕组合称为电枢。三相绕组的始端，分别用 U_1、V_1、W_1 表示；三相绕组的末端，分别用 U_2、V_2、W_2 表示。各相绕组始端与始端之间在空间的位置互相隔开 120°，它们的末端也互相隔开 120°，如图 3－31 所示。图中的转子也是磁极，它由直流电流励磁而建立磁场。与单相交流发电机一样，磁感应强度在气隙中沿转子表面也是按正弦规律分布的。

当转子由原动机拖动，顺时针方向作匀速旋转时，三个绕组中就分别产生出三个频率相同、最大值相等、相位差互为120°的正弦交流电动势，称之为对称三相正弦交流电动势。

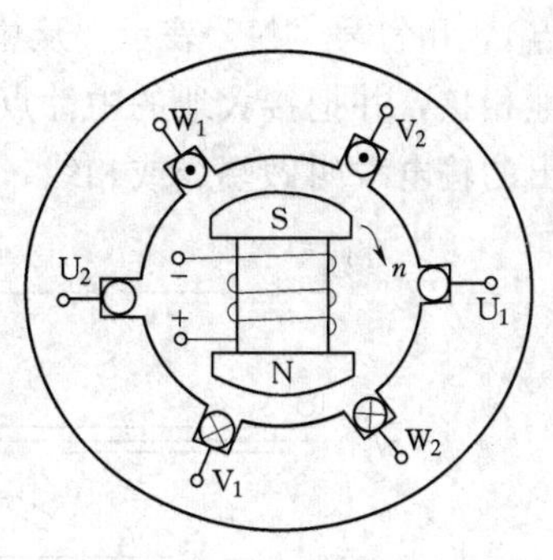

图 3-31　三相发电机原理示意图

如果选定各相电动势的正方向是从绕组的末端到始端，并取 U 相绕组的电动势 e_u 为参考正弦量（即令 e_u 的初相为零），则 U、V、W 三相电动势的瞬时值 e_u、e_v、e_w 的函数式分别为

$$\left.\begin{aligned} e_u &= E_m \sin\omega t \\ e_v &= E_m \sin(\omega t - 120°) \\ e_w &= E_m \sin(\omega t + 120°) \end{aligned}\right\} \qquad (3-30)$$

三相电动势的波形图和相量图分别如图 3-32（a）、（b）所示。

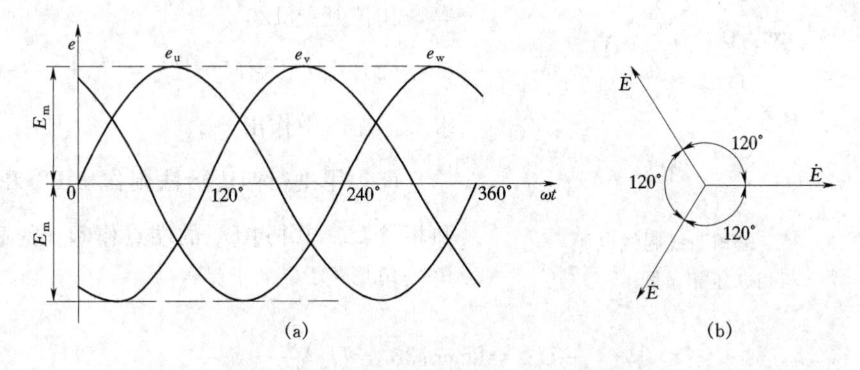

图 3-32　三相电动势的波形图和相量图

三相电动势到达正的最大值的先后次序称为三相电动势的相序。如图 3-31 所示的交流发电机，它所产生的三相交流电的相序是 U—V—W，这样的相序称为正相序，简称为正序。如果上述发电机的转子反方向旋转，则其相序为 U—W—V 即 W—V—U，称为负相序，简称为负序。

一般电厂发电机的相序确定后（通常采用正序），就不再改变。并在配电母线上涂有黄、绿、红三种不同的颜色，以分别表示 U 相、V 相和 W 相。在发电机、变压器并联运行时，相序是很重要的。

二、三相四线制

上述发电机的每个绕组各接上一个负载，就得到彼此不相关的三个独立的单相电路，构成三相六线制，如图 3-33 所示。由图可看出，用三相六线制来输电需要六根输电线，很不经济，没有实用价值。目前在低压供电系统中多数采用三相四线制供电，如图 3-34 所示。三相四线制是把发电机三个绕组的末端连接在一起，成为一个公共端点（称中性点），用符号“N”表示。从中性点引出的输电线称为中性线，简称中线。中线通常与大地相接，并把接大地的中性点称为零点，而把接地的中性线称零线，从三个绕组的始端引出的输电线叫做端线或相线，俗称火线。用符号“L_1、L_2、L_3”表示。

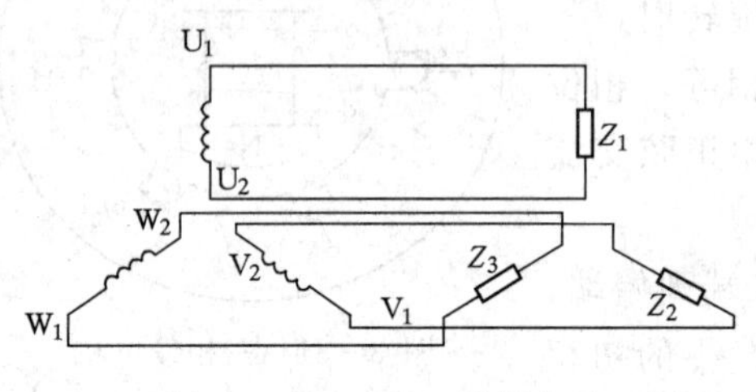

图 3-33　三相六线制电路

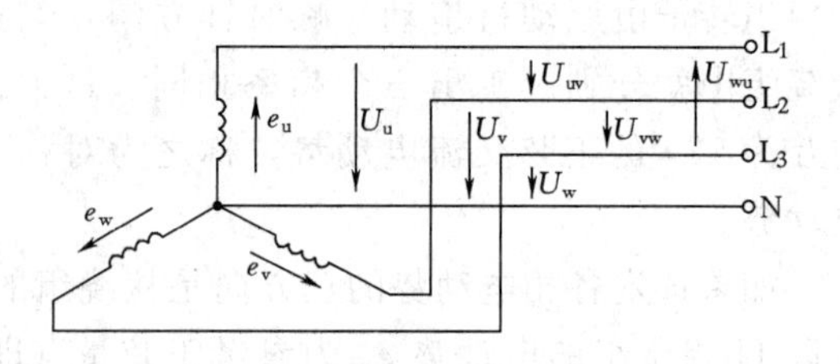

图 3-34　三相四线供电制

三相四线制可输送两种电压：一种是端线之间的电压，叫线电压 $U_L = U_{uv} = U_{vw} = U_{wu}$，另一种是端线与中线间的电压，叫相电压，$U_\phi = U_u = U_v = U_w$

为了找出线电压与相电压的关系，仍可通过作相量图的方法来研究，其步骤如下：

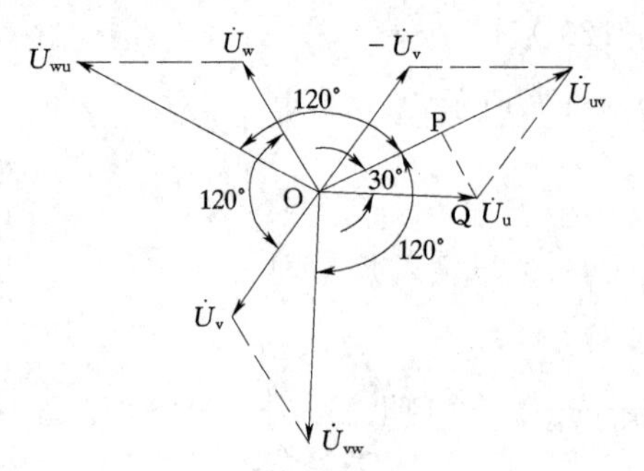

图 3-35　三相四线制线电压与相电压相量图

（1）根据正方向的规定，先作出 $\dot{U}_u$、$\dot{U}_v$ 和 $\dot{U}_w$ 的相量图如图 3-35 所示。它们大小相等，相位互差 120°。

（2）因 $\dot{U}_{uv} = \dot{U}_u - \dot{U}_v = \dot{U}_u + (-\dot{U}_v)$，为求 $\dot{U}_{uv}$ 在图中作出 $-\dot{U}_v$。

（3）用平行四边形法则作出 $\dot{U}_u$ 和 $-\dot{U}_v$ 的和相量 $\dot{U}_{uv}$，并过 $\dot{U}_u$ 的端点作 $\dot{U}_{uv}$ 的垂线得直角三角形 OPQ。于是

$$\frac{1}{2}U_{uv} = U_u \cos 30° = U_u \frac{\sqrt{3}}{2}$$

$$U_{uv} = \sqrt{3} U_u$$

同理可求得 $U_{vw} = \sqrt{3} U_v$，$U_{wv} = \sqrt{3} U_w$，所以线电压与相电压的数量关系为

$$U_L = \sqrt{3} U_\phi \tag{3-31}$$

从图 3-35 可以看出，线电压与相电压的相位不同，线电压总是超前与之相对应的相电压 30°（如：$\dot{U}_{uv}$ 超前 $\dot{U}_u$30°），这就是两者的相位关系。

三、三相负载的联结

所谓三相负载是由三个单相负载组合起来的。接在三相交流电路中的负载有动力负载（如三相异步电动机）、电热负载（如三相电炉）或照明负载（如白炽灯）等。根据构成三相负载的每项负载的性质与大小不同，可将负载分成对称三相负载和不对称三相负载。每相负载完全相同的叫做对称三相负载；每相负载不完全相同的叫做不对称三相负载。例如三相异步电动机、三相加热器是三相对称负载；照明负载是不对称三相负载。

三相负载的联结有星形联结和三角形联结两种方式。负载究竟采用哪种接法要根据电

源电压、负载的额定电压和负载的特点而定。

（一）三相负载的星形联结

1. 星形负载的联结方式

如图 3-36 所示电路就是一个三相负载星形联结电路。星形联结的方法是：将每项负载的一端联结成一点 N，而将每项的另一端分别接到三根火线上。负载的这种接法，像一个“Y”字，所以又称为 Y 联结。

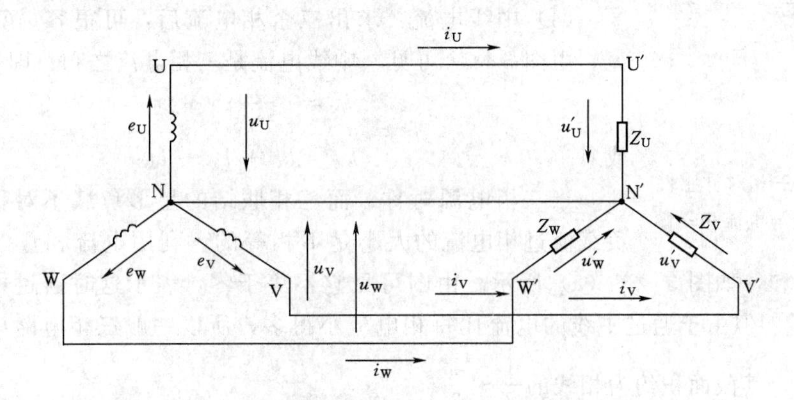

图 3-36　三相负载星形接法

2. 星形负载的对称三相电路

(1) 相电压和线电压关系：由图 3-36 所示电路可见，如忽略输电线上的阻抗，三相负载的线电压就是电源的线电压；三相负载的相电压就是电源的相电压。如前所述，星形负载的线电压和相电压之间的关系如下

$$U_L=\sqrt{3}U_\phi \tag{3-32}$$

且线电压超前与之对应的相电压 30°。

(2) 相电流与线电流的关系：相电流是指通过每相负载的电流；而线电流是指每根端线（火线）通过的电流。由于在星形接法中，每根端线都和相应的每相负载串联，所以线电流等于相电流，即

$$I_\phi=I_L \tag{3-33}$$

这个关系对于对称星形负载或不对称星形负载都是成立的。如果是对称性负载，且电源也是三相对称的，则各相的相电流有效值和各线电流有效值都相等，即

$$I_U=I_V=I_W=I_\phi=I_L \tag{3-34}$$

(3) 相电压与相电流的关系：知道各相负载两端的电压后，就可以根据欧姆定律逐相计算相电流，它们的有效值为

$$I_U=\frac{U_U}{Z_U};\quad I_V=\frac{U_V}{Z_V};\quad I_W=\frac{U_W}{Z_W}$$

各相负载的相电压与相电流的相位差，可按下列各式算出，即

$$\varphi_U=\mathrm{arctg}\frac{X_U}{R_U};\quad \varphi_V=\mathrm{arctg}\frac{X_V}{R_V};\quad \varphi_W=\mathrm{arctg}\frac{X_W}{R_W}$$

如果是三相对称负载，即：$X_U=X_V=X_W=X$ 和 $R_U=R_V=R_W=R$，那么，三个相

电流的有效值相等；各相的相电压与相电流之间的相位差也相等；因此三个相电流之间也有 120°的相位差。说明三个相电流也是对称的，即

$$I_U = I_V = I_W = I_\phi$$

$$\varphi_U = \varphi_V = \varphi_W = \varphi$$

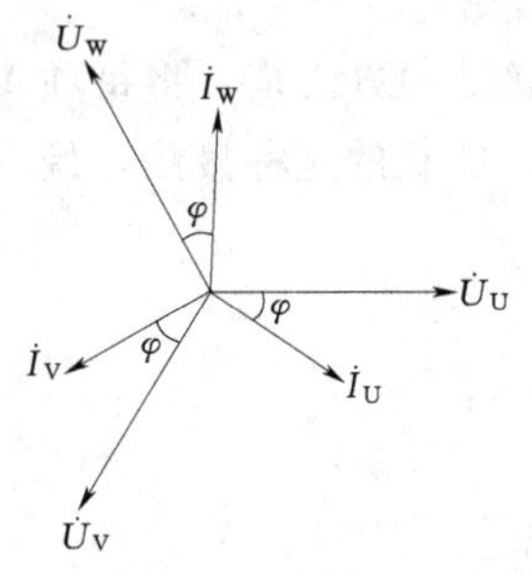

图 3-37　三相对称感性负载的电压与电流相量图

假设 U 相的相电压初相位为零。三相对称感性负载的电压与电流的相量图如图 3-37 所示。

（4）中线电流：求出三个相电流后，可很容易算出中线电流。由图 3-36 可见，中线电流是三相电流之和；即

$$i_N = i_U + i_V + i_W$$

或

$$\dot{I}_N = \dot{I}_U + \dot{I}_V + \dot{I}_W \quad (3-35)$$

当三相电源对称、而三相联结的星形负载不对称时，每相负载流过相电流的大小是不相等的。利用电流相量图求三个相电流相量之和，如图 3-38（a）所示。由图可见它不等于零，表示这时通过中线的电流 I_N 不等于零。但由于通过中线的电流比每相电流小得多，所以一般三相电路中的中线可以选得较细，其截面积约为相线的$\frac{1}{2}$～$\frac{1}{3}$。

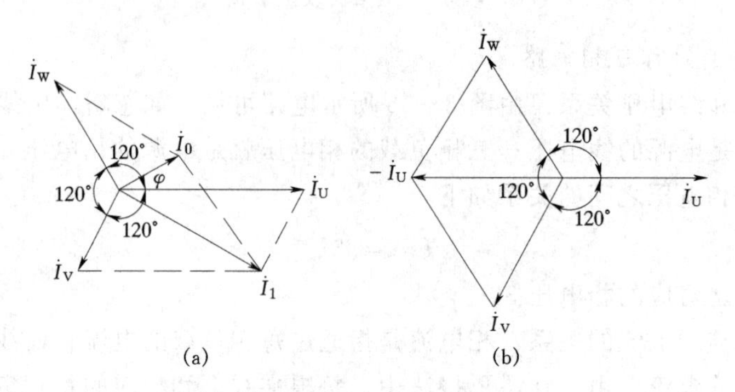

图 3-38　三相负载作星形联结时的电流相量图

使用三相电路时应力求使三相负载对称。如三相照明电路中，应使照明负载平均分配地接在三根相线上，不要全部接在一相上。这是因为当三相负载不对称时，如果中线存在，则各相负载的相电压仍保持不变，且三相电压相等。一旦中线断开，各相负载相电压的大小便不再相等。其中阻抗较小的，相电压减少；而阻抗较大的相电压增大，并可能会使电压增大的这相照明负载烧毁。由于中线能使星形联结的不对称负载的相电压保持对称，从而使负载能正常工作，故低压照明设备都要采用三相四线制，并且不能把熔断器和其他开关设备装在中线内。为避免中线的断开，输电时常用机械强度好的钢丝作中线。如果是三相对称负载，由于三个相电流是对称的，因此它们的相量和等于零，即

$$\dot{I}_N = \dot{I}_U + \dot{I}_V + \dot{I}_W = 0$$

这个关系可从图 3-38（b）的相量图看出。由于在三相对称电路中负载作星形联结时，中线电流为零，即中线没有电流通过，说明中线不起作用，可取消中线，不会影响电

路的正常工作，这样三相四线制就变成三相三线制。图 3-36 所示的电路就变成了如图 3-39 所示的电路。

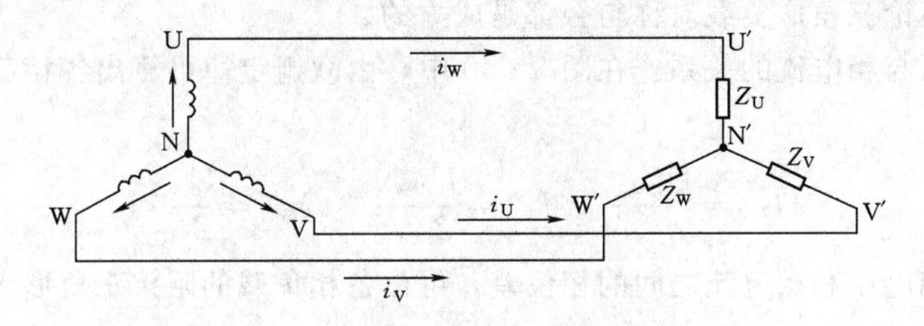

图 3-39　对称负载星形联结时的三相三线制电路

在实际的电网中，使用的三相电器的阻抗一般都是对称的，特别是大容量的电气设备总是使设计的三相负载对称，如三相异步电动机、三相电炉等。尽管在电网中也要接入单相负载如单相电动机、单相照明负载等，由于这些单相负载的容量较小而且在供电网络布设时也要尽量做到分配到各相的负载平衡，因此电网的三相负载可认为基本上是对称的。所以高压输电线采用三相三线制。

【例 3-11】　已知加在星形联接的三相异步电动机上的对称线电压为 380V，若电动机在额定功率下运行时，每相的电阻为 6Ω、感抗为 8Ω，求此时流入电动机每相绕组的电流及各线的电流。

解： 由于电源电压对称，各相负载对称，则各相电流应相等，各线电流也应相等。

因
$$U_{\phi}=\frac{U_L}{\sqrt{3}}=\frac{380}{\sqrt{3}}=220\,(\text{V})$$

$$Z_Y=\sqrt{R^2+X_L^2}=\sqrt{6^2+8^2}=10\,(\Omega)$$

则
$$I_{Y\phi}=\frac{U_{Y\phi}}{Z_Y}=\frac{U_{相}}{Z_Y}=\frac{220}{10}=22\,(\text{A})$$

$$I_{YL}=I_{Y\phi}=22\text{ A}$$

（二）三相负载的三角形联结

1. 负载的三角形联结方法

图 3-40 所示是三相负载三角形联结的三相电路。三角形联结的方法是：依次把一相负载的末端和次一相负载的始端相联，即先将 U'_2 与 V'_1 相联、V'_2 与 W'_1 相联、W'_2 与 U'_1 相联，构成一个封闭的三角形；再分别将由 U'_1、V'_1、W'_1 引出的三根端线接在三相电源 U、V、W 三根相线上。

2. 三角形负载的三相电路

(1) 线电压和相电压关系：由图 3-40 可以看出，当三相负载接成三角形时每相负载的两端是跨接在两根电源的端线之间的，所以各相负载两端的电压与电源的线电压相等，即

$$U_{\phi}=U_L$$

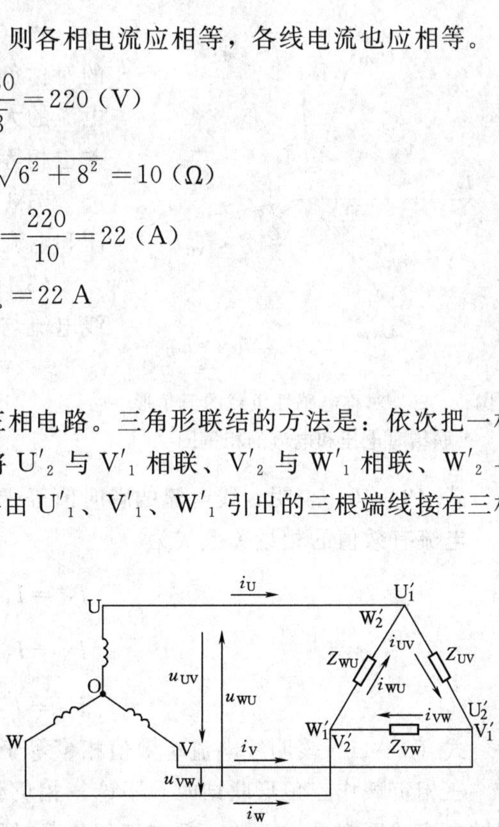

图 3-40　负载的三角形联结法

式中 U_{ϕ}——负载的相电压；

U_{L}——电源的线电压。

这个关系不论三角形负载对称与否都是成立的。

(2) 相电压与相电流的关系：在图 3-40 中，由欧姆定律可算出各相负载的电流有效值为

$$I_{UV}=\frac{U_{UV}}{Z_{UV}};\quad I_{VW}=\frac{U_{VW}}{Z_{VW}};\quad I_{WU}=\frac{U_{WU}}{Z_{WU}} \tag{3-36}$$

而各相负载的相电压和相电流之间的相位差，可由各相负载的阻抗三角形求得，即

$$\varphi_{UV}=\text{arctg}\frac{X_{UV}}{R_{UV}};\quad \varphi_{VW}=\text{arctg}\frac{X_{VW}}{R_{VW}};\quad \varphi_{WU}=\text{arctg}\frac{X_{WU}}{R_{WU}}$$

如果三相负载对称，则

$$R_{UV}=R_{VW}=R_{WU}=R;\quad X_{UV}=X_{VW}=X_{WU}=X \tag{3-37}$$

又因电源线电压是对称的，即 $U_{UV}=U_{VW}=U_{WU}=U_{L}=U_{\phi}$，故由式（3-36）和式（3-37）可得

$$I_{UV}=I_{VW}=I_{WU}=I_{\phi}=\frac{U_{\phi}}{Z} \tag{3-38}$$

$$\varphi_{UV}=\varphi_{VW}=\varphi_{WU}=\varphi=\text{arctg}\frac{X}{R} \tag{3-39}$$

式（3-38）和式（3-39）说明，在三角形联结的对称负载电路中，三个相电流也是对称的，即各相电流的大小相等，各相的相电压和相电流之间的相位差也相等。

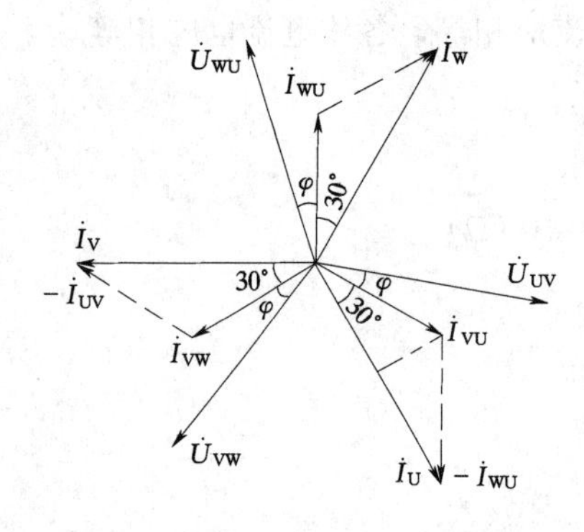

图 3-41 对称电感性负载的三角形联结时电压和电流的相量图

图 3-41 是对称电感性负载三角形联结时，三相电压和电流的相量图。其中以相电压 U_{UV} 为参考相量。

(3) 线电流和相电流的关系：由图 3-40 可见，线电流与相电流的关系为

$$\left.\begin{aligned} i_{U}&=i_{UV}-i_{WU}\\ i_{V}&=i_{VW}-i_{UV}\\ i_{W}&=i_{WU}-i_{VW}\end{aligned}\right\} \tag{3-40}$$

式（3-40）表明，线电流的瞬时值等于相应两个相电流瞬时值之差。

电流有效值的相量关系式为

$$\left.\begin{aligned} \dot{I}_{U}&=\dot{I}_{UV}-\dot{I}_{WU}\\ \dot{I}_{V}&=\dot{I}_{VW}-\dot{I}_{UV}\\ \dot{I}_{W}&=\dot{I}_{WU}-\dot{I}_{VW}\end{aligned}\right\} \tag{3-41}$$

式（3-41）表明线电流有效值相量等于相应两个相电流有效值相量之差。

三相负载作三角形联结时，不论三相负载对称与否，由式（3-40）和式（3-41）表明的电流关系都是成立的。但在三相负载对称的情况下，线电流与相电流之间还有其特定

的大小和相位关系。利用相量图，根据式（3-41），可很方便地由相电流求出各线电流的大小和相位，如图3-41所示。因为三个相电流是对称的，所以三个线电流也是对称的。线电流在相位上比相应的相电流滞后30°；在大小上，由相量图的三角形可得

$$I_U = 2I_{UV}\cos30° = \sqrt{3}I_{UV}$$

同理有

$$I_V = \sqrt{3}I_{VW} \text{ 和 } I_W = \sqrt{3}I_{WU}$$

上式说明，当对称负载作三角形联结时，线电流等于相电流的$\sqrt{3}$倍。即

$$I_L = \sqrt{3}I_\phi$$

【例3-12】 三相电源线电压为220V，每相电阻为6Ω，电抗为8Ω的三相对称负载的每相额定电压为220V。问负载应如何连接？求相电流及线电流的大小和功率因素角。

解： 负载应接成三角形。如果接成Y形，则负载每相电压为$\frac{220}{\sqrt{3}}=127V$，不能正常工作。由于每相阻抗为

$$Z = \sqrt{R^2 + X_L^2} = \sqrt{6^2 + 8^2} = 10\Omega$$

所以

$$I_\phi = \frac{U_\phi}{Z} = \frac{220}{10} = 22\,(A)$$

$$I_L = \sqrt{3}I_\phi = \sqrt{3} \times 22 = 38\,(A)$$

$$\varphi = \arccos\frac{R}{Z} = \arccos\frac{6}{10} = 53.1°$$

四、三相功率

（一）三相电路功率

在三相交流电路中，三相电源发出的（或者说三相负载消耗的）总有功功率等于各相电源或负载的有功功率之和，即

$$P = P_U + P_V + P_W = U_U I_U \cos\varphi_U + U_V I_V \cos\varphi_V + U_W I_W \cos\varphi_W \qquad (3-42)$$

式中 U_U、U_V、U_W——各相相电压；

I_U、I_V、I_W——各相相电流；

$\cos\varphi_U$、$\cos\varphi_V$、$\cos\varphi_W$——各相电路的功率因数。

类似有三相电路中的总无功功率等于各相电路的无功功率之和，即

$$Q = Q_U + Q_V + Q_W = U_U I_U \sin\varphi_U + U_V I_V \sin\varphi_V + U_W I_W \sin\varphi_W \qquad (3-43)$$

然而，三相电路中总的视在功率在一般情况下并不等于各相电路视在功率之和，它的大小可根据功率三角形求得，即

$$S = \sqrt{P^2 + Q^2} \qquad (3-44)$$

（二）三相对称电路功率

如果三相负载是对称的，则三相电源提供的总的有功功率应等于每相负载上消耗的有功功率的3倍。即

$$P = 3P_\phi$$

其中 P_ϕ 是对称电路中的一相有功功率，计算公式为

$$P_{\phi}=U_{\phi}I_{\phi}\cos\varphi$$

将 P_{ϕ} 代入上式，便知三相对称电路功率为

$$P=3U_{\phi}I_{\phi}\cos\varphi \tag{3-45}$$

在实际电路中，负载都有星形和三角形两种联结方式，而三相电路上的线电压和线电流的数值较易测量，所以希望用线电压和线电流来表示三相功率。

当三相对称负载联结成星形时，有

$$U_{L}=\sqrt{3}U_{\phi} \quad 或 \quad U_{\phi}=\frac{U_{L}}{\sqrt{3}}, \quad I_{L}=I_{\phi}$$

将 U_{ϕ} 和 I_{ϕ} 代入式（3-45），便有

$$P=3U_{\phi}I_{\phi}\cos\varphi=3\frac{U_{L}}{\sqrt{3}}I_{L}\cos\varphi=\sqrt{3}U_{L}I_{L}\cos\varphi$$

当三相对称负载联结成三角形时，有

$$U_{L}=U_{\phi}; \quad I_{L}=\sqrt{3}I_{\phi} \quad 或 \quad I_{\phi}=\frac{I_{L}}{\sqrt{3}}$$

将 U_{ϕ} 和 I_{ϕ} 代入式（3-45），便有

$$P=3U_{\phi}I_{\phi}\cos\varphi=\sqrt{3}U_{L}I_{L}\cos\varphi$$

由此可见，在三相对称电路中，无论负载是星形联结或三角形联结，其总有功功率计算公式总是完全相同的，即

$$P=\sqrt{3}U_{L}I_{L}\cos\varphi \tag{3-46}$$

同理

$$Q=\sqrt{3}U_{L}I_{L}\sin\varphi \tag{3-47}$$

$$S=\sqrt{3}U_{L}I_{L} \tag{3-48}$$

式中 P——三相对称电路的有功功率，W；

Q——三相对称电路的无功功率，var；

S——三相对称电路的视在功率，VA；

U_{L}——线电压，V；

$\cos\varphi$——一相负载的功率因数。

值得注意的是：上式中的 φ 为相电压与相电流的相位差，而不是线电压与线电流的相位差。

应该指出，接在同一三相电源上的同一对称三相负载，当其连接方式不同时，其三相有功功率是不同的，接成三角形的有功功率是接成星形的三倍。

当电气设备以视在功率表示其容量时，则可由下列两式求出有功功率与无功功率，即

$$P=S\cos\varphi \tag{3-49}$$

$$Q=S\sin\varphi=P\,\mathrm{tg}\varphi \tag{3-50}$$

【例 3-13】 有一个三相对称电感性负载，其中每相的 $R=12\Omega$、$X_{L}=16\Omega$，接在 $U_{L}=380\text{V}$ 的三相电源上。若负载作星形联结时，计算 I_{ϕ}、I_{L} 及 P。如负载改成三角形联结，再计算上述各量，并比较两种接法的计算结果。

解：(1) 负载作Y形联结时，因为

$$Z=\sqrt{R^2+X_L^2}=\sqrt{12^2+16^2}=20\,(\Omega)$$

$$U_\phi=\frac{U_L}{\sqrt{3}}=\frac{380}{\sqrt{3}}=220\,(V)$$

$$I_\phi=\frac{U_\phi}{Z}=\frac{220}{20}=11\,(A)$$

$$I_L=I_\phi=11\ A$$

$$\arccos\varphi=\frac{R}{Z}=\frac{12}{20}=0.6$$

因此 $$P_Y=\sqrt{3}U_LI_L\cos\varphi=\sqrt{3}\times380\times11\times0.6=4.34\,(kW)$$

(2) 负载作三角形联结时，则

$$P_\Delta=\sqrt{3}U'_LI'_L\cos\varphi=\sqrt{3}\times380\times33\times0.6=12.03\,(kW)$$

(3) 两种计算结果比较如下

$$\frac{U_\phi}{U'_\phi}=\frac{220}{380}=\frac{1}{\sqrt{3}};\quad \frac{I_L}{I'_L}=\frac{11}{33}=\frac{1}{3};\quad \frac{P_Y}{P_\Delta}=\frac{4.34}{13.03}=\frac{1}{3}$$

小　　结

1. 交流电是交变电动势、电压和电流的总称。按正弦规律变化的交流电叫正弦交流电。正弦交流电动势、电压和电流的瞬时值分别以 e、u 和 i 表示；最大值分别以 E_m、U_m、I_m 表示；有效值分别以 E、U、I 表示。各种交流电气设备的铭牌数据及交流测量仪表所测得的电压和电流，都是有效值。有效值是最大值的 $\frac{1}{\sqrt{2}}$。

2. 正弦交流电的三要素是最大值、角频率 ω（或频率 f 或周期 T）和初相角 φ。最大值反映正弦交流电的变化范围；频率反映正弦交流电变化的快慢；初相角反映正弦交流电的初始（即 $t=0$ 时）状态。通常以小于 180°的角度表示初相角。

3. 如果几个同频率正弦交流电的初相角相同，就叫它们同相；若初相角相差（即相位差）180°，就叫它们反相；若初相角既不相同又不相差 180°，则初相角大的正弦交流电为超前量，反之为滞后量。

4. 由于交流电路与直流电路的主要不同在于：直流电路只需研究各量的数量关系，而交流电路，除需研究各量的数量关系外，还需研究各有关量的相位关系。而且只有首先研究相位关系才能得出各有关量的正确数量关系。所以，在交流电路中要特别注意相位概念。

5. 旋转相量是时间相量。由于它在纵轴上的投影是按正弦规律变化的，而且旋转相量的三个特征（长度、转速及与横轴的夹角）可以表示正弦交流电的三要素（最大值、角频率和初相角），所以可以用旋转相量来表示正弦交流电，但正弦交流电绝不是相量。在实际工作中常用有效值相量。有效值相量的长度是旋转相量（也叫最大值相量）长度的

$\frac{1}{\sqrt{2}}$，它是静止相量，它在纵轴上的投影并不等于正弦交流电的瞬时值。

6. 只有频率相同的正弦交流电才能用相量进行加减。这时可把旋转相量当做静止相量进行加减。

7. 电阻、电感和电容是电路中的三种基本元件。它们在交直流电路中的特点是不尽相同。在直流电路中，电感相当于短路，电容相当于断路；在交流电路中则不然。三种交流电路的比较见表 3-1。

表 3-1　　纯电阻、纯电感和纯电容交流电路的比较

		纯电阻	纯电感	纯电容
阻抗值		电阻 R	感抗 $X_L=\omega L=2\pi fL$	容抗 $X_C=\frac{1}{\omega C}=\frac{1}{2\pi fc}$
电流与电流的频率关系		相同	相同	相同
电流与电压的相位关系		电流与电压同相	电流滞后电压 90°	电流超前电压 90°
电流与电压的数量关系		$I_R=\frac{U_R}{R}$	$I_L=\frac{U_L}{X_L}$	$I_C=\frac{U_C}{X_C}$
三种表示法	解析法	设 $u=U_m\sin\omega t$ V 则 $i=I_m\sin\omega t$ A	设 $u=U_m\sin\omega t$ V 则 $i=I_m\sin\left(\omega t-\frac{\pi}{2}\right)$ A	设 $u=U_m\sin\omega t$ V 则 $i=I_m\sin\left(\omega t+\frac{\pi}{2}\right)$ A
	图形法	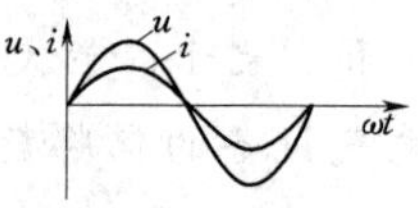 u、i；u；i；ωt (a)	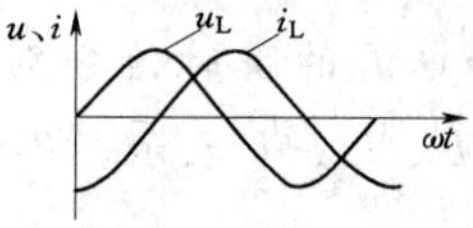 u、i；u_L；i_L；ωt (b)	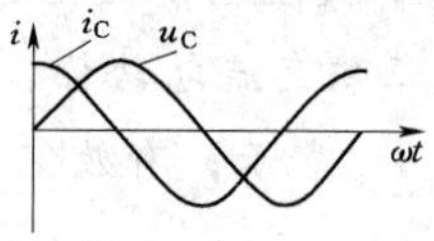 i；i_C；u_C；ωt (c)
	相量法	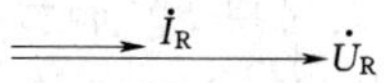 $\dot{I}_R$；$\dot{U}_R$ (d)	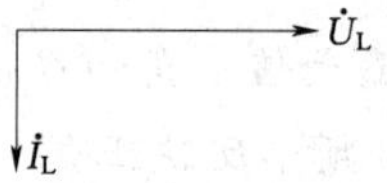 $\dot{U}_L$；$\dot{I}_L$ (e)	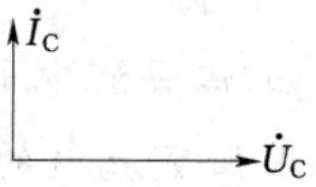 $\dot{I}_C$；$\dot{U}_C$ (f)
电功率	有功功率	$P=I_RU_R=I_R^2R=\frac{U_R^2}{R}$	$P=0$	$P=0$
	无功功率	$Q=0$	$Q_L=I_LU_L=I_L^2X_L=\frac{U_L^2}{X_L}$	$Q_C=I_CU_C=I_C^2X_C=\frac{U_C^2}{X_C}$

8. 在 RL 串联电路中，由于各部分电压的相位不同，总电压的有效值并不等于各部分电压有效值的代数和。所以必须用瞬时值或相量写出，即

$$u=u_R+u_L \quad \text{或} \quad \dot{U}=\dot{U}_R+\dot{U}_L$$

通过电压三角形可求出总电压有效值和各部分电压有效值的数量关系为

$$U=\sqrt{U_R^2+U_L^2}$$

9. 在 RL 串联电路中，总电压有效值（或最大值）与电流有效值（或最大值）之比等于阻抗，通过阻抗三角形可求出总阻抗的数学表达式为

$$Z=\sqrt{R^2+X_L^2}$$

10. 在 RL 串联电路中，总电压超前电流的电角度只取决于电路参数 R、L 和电源频率，而与总电压及电流的大小无关，即

$$\mathrm{tg}\varphi=\frac{X_L}{R}=\frac{\omega L}{R}=\frac{2\pi fL}{R}$$

11. 在 RL 串联电路中，有功功率是电阻消耗的功率，无功功率是电感或电容与电源间交换功率的最大值；视在功率是电源给电路提供的总功率，三者的数量关系可由功率三角形求得

$$S=\sqrt{P^2+Q^2}$$

$$P=S\cos\varphi=IU\cos\varphi=IU_R$$

$$Q=S\sin\varphi=IU\sin\varphi=IU_L$$

式中 φ——总电压与总电流的相位差。

12. 功率因数是被负载利用的有功功率与电源提供的总功率之比，即 $\cos\varphi=\frac{P}{S}$。提高功率因数不但可以提高交流供电设备的利用率，也可减少输电过程中的损耗。

13. 由于电力系统中负载多数是感性负载，功率因数较低，通常都采用并联补偿方式（即在感性负载两端并接适当电容）及合理选用电动机来提高功率因数。

14. 对称三相交流电动势的特征是，三个电动势的最大值相等、频率相同、初相角互差 120°。当三相负载对称时，多采用三相三线制供电；当三相负载不对称时，采用三相四线制供电。

15. 根据需要与可能，可将三相对称负载接成 Y 型或△形。但不论是哪种接法，对于每相负载来说都是一单相电路，所以仍可用讨论单相电路的方法来讨论各相负载中电流与电压的相位关系和数量关系。三相对称负载各量的数量关系见表 3-2。

表 3-2　　三相对称负载两种接法的各量关系

线、相电压关系	线、相电流关系	有功电功率
Y 形接法 $U_{YL}=\sqrt{3}I_{Y\phi}$	$I_{YL}=I_{Y\phi}$	$P_Y=3I_{Y\phi}U_{Y\phi}\cos\varphi=\sqrt{3}I_{YL}U_{YL}\cos\varphi$
△形接法 $U_{\Delta L}=I_{\Delta\phi}$	$I_{\Delta L}=\sqrt{3}I_{\Delta\phi}$	$P_\Delta=3I_{\Delta\phi}U_{\Delta\phi}\cos\varphi=\sqrt{3}I_{\Delta L}U_{\Delta L}\cos\varphi$

16. 由单相负载组成的三相电路或由照明和动力混合组成的三相电路，一般都不对称。这时应采用三相四线制。中线的作用就在于，它能保证三相负载成为三个互不影响的独立电路。当负载不对称时，也能保证各相负载的电压对称，使负载能正常工作，而且就是电路发生故障也可缩小故障的影响范围。特别值得注意的是，供电系统的中线上不允许接熔断器也不允许装开关。

习　　题

1. 已知某交流电的角频率为 628rad/s，试求相应的周期和频率。

2. 某交直流通用电容器的直流耐压为 220V，若把它接到交流 220V 电源中使用，是否安全？

3. 已知交流电动势 $e=155\sin(377t-120^\circ)$ V，试求 E_m、E、ω、f、T 和 φ。

4. 写出下列各组交流电动势的相位差，指出哪个超前，哪个滞后？并画简图予以说明。(1) $e_1=380\sqrt{2}\sin 314t$ V，$e_2=380\sqrt{2}\sin(314t-120^\circ)$ V。(2) $e_1=380\sqrt{2}\sin(314t-120^\circ)$ V，$e_2=380\sqrt{2}\sin(314t+120^\circ)$ V。(3) $e_1=220\sqrt{2}\sin(314t-240^\circ)$ V，$e_2=220\sqrt{2}\sin(314t-120^\circ)$ V。(4) $e_1=220\sqrt{2}\sin 314t$ V，$e_2=-220\sqrt{2}\sin 314t$ V。

5. 已知三个正弦电压 u_1、u_2、u_3 的有效值都为 380V，初相分别为 $\varphi_1=0$，$\varphi_2=-120^\circ$，$\varphi_3=120^\circ$，角频率都为 314rad/s，试写出三个电压的瞬时值表达式。并画出相量图。

6. 根据图 3-42 分别写出 u_1、u_2 的解析式。

7. 根据图 3-43 分别写出 i_1、i_1 的解析式（设它们的角频率都为 ω）；用相量作图法求 $\dot{I}_1+\dot{I}_2$ 的和相量，并在图上量取长度和角度后写出 $\dot{I}_1+\dot{I}_2$ 的瞬时值表达式。

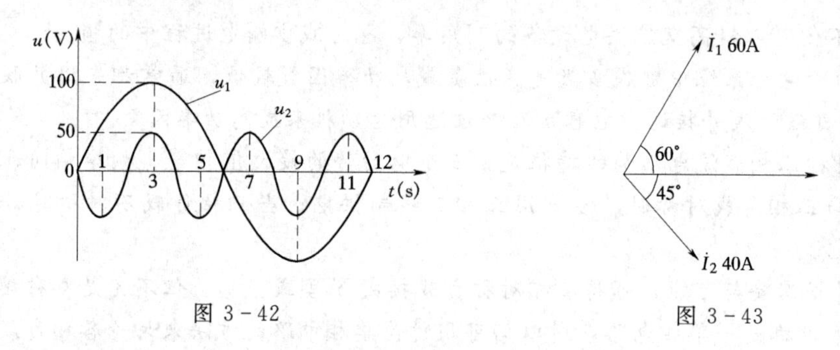

图 3-42　　　　图 3-43

8. 用作图法先求出下列各组正弦电压的和 (u_1+u_2) 与差 (u_1-u_2) 的相量，然后在图中量出最大值和初相角，并写出和与差的瞬时值表达式。

(1) $u_1=3\sin(314t+60^\circ)$ V，$u_2=3\sin(314t-60^\circ)$ V。

(2) $u_1=8\sqrt{2}\sin(\omega t+30^\circ)$ V，$u_2=8\sqrt{2}\sin(\omega t-60^\circ)$ V。

9. 已知某交流电路两端的电压为 $u=220\sqrt{2}\sin(314t+30^\circ)$ V，电流 $i=0.41\sqrt{2}\sin(314t-30^\circ)$ A。(1) 分别求出电压和电流的有效值；(2) 求电压与电流的相位关系，并作出电压和电流有效值相量图。

10. 一个额定值为 220V/1kW 的电阻炉接在电压 $u=331\sin(314t+30^\circ)$ V 的电源上，(1) 求流过电炉的电流并写出该电流的瞬时值表达式；(2) 作电压和电流相对应的相量图。

11. 将 110V/40W 和 110V/100W 的两只白炽灯串接在 220V 的电源上使用，则__________。

a. 两只灯泡都能安全工作；b. 40W 灯泡因所承受的电压高于 110V 而被烧坏；c. 100W 灯泡因所承受的电压高于 110V 而被烧坏；d. 两只灯泡都会烧坏。

12. 把电感为 $L=0.1$H（电阻可忽略不计）的线圈接到 $u=141\sin(100t-30^\circ)$ V 的电源上，(1) 求流过线圈的电流并写出该电流的瞬时值表达式；(2) 作电流和电压相应的相量图；(3) 求无功功率。

13. 在纯电感电路中，下列各式哪些正确、哪些错误？

(1) $i=\dfrac{u}{X_L}$；(2) $i=\dfrac{u}{\omega L}$；(3) $I=\dfrac{U}{L}$；(4) $I=\dfrac{U}{\omega L}$；(5) $I=\omega LU$。

14. 在感抗 $X_L=50\Omega$ 的纯电感两端加以正弦交流电压 $u=200\sin\left(100t+\dfrac{\pi}{3}\right)$V，则通过电感的电流瞬时值为__________。

a. $i=200\sin\left(100\pi t-\dfrac{\pi}{6}\right)$A；b. $i=4\sin\left(100\pi t-\dfrac{\pi}{6}\right)$A；c. $i=4\sin\left(100\pi t+\dfrac{\pi}{3}\right)$A；d. $i=4\sin\left(100\pi t+\dfrac{\pi}{6}\right)$。

15. 把容量 $C=20\times10^{-6}$F 的电容器接到 $u=141\sin\left(100\pi t-\dfrac{\pi}{6}\right)$V 的电源上，(1) 求流过电容的电流并写出该电流的瞬时值表达式；(2) 作电压和电流相应的相量图；(3) 求无功功率。

16. 在纯电感电路中，下列各式哪些正确、哪些错误？

(1) $i=\dfrac{u}{X_C}$；(2) $i=\dfrac{u}{\omega C}$；(3) $I=\dfrac{U}{C}$；(4) $I=\dfrac{U}{\omega C}$；(5) $I=\omega CU$。

17. 在容抗 $X_C=50\Omega$ 的纯电容两端加以正弦交流电压 $u=200\sin\left(314+\dfrac{\pi}{6}\right)$V，则通过电容的电流瞬时值为__________。

a. $i=200\sin\left(314t-\dfrac{\pi}{3}\right)$A；b. $i=4\sin\left(314t+\dfrac{\pi}{6}\right)$A；c. $i=4\sin\left(314t+\dfrac{2\pi}{3}\right)$A；d. $i=4\sin\left(314t-\dfrac{\pi}{3}\right)$A。

18. 把某线圈接在电压为 20V 的直流电源上，测得流过线圈的电流为 1A；当把它改接到频率为 50Hz，电压有效值为 120V 的正弦交流电源时，测得流过线圈的电流为 0.3A。求线圈的直流电阻 R 和电感量 L。

19. 把一个电阻为 20Ω、电感为 48×10^{-3}H 的线圈接到电压 $U=100$V、角频率 $\omega=314$rad/s 的交流电源上，(1) 求流过线圈电流的有效值；(2) 以电流为参考量作电压和电流相应的相量图；(3) 求该线圈的有功、无功和视在功率；(4) 若把线圈改接到 100V 直流电源上，则流过线圈的电流又为多少？

20. 在 RL 串联电路中，已知 $R=3\Omega$、$L=12.7\times10^{-3}$H、总电压 $u=220\sqrt{2}\sin314$V，试求：(1) 电路中的电流；(2) 电阻 R 及电感 L 两端的电压。

21. 在 RL 串联电路中，已知总电压为 $u=220\sqrt{2}\sin314t$V、电流 $i=22\sqrt{2}\sin(314t-45°)$A，求该电路的阻抗、电阻值、电感量及有功功率。

22. 某 RL 串联电路接在 100V、50Hz 的正弦交流电源中，实测得电流 $I=2$A，有功功率 $P=120$W，求电路的电阻 R 和电感量 L。

23. 什么叫功率因数？为什么要提高功率因数？通常提高功率因数的方法是什么？

24. 若已知作星形联接的对称三相交流电源的 $e_u = 380\sin\left(314t + \frac{\pi}{6}\right)$V，(1) 根据习惯相序写出 e_V 和 e_W 的解析式；(2) 作 e_u、e_v、e_w 最大值的相量图。

25. 如图 3-44 所示，已知三个相同负载电阻 $R_a = R_b = R_c = 10\Omega$，作三角形联结后，接到相电压为 220V 的三相对称电源上，则各电表的读数分别为 $A_1 =$ ________ A，$A_2 =$ ________ A，$V_1 =$ ________ V，$V_2 =$ ________ V。

26. 如图 3-45 所示，已知三个相同负载电阻 $R_a = R_b = R_c = 10\Omega$，作星形联结后再接到线电压为 380V 的三相对称电源上，则各电表的读数分别为 $A_1 =$ ________ A，$A_2 =$ ________ A，$V_1 =$ ________ V，$V_2 =$ ________ V。

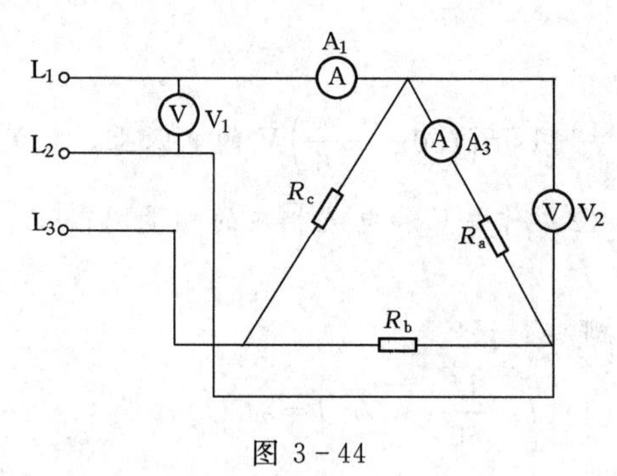

图 3-44

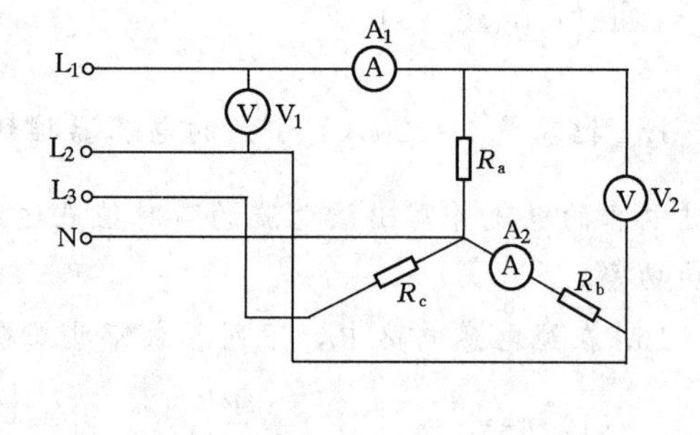

图 3-45

27. 某三相对称感性负载 Y 形联结，接到线电压 $U_L = 380$V 的三相对称电源上，从电源取用的总有功功率为 $P = 5.28$kW，功率因数 $\cos\varphi = 0.8$，试求负载的相电流和电源的线电流。

若把负载改接成△形，电源线电压仍为 $U_L = 380$V，试求此时的相电流、线电流和有功功率。

28. 在线电压为 $U_L = 380$V 的三相三线制对称电网中，接有 Y 形联结的电阻负载，已知 $R_u = R_v = R_w = 50\Omega$。试计算相电流和线电流。若把三相电网改为三相四线制，负载仍为 Y 形联结的电阻负载且阻值不变，试计算相电流和线电流以及三相总有功功率。

29. 在线电压为 $U_L = 380$V 的三相对称电网中，接有一△形联结的感性负载，已知每相负载的电阻 $R = 30\Omega$，感抗 $X_L = 40\Omega$，试求相电流和线电流。

实验一　三相负载的不同联结

一、实验目的

验证三相对称负载两种接法各有关量的关系（见表 3-3）。

表 3-3

线、相电压关系	线、相电流关系
Y 形联结法 $U_{YL} = \sqrt{3}U_{Y\phi}$	$I_{YL} = I_{Y\phi}$　$I_0 = 0$
△形联结法 $U_{\Delta L} = U_{\Delta\phi}$	$I_{\Delta L} = \sqrt{3}I_{\Delta\phi}$

二、实验器材

实验器材见表 3-4。

表 3-4

序号	代号	名称	规格	数量	备注	序号	代号	名称	规格	数量	备注
1	EL1	白炽灯	220V40W	6		4	FU	熔断器	220V2A	1	
2	V	交流电压表	量程 500V	3	或万用表	5	SA	闸刀开关	220V5A	1	或拉线开关
3	A	交流电流表	量程 1A	3	或 0.5A	6		三相四眼插头	380V5A	1	

三、实验内容、步骤及要求

(1) 将 6 只 40W 灯泡分别按图 3-46 及图 3-47 接成星形和三角形，并将引线接入三相四眼插头。

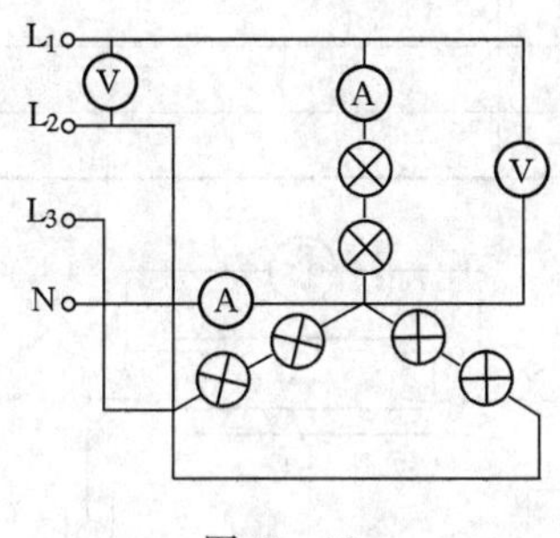

图 3-46

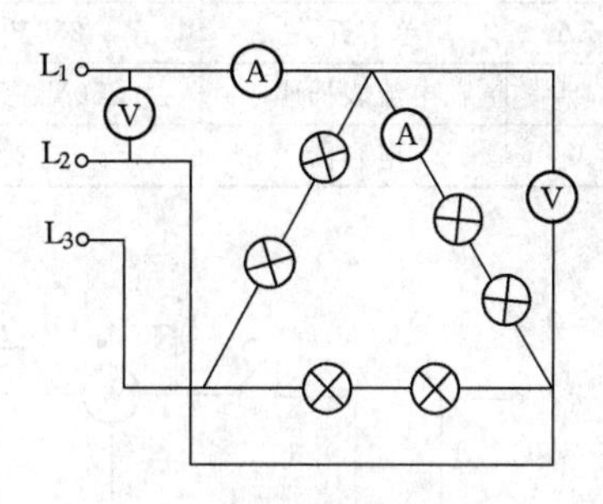

图 3-47

(2) 经指导教师检查后将插头插入带电（线电压为 380V）的插座中。

(3) 分别测量出各图中有关电压和电流。根据测量到的数据，在实验允许的误差范围内，验证实验目的所列表格的内容是否成立。

四、写出实验报告

*实验二　功率因数的提高方法及测量

一、实验目的

并联电容器提高电路功率因数。

日光灯工作时，灯管为一电阻性负载，它与镇流器的串联电路可用图 3-48 所示的等效电路来表示。由于镇流器的电感较大，所以日光灯电路的功率因数较低，其值约在 0.5 左右，因而常在电源侧并联电容 C 以提高功率因数。

二、实验器材

实验器材见表 3-5。

三、实验内容及步骤

1. 日光灯实验电路

按图 3-49 练习日光灯电路的接线。

2. 测量日光灯的基本数据

(1) 断开电容器上的各开关。

(2) 接通 220V 交流电源，将调压器输出电压

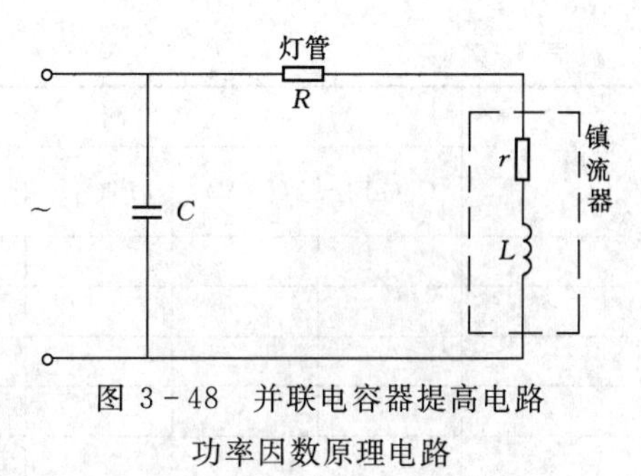

图 3-48　并联电容器提高电路功率因数原理电路

升至220V。合上开关S_A，观察日光灯的起辉过程，并测量日光灯在正常电压工作时的灯管电压U_R、镇流器电压U_{rL}、工作电流I_1和功率P，填于表3-6中。

表 3-5

序号	代号	名称	规格	数量	备注
1		日光灯电路板	40W	1	灯管、起辉器、镇流器、灯角等附件
2	TM	单相调压器	220V	1	
3	V	交流电压表	量程500V	1	
4	A	交流电流表	量程1A	1	
5	W	单相功率表	量程1kW	1	
6	SA	单刀开关	250V	1	
7		电流表插座	250V、5A	3	
8	C	电容器	0.5、1、2、4μF	4	

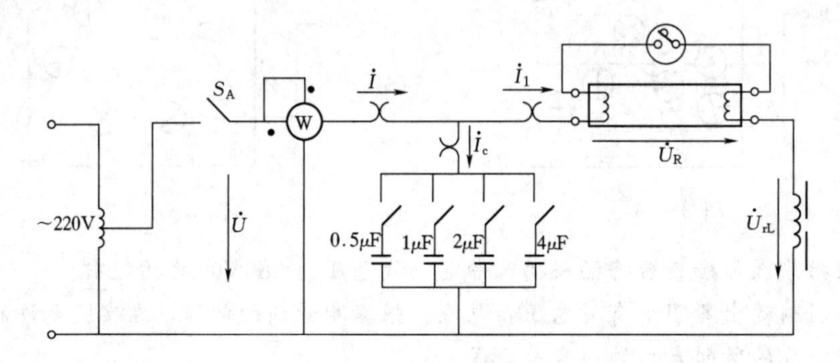

图 3-49 日光灯实验电路

表 3-6

测量值					计算值
U（V）	U_R（V）	U_{rL}（V）	I_1（A）	P（W）	功率因数 $\cos\varphi=\frac{P}{UI_1}$

3. 提高日光灯电路的功率因数

日光灯工作在正常电压时，逐个合上电容器开关，由零开始逐渐增加地投入并联电容，测量电路电流I、电容电流I_C、灯管电流I_1和功率P，记录于表3-7中。

表 3-7

序号	测量值						计算值	
	C（μF）	U（V）	I（A）	I_1（A）	I_C（A）	P（W）	$\cos\varphi=\frac{P}{UI_1}$	φ
1								
2								
3								
4								
5								

根据测量数据，在实验允许的误差范围内，验证日光灯电路功率因数是否提高。

四、写出实验报告并进行讨论

(1) 若将起辉器与白炽灯串联接至220V电源上，白炽灯会不会亮？

(2) 能否用按钮开关代替起辉器？如何使用？

(3) 试用相量图分析日光灯并联电容后，电路中各电流的变化情况？

(4) 并联电容器后，是提高了日光灯本身的功率因数，还是提高了整个电路的功率因数？

第四章　变　压　器

第一节　变压器的基本概念

一、变压器的用途

变压器是一种常见的静止的电气设备，其主要功能是将某一电压值的交流电能转换为同频率的另一电压值的交流电能。

在日常生产和生活中，常需要各种高低不同的交流电压。如应用较广的三相异步电动机的额定电压为380V或220V；一般照明电压为220V；机床局部照明及某些电动工具的额定电压为36V、24V或更低；在电子设备中也需要各种不同的供电电压。

在电力系统中，远距离输送电能都是采用高压输电，如10、35、110、220、500、750kV等。这是由于在一定的功率因数下，输送同样大小的电功率时，输电电压越高，则输电电流越小。这样不仅可以减小输电线的截面积，节省材料，而且还可以减少输电线路上的功率损耗。为此要用变压器升高输电电压。

在用电方面，为了保证用电的安全和满足用电设备的电压要求（如220V、380V、660V、3kV、6kV、10kV等），要利用变压器将电压降低。

变压器除了用于改变电压外，还可以用于改变电流（如电流互感器）、变换阻抗（如电子设备中的输出变压器）、变换相位（如晶闸管整流装置中的同步变压器）等。可见，变压器是输配电、电工测量、电子技术等方面不可缺少的电气设备。

二、变压器的种类

变压器一般分为电力变压器和特种变压器两大类。电力变压器是电力系统中输配电力的主要设备，容量从几十kVA到几十万kVA，电压等级从几百V到750kV以上。

变压器的种类很多，用途也很广，根据其用途和结构分类如下：

（1）按变压器的用途分，有升压变压器、降压变压器、配电变压器、联络变压器（连接几个不同电压等级的电力系统用电）和厂用变压器（供发电厂本身用电）等。

（2）按变压器的结构分，有双绕组变压器、三绕组变压器、多绕组变压器和自耦变压器。

（3）按变压器的相数分，有单相变压器、三相变压器和多相变压器等。

（4）按变压器的冷却方式分，有油浸自冷变压器、干式空气自冷变压器、油浸风冷变压器、油浸水冷变压器、强迫油循环风冷变压器和强迫油循环水冷变压器等。

（5）按变压器绕组使用的金属材料分，有铜线变压器和铝线变压器。

（6）按变压器调压方式分，有无励磁调压变压器和有载调压变压器。

至于特种变压器，它是根据冶金、矿山、化工、交通等部门的具体要求而设计制造的专用变压器。主要有整流变压器、电炉变压器、实验变压器、矿用变压器、船用变压器和大电流变压器等几种。

随着我国国民经济的发展，电力系统中发电机容量与输电电压的不断提高，要求生产出更大容量、更高电压等级的电力变压器。通常，变压器的安装总容量约为发电机安装总容量的6～8倍。

三、变压器的基本结构

变压器主要是由铁心和绕组两部分构成，它的结构示意图如图4-1所示。

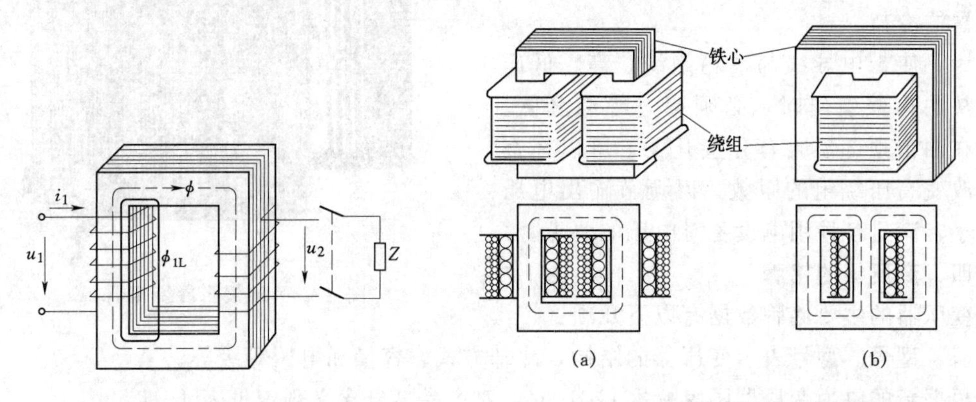

图4-1 变压器的结构示意图

图4-2 两种变压器的外形图
(a) 心式变压器；(b) 壳式变压器

为了减少磁滞损失与涡流损失，变压器的铁心通常是用0.35～0.50mm的硅钢片叠压而成，硅钢片之间还要涂绝缘漆，使片与片之间保持良好的绝缘状态。这样的铁心可以在较大的程度上减小涡流损失，既提高变压器的工作效率，又可以防止铁心过热带来的麻烦。

绕组就是绕在铁心上的线圈。与电源相连接，从电源吸取能量的绕组称为原绕组；与负载相连接，对负载供电的绕组称为副绕组。绕组一般都是由绝缘的圆导线或扁导线绕成(铜线或铝线)。

按照绕组与铁心的相对位置不同，变压器又可以分为心式或壳式两种，如图4-2所示。心式变压器的绕组是套在各铁心柱上，形成了绕组包围铁心。这种形式的变压器多用于三相电力变压器中，因为铁心在绕组的内部，铁心内的磁场得到了充分的利用。壳式变压器，它的高低压绕组都绕在中间的铁心柱上，形成了绕组被铁心所包围。这种形式变压器一般用于小容量的单相变压器之中，它的铁心同时还充当了外壳的作用，使绕组得到了保护。

变压器的绕组一般都是制成圆筒形，为了减少漏磁通，高压绕组和低压绕组都要分成两部分，分别装在两个铁心柱上。将低压绕组靠近铁心，高压绕组再套在低压绕组的外面。这样放置的原因是低压绕组与铁心之间的绝缘比较容易实现。

变压器在运行时，要产生铜损和铁损。所谓铜损是指变压器在工作时，原副绕组中电流通过绕组电阻的热损耗；铁损是指铁心中的磁滞损耗和涡流损耗。这两种损耗都会使铁心和绕组发热。为了防止变压器过热而烧坏，还必须采取散热措施。小容量的变压器都采用自冷式，热量依靠空气的自然对流和辐射，直接散失到周围的空气中去。对于大容量的电力变压器，多采用油冷式，如图 4-3 所示。

图 4-3　油浸自冷变压器

把变压器的铁心和绕组全部浸没在油箱里，油箱中的变压器油，除了使变压器冷却外，它还是很好的绝缘材料。为了增强散热效果，在变压器的箱壁上安装了许多散热片，使油通过散热片循环，加强对流作用，促进变压器的冷却。

为了使带电导线与油箱绝缘，高、低压绕组从油箱盖引出时，必须穿过绝缘套管。同时在油箱顶部还装有分接开关，可以在空载时改变高压绕组的匝数，以调节输出电压的大小，满足各种用电设备对电压的要求。

四、变压器的铭牌

变压器的主要铭牌数据有以下几项：

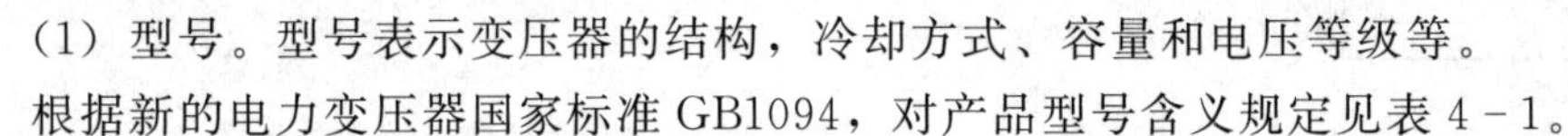

(1) 型号。型号表示变压器的结构，冷却方式、容量和电压等级等。

根据新的电力变压器国家标准 GB1094，对产品型号含义规定见表 4-1。

表 4-1　　电力变压器型号含义

分　类	类　别	代表符号
线圈耦合方式	自　耦	O
相　数	单　项	D
	三　相	S
冷却方式	油浸自冷	—
	干式空气自冷	G
	干式浇注绝缘	C
	油浸水冷	S
	油浸风冷	F
	强迫油循环风冷	FP
	强迫油循环水冷	SP
绕组数	双绕组	—
	三绕组	S
绕组导线材料	铜	—
	铝	L
调压方式	无励磁调压	—
	有载调压	Z

按照表 4-1 所列符号顺序书写，就组成了基本型号，其后用短横线隔开，加注额定容量（kVA）/高压绕组电压等级（kV）。

如 S_9—800/10 表示三相油浸自冷双绕组铜心 800kVA、10kV 电力变压器。

(2) 额定电压。原边额定电压 U_{1N} 是指变压器在额定运行情况下，根据变压器的绝缘强度及容许温升所规定的线电压值；副边额定电压 U_{2N} 是指变压器在空载时（调压分接开关接在额定分接头上），副边线电压的保证值。单位是 V 或 kV。

(3) 额定电流。额定电流是指变压器在额定运行情况下，根据容许温升所规定的线电流值。单位是 A。

(4) 额定容量。在额定工作条件下，变压器输出视在功率的保证值称为额定容量，即变压器副绕组的额定电压与额定电流的乘积，单位是 VA 或 kVA。

(5) 短路电压。短路电压也称阻抗电压，即当一个绕组短路时，在另一个绕组流过额定电流时所施加的电压，一般用额定电压的百分数表示。

此外，还有频率、相数、绕组联结组别、容许温升、冷却方式、空载电流、空载损耗和短路损耗等数据。

第二节　变压器的基本工作原理

一、变压器的工作原理

1. 变压原理

图 4-4 所示为简单变压器的示意图。当变压器的原边绕组接入交变电压 u_1 时，在原绕组中便有交变电流流过，并产生交变磁通 Φ。该磁通的绝大部分都被铁心束缚而同时穿过原、副边绕组，被称为主磁通。它随着电源的频率而变化。在原绕组产生的交变磁通中，还有很少一部分通过周围空气闭合，称为漏磁通 Φ_{1L}。通常漏磁通很小，为讨论问题方便而把它忽略不计。

当主磁通同时穿过原、副边绕组时，就在两个绕组中分别产生与电源频率相同的感生电动势 e_1 和 e_2。设原、副边的匝数分别为 N_1 和 N_2，主磁通随时间的变化率为$\dfrac{\Delta\Phi}{\Delta t}$，则由法拉第电磁感应定律可得原、副边感生电动势的数学表达式为

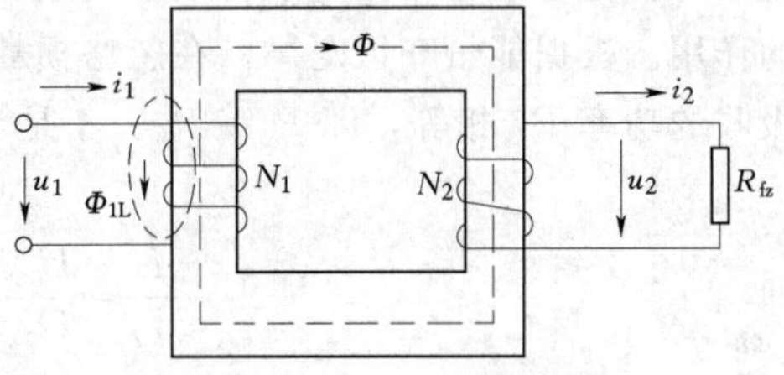

图 4-4　变压器的工作原理

$$e_1=-N_1\frac{\Delta\Phi}{\Delta t} \tag{4-1}$$

$$e_2=-N_2\frac{\Delta\Phi}{\Delta t} \tag{4-2}$$

当忽略原、副边绕组的直流电阻和漏磁通时，感生电压就等于感生电动势，但相位相反，即

$$u_1=-e_1=N_1\frac{\Delta\Phi}{\Delta t} \tag{4-3}$$

$$u_2=-e_2=N_2\frac{\Delta\Phi}{\Delta t} \tag{4-4}$$

当我们只讨论各量的数量关系时，用式（4-4）去除式（4-3）就得到

$$\frac{U_1}{U_2}=\frac{N_1}{N_2}=n \tag{4-5}$$

式中　U_1——原边交变电压的有效值，V；

U_2——副边交变电压的有效值，V；

N_1——原边绕组的匝数；

N_2——副边绕组的匝数；

n——原副边的电压比，或称匝数比，简称变比。

上式表明，变压器原、副边绕组的电压比等于它们的匝数比 n。当 $n>1$ 时，$N_1>N_2$，$U_1>U_2$，这种变压器称为降压变压器。当 $n<1$ 时，$N_1<N_2$，$U_1<U_2$，这种变压器称为升压变压器。可见，当变压器的原、副边绕组采用不同的匝数比时，就可达到升高或降低电压的目的。

【例 4-1】 已知某变压器的原边电压为 220V，副边电压为 36V，原边的匝数为 2200 匝，试求该变压器的变压比和副边的匝数。

解： 由式（4-5）可分别求得电压比和副边匝数

$$n=\frac{U_1}{U_2}=\frac{220}{36}\approx 6.1$$

$$N_2=\frac{N_1N_2}{U_1}=\frac{2200\times 36}{220}=360\text{（匝）}$$

2. 变流原理

由上面的分析知道，变压器能从电网吸收能量并通过电磁形成的能量转换，以另一个电压等级把电能输给用电设备或下一级变压器。在这个过程中，变压器只起一个传递能量的作用。根据能量守恒定律，在忽略损耗时，变压器输出的功率 P_2 应和变压器从电网中吸收的功率 P_1 相等，即 $P_1=P_2$。于是当变压器只有一个次级时，就有下述关系

$$I_1U_1=I_2U_2$$

即

$$\frac{I_1}{I_2}=\frac{U_2}{U_1}=\frac{1}{n}\quad I_1=\frac{N_2}{N_1}I_2 \tag{4-6}$$

上式说明，变压器工作时其原、副边电流与原、副边的电压或匝数成反比。而且原边的电流随着副边电流的变化而变化，副边电流越大原边电流也越大（输出功率越大时，原边向电源吸取的功率也就越大）。

【例 4-2】 已知某电焊变压器的匝数比 $n=5$，其次级电流 $I_2=60$A，试计算初级电流为多少？

解： 根据式（4-6）可得

$$I_1=\frac{I_2}{n}=\frac{60}{5}=12\text{（A）}$$

3. 阻抗变换原理

变压器除了能改变交变电压、电流的大小外，还能变换交流阻抗。这在电信工程中有着广泛的应用。

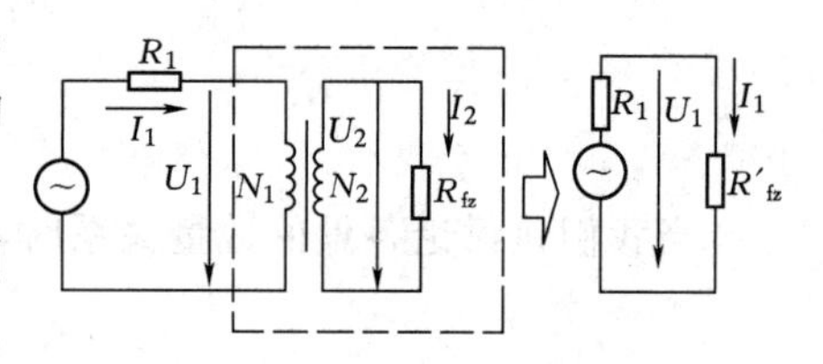

图 4-5　变压器的阻抗变换作用

如图 4-5 所示，若把这个带负载的变压器（图中虚框部分）看成是一个新的负载并以 R'_{fz} 表示，则对于无损耗的变压器来说其原、副边功率应相等，即

$$I_1^2R'_{fz}=I_2^2R_{fz}$$

将式（4-6）代入上式可得

$$R'_{fz}=\left(\frac{N_1}{N_2}\right)^2R_{fz}=n^2R_{fz} \tag{4-7}$$

上式表明，负载 R_{fz} 接在变压器的副边上，从电源中获取功率和负载 $R'_{fz}=n^2R_{fx}$ 直接接在电源上所获取的功率是完全相同的。也就是说，R'_{fz} 是 R_{fz} 在变压器原边中的交流等效电阻。

上式还表明，变压器原边交流等效电阻 R'_{fz} 的大小，不但与变压器副边的负载 R'_{fz} 成正比，而且与变压器的变比 n 的平方成正比。

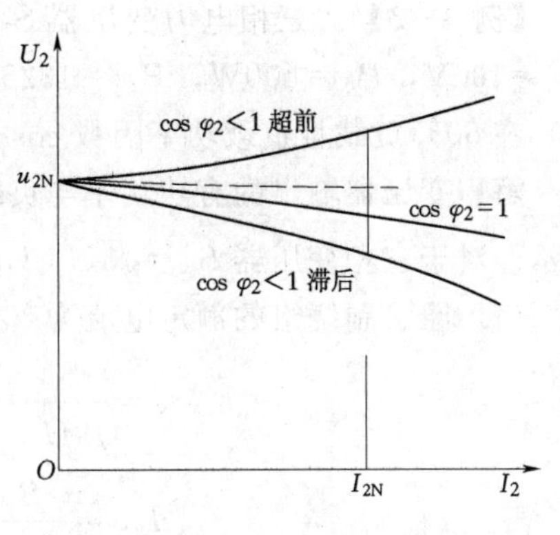

图 4-6　变压器的外特性

已知 R_{fz} 和 R'_{fz} 时，变压器的变比应为

$$n=\sqrt{\frac{R'_{fz}}{R_{fz}}} \tag{4-8}$$

二、变压器的外特性和电压变化率

当加在变压器原边绕组的电压 U_1 不变时，由于变压器原、副边绕组存在电阻和漏抗，如果副边的负载增加，副边绕组的电流 I_2 也随之增加。当 I_2 增大时，副边绕组内部由于漏磁通和电阻的存在，相当于内部阻抗压降也会增加，从而使副边电压 U_2 发生相应变化。副边电压 U_2 随负载变化而发生的变化称为变压器的外特性。对于感性负载，当 I_2 增大时，U_2 要随之下降，所以说变压器的外特性曲线是下降的，如图 4-6 所示。

从图 4-6 中可看出，负载性质和功率因数不同时，从空载（$I_2=0$）到满载（$I_2=I_{2N}$），变压器副边电压 U_2 变化的趋势和程度是不同的，我们用副边电压变化率（或称电压调整率）来表示。副边电压变化率规定为：当原边接在额定电压和额定频率的交流电源上，副边开路电压 U_{2N} 和在指定的功率因数下副边输出额定电流时的副边电压 U_2 的算术差与副边额定电压 U_{2N} 的百分比值，即

$$\Delta U(\%)=\frac{U_{2N}-U_2}{U_{2N}}\times100\% \tag{4-9}$$

电压变化率 ΔU（%）是表征变压器运行性能的重要数据之一，它反映了变压器供电电压的稳定性。电压变化率 ΔU（%）的大小与变压器的参数和负载性质有关。

三、变压器的损耗和效率

变压器负载运行时，将在变压器的铁心和绕组中产生能量损耗，简称铁损和铜损，分别以 P_{Fe} 和 P_{Cu} 表示。铁损 P_{Fe} 是由铁心中的涡流损失与磁滞损失所组成；铜损 P_{Cu} 是由原、副绕组通过电流时，在绕组导线上产生的焦耳热。原、副边绕组的电流大小随变压器副边所接负载而变化。显然，通过绕组的电流愈大，铜损也会愈大，可见铜损 P_{Cu} 的大小是随负载而变化，因此称铜损为可变损耗。铁损 P_{Fe} 的大小主要取决于电源的频率以及通过铁心的磁通量。由于变压器在运行时，电源的频率和铁心中的磁通量都是基本不变的，铁损也基本不变，故称为不变损耗。

变压器的效率是指变压器输出的有功功率 P_2 与输入的有功功率 P_1 的比值，即

$$\eta=\frac{P_2}{P_1}\times100\%=\frac{P_2}{P_2+P_{Cu}+P_{Fe}}\times100\% \tag{4-10}$$

由于变压器属于静止电气设备，不存在由于各部件的相对运动而产生的摩擦损耗，一般它的效率是比较高的。铜损 P_{Cu} 与负载有关，因此在不同的状态下工作，它的效率是不一样的。通常是满载的 60%～80%时，变压器的效率最高，大型电力变压器的效率可高达 98%～99%，但是任何变压器在轻载时效率都是比较低的。

【例 4-3】 三相电力变压器 S_7—50/10 的技术数据为：$S_N=50kVA$，$U_{1N}=10kV$，$U_{2N}=400V$，$P_0=400W$，$P_K=1325W$，联结组别为 Y，yn0。试求：（1）I_{1N} 和 I_{2N}；（2）在 50%负载且负载功率因数 $\cos\varphi=0.8$ 时的效率。

解：变压器输出的有功功率与负载功率因数有关，因此变压器的额定容量用视在功率表示。对于三相变压器 $S_N=\sqrt{3}U_{1N}I_{1N}=\sqrt{3}U_{2N}I_{2N}$。

（1）原、副绕组的额定电流为

$$I_{1N}=\frac{S_N}{\sqrt{3}U_{1N}}=\frac{50\times10^3}{\sqrt{3}\times10\times10^3}=2.89\,(A)$$

$$I_{2N}=\frac{S_N}{\sqrt{3}U_{2N}}=\frac{50\times10^3}{\sqrt{3}\times400}=72.2\,(A)$$

（2）铁损 $P_{Fe}=P_0=400$（W）

额定负载时的铜损为 $P_{Cu}=P_K=1325W$

50%负载时的铜损为 $P'_{Cu}=(50\%)^2P_{Cu}=(0.5)^2\times1325=331$（W）

输出功率 $P_2=50\%S_N\cos\varphi=0.5\times50\times10^3\times0.8=20\times10^3$（W）

所以在 50%负载时的效率为

$$\eta=\frac{P_2}{P_2+P'_{Cu}+P_{Fe}}\times100\%=\frac{20\times10^3}{20\times10^3+331+400}\times100\%=96.5\%$$

第三节 三 相 变 压 器

一、三相变压器的结构

三相变压器可以是由三个单相变压器组合而成，为了使结构上更加紧凑，一般是将其组合成一台三相变压器。三相变压器的铁心，有三个铁心柱，每个铁心柱上都套装属于同一相的两个绕组（原边绕组和副边绕组），如图 4-7 所示。

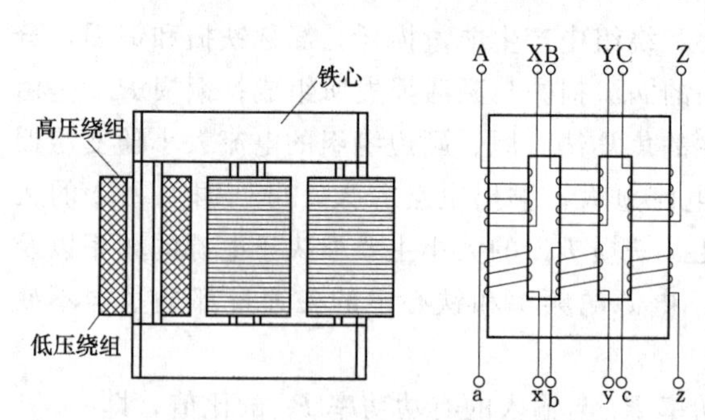

图 4-7 三相变压器的结构图

三相变压器的铁心通常做成闭合回路，并由硅钢片叠压而成。变压器的绕组通常用圆形或矩形铜线或铝线绕制而成。低压绕组靠近铁心的绝缘筒上，低压绕组外套一个绝缘筒，筒外放置高压绕组。

三相变压器多用于电力系统，容量比较大，所以大都采用油浸自冷式。套装在铁心上的原、副边绕组都要浸没在变压器油中。变压器在工作时产生的热量通过变压器油传递到散热油管，然后再散到空气中去。为了防止变压器油受热膨胀而外溢，而又能保证一定的油位，在油箱的上部装有一个油膨胀器即储油箱（俗称油枕），用管子与油箱相连，其外形结构参见图 4-3。

二、三相变压器的联结组别

三相变压器的高、低压绕组，不仅有星形和三角形两种接法之分，高、低压绕组首端之间还有同极性端和异极性端之分。这样一来，三相变压器高、低压绕组联结方式不同时，高压绕组线电压和低压绕组线电压之间有着不同的相位关系。这种相位关系常采用“时钟表示法”，就是将高压绕组的线电压相量看做时钟上的长针，并且固定指在 12 上，而把低压绕组的线电压相量看做短针，所指向的钟点数就作为联结组别的标号。

三相变压器的联结组别较多，为了制造和使用的方便，国家标准规定，三相双绕组电力变压器的标准联结组别有五种：Y，yn0（Y/Y0 - 12）；YN，y0（Y0 - Y12）；Y，y0（Y/Y - 12）；Y，d11（Y/Δ - 11）；YN，d11（Y0/Δ - 11）。大写字母表示高压侧接法，小写字母表示低压侧接法，Y 为星形接法，d 为三角形接法，n 表示有中性线引出。

图 4 - 8 为 Y，yn0 联结组的接线图，用于副边电压为 380/220V 的配电变压器，可供给动力和照明混合负载。图 4 - 9 为 Y，d11 联结组别的接线图。

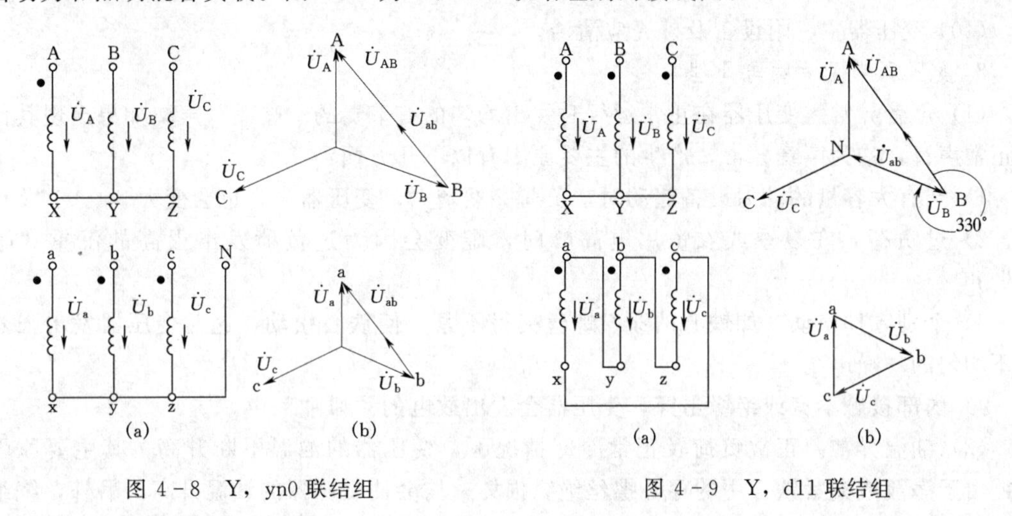

图 4 - 8　Y，yn0 联结组　　　图 4 - 9　Y，d11 联结组

三、变压器的并联运行

在电力系统中广泛采用两台及两台以上的变压器并联运行的方式。在并联运行时，各台变压器的原绕组接到公共的原边电网，副绕组接到公共的副边电网。

变压器并联运行时，可根据负载的变化投入相应的容量和台数，尽量使运行着的变压器接近满载，可提高效率和功率因数。如果某台变压器发生故障需检修时，可将其退出，其他变压器继续运行，保证电网正常供电。

并联运行的变压器应遵守下列三个条件：

(1) 联结组别相同。

(2) 短路电压百分值相等。

(3) 变比相同。即原、副边的额定电压相同。

四、三相变压器的运行维护及常见故障与处理

1. 变压器运行中的检查和维护

对运行中的变压器，应定期检查，以便了解和掌握变压器的运行状况，发现问题及时解决，力争把故障消除在萌芽状态。在巡视检查中，一般可以通过仪表，保护装置及各种指示信号等设备了解变压器的运行情况。同时还要依靠运行人员的感官（看、听、嗅、摸）及时发现仪表所不能反映的问题，如运行环境的变化、变压器的声响和异常等。

根据规程规定，对变压器巡视检查和维护的项目主要有：

(1) 检查油枕内和充油套管内油面高度，封闭处有无渗漏油现象。

(2) 检查变压器上层油温。

(3) 检查变压器响声是否正常。

(4) 检查变压器套管是否清洁，无破损裂纹及放电痕迹和其他不正常现象。

(5) 检查冷却装置的运行情况应正常。

(6) 检查引线接头是否过热，有无接触不良现象。

(7) 呼吸器应畅通，干燥剂不应吸潮至饱和状态。

(8) 防爆管上的防爆膜应完整无裂纹，无存油。压力释放阀应正常。

(9) 变压器外壳接地应良好。

(10) 变压器主、附设备及外壳应清洁。

2. 变压器常见故障与处理

(1) 声音异常。变压器在正常运行时发出均匀的有节奏的“嗡嗡”声，如果出现其他不正常声音，均为声音异常，产生的主要原因有以下几方面：

1) 当有大容量的动力设备起动时，负荷突然增大，变压器声音也会变大。

2) 过负荷，在夏季或农忙用电高峰时，配变会因为过负荷发出很高的沉重“嗡嗡”声。

3) 个别零件松动，如铁心的穿心螺丝夹得不紧，使铁心松动，这时变压器发出强烈而不均匀的“噪声”。

4) 内部接触不良或绝缘击穿，变压器会发出放电的“噼啪”声。

(2) 油温异常。正常负荷及正常冷却情况下，变压器的油温不断升高，其主要原因有：由于涡流或夹紧铁心用的穿心螺丝绝缘损坏，均会使变压器的油温升高。另外，绕组局部层间或匝间短路，内部接点有故障，接触电阻加大，二次线上有大电阻短路，也会使油温升高。

(3) 油色、油位异常。油色过重，油内出现碳质。在夏季重负荷运行时，油位就会升高，若超过最高温度标线刻度，就应适当放油。当变压器渗漏严重，就会使油位下降，若降到最低标线以下，应加油补充。

(4) 高低压套管发生严重损伤并有放电现象。其主要原因是：

1) 套管密封不严，因进水使绝缘受潮而损坏。

2) 套管的电容心子制造不良，内部游离放电。

3) 套管积垢严重，表面釉质脱落，或套管上有大的碎片和裂纹，均会造成套管闪络和爆炸事故。

(5) 三相电压不平衡。其主要原因有：

1) 三相负载不平衡，引起中性点位移，使三相电压不平衡。

2) 系统发生铁磁谐振，会使三相电压不平衡。

3) 内部发生匝间或层间短路，也会造成三相电压不平衡。

(6) 分接开关故障。分接开关主要故障有：接触不良、触头烧坏、触头间短路、触头对地放电，油箱上有“吱吱”的放电声，产生这类故障的主要原因有：

1）分接开关触头弹簧压力不足，触头滚轮压力不匀，接触面减少，触头磨损严重，引起分接开关烧毁。

2）分接开关接触不良，经受不住短路电流冲击而发生故障。

3）由于操作不当，使分接头位置切换错误，引起开关烧毁。

4）相间的绝缘距离不够，或绝缘材料性能降低，在过压作用下短路。

5）油温过高，分接开关长期浸在高于常温的油中，使分接开关触头出现碳膜及油垢，触头发热，损坏触头。

（7）引线部分故障。引线部分故障常有引线烧断、接线柱松动等现象发生。主要原因有：

1）引线与接线柱连接松动，导致接触不良、发热。

2）软铜片焊接不良，引线之间焊接不牢，造成过热或开焊，如不及时处理，将造成变压器不能运行或三相电压不平衡而烧坏用电设备。

（8）渗、漏油。变压器渗漏油的主要原因与部位如下：

1）套管密封垫压缩量小或握手线夹未旋紧、发热损坏密封垫。

2）砂眼、焊缝处因铸造，焊接过程中工艺不当、试漏不严或材质等问题造成渗漏油。

3）密封垫因压力不均、密封压紧面有问题、胶垫质量低劣、胶环（法兰）压力不平衡等原因造成渗漏油。

4）放气（油）螺栓封闭处因设计不合理造成渗漏油。

*第四节　特殊变压器

一、自耦变压器

自耦变压器的工作原理与具有两个绕组的变压器基本是一致的。如图 4－10（a）所示，原绕组有 N_1 匝，副绕组占有 N_2 匝。当原边绕组接入电源电压 U_1 时，绕组内就有电流 i_1 通过，并且在铁心中产生磁通。这个变化的磁通会在原、副边绕组中产生感应电动势，与普通变压器的计算相同，原、副边的电压在数量上同样存在下列关系

$$\frac{U_1}{U_2}=\frac{N_1}{N_2}=n \tag{4-11}$$

可见，适当选取匝数 N_2，在副边就可以得到所需要的电压。如果把自耦变压器的中间抽头作为能沿着整个绕组滑动的活动触头，则副边电压就可以在一定范围内连续调节。所以这种变压器又称为调压器，常用于实验室之中。使用调压器时，要注意原、副边绕组不能接错，否则会造成电源短路，把调压器烧毁。另外在接通电源前，一定要将手柄旋转到零位，接通电源后，渐渐转动手柄，将电压从零调到所需要的数值。

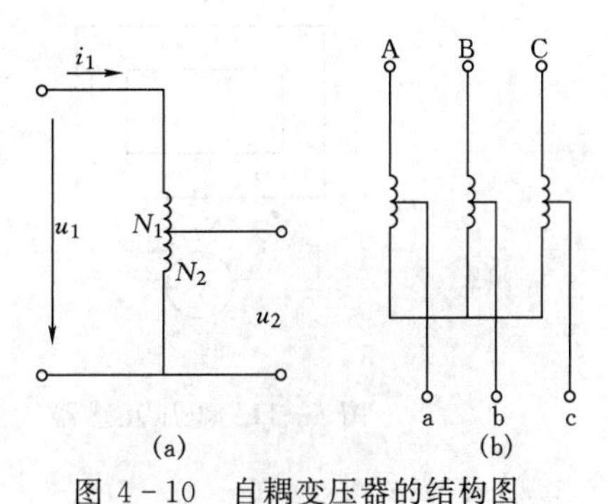

图 4－10　自耦变压器的结构图

（a）单相自耦变压器；（b）三相自耦变压器

由于自耦变压器的原、副边绕组之间有直接的

电联系，万一公用绕组部分发生断线事故，原边的电压就会直接加到副边低压一侧，造成危险。

自耦变压器也分单相和三相两种，如图 4－10 所示。三相自耦变压器通常用于异步电动机的降压起动。

二、仪用互感器

仪用互感器是供测量、自动控制及保护用的一种特殊用途变压器。使用互感器，可将交流高电压变换成低电压或将交流大电流变换为小电流，然后送给测量仪表或控制、保护和自动装置。这样可扩大测量仪表的量程，满足自动控制和保护装置对电压、电流信号的要求，并且能使仪表、控制设备与高压电路相隔离，以保证仪表、控制设备及工作人员的安全。按用途不同，互感器可分为电压互感器和电流互感器两类。

1. 电压互感器

电压互感器结构原理和接线图如图 4－11 所示。原绕组为高压绕组，其匝数 N_1 较多，并联在待测的高压线路中。副绕组为低压绕组，匝数 N_2 较少，各种仪表（如电压表、功率表等）的电压线圈或控制保护电器的电压线圈并联在副绕组的两端。

各种仪器、电器的电压线圈阻抗都很大，故电压互感器的运行与电力变压器的空载运行情况相似。原、副绕组电压比为

$$\frac{U_1}{U_2} \approx \frac{N_1}{N_2} = n \tag{4-12}$$

式中　n——电压互感器的变比。

这样通过测量 U_2，再乘上变比 n 可得出 U_1。如果电压互感器与电压表是配套的，就可以从表盘上直接读出 U_1 的数值。电压互感器的型号、规格很多，其原边额定电压 U_{1N} 按被测高压线路的电压等级选取，副边额定电压通常为标准值 100V。

在运行中，电压互感器副边不允许短路，以防烧毁绕组。为了工作安全，电压互感器的铁心、金属外壳及低压绕组的一端都必须接地，避免高、低压绕组间的绝缘损坏，低压侧将出现高电压，这对工作人员是非常危险的。

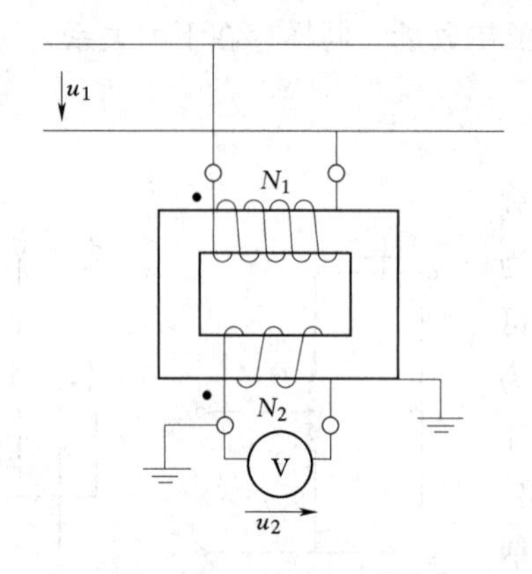

图 4－11　电压互感器

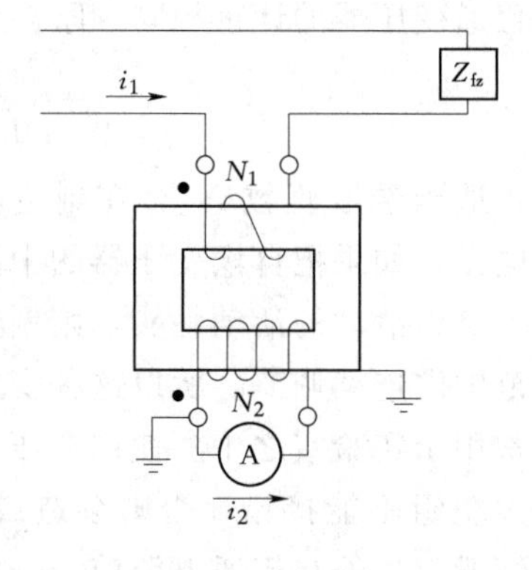

图 4－12　电流互感器

2. 电流互感器

电流互感器的结构原理和接线图如图 4－12 所示。其原绕组匝数很少（有的只有 1

匝），导线粗，串联于待测电流的线路中，使待测电流流过原绕组。副绕组匝数多，导线细，电流表、功率表和控制、保护装置的电流线圈与它串联接成闭合回路。因为变压器有电流变换作用，即

$$\frac{I_1}{I_2} \approx \frac{N_2}{N_1} = n \tag{4-13}$$

式中　n——电流互感器的变流比。

因此，测量时只要将电流表的读数乘上变流比 n 就等于被测电流 I_1。若电流互感器与电流表是配套的，就可直接从表盘上读出 I_1。电流互感器副边额定电流通常为标准值5A。

与电力变压器不同，电流互感器的原绕组是串联在待测电流的电路之中，其原边电流的大小并不随副边电流的变化而变化。由于各种仪表电流线圈的阻抗都很小，电流互感器在运行时，其副绕组工作在接近短路状态。正常工作时原、副绕组的磁动势相互抵消，铁心中磁通较小。如果副边开路，则副边电流为零，副边不能产生与原边相抵消的磁动势，在原边磁动势的作用下铁心中的磁通将大增，匝数多的副绕组上要感应出上千伏的高电压，这样将会击穿绕组绝缘，损坏设备和危及工作人员的安全，同时铁损大增，铁心急剧发热，会使电流互感器烧毁。因此，在运行中，电流互感器的副边严禁开路。在副边电路中拆装仪表时，必须先将副绕组短接。电流互感器副边电路中不允许接熔断器（俗称保险丝）。

为了人身安全，电流互感器副绕组的一端和铁心都必须接地。

三、电焊变压器

交流电焊机（弧焊机）在工厂和施工工地应用很广，其中一种是由一个变压器和一个可变电抗器组成的，如图 4－13 所示。

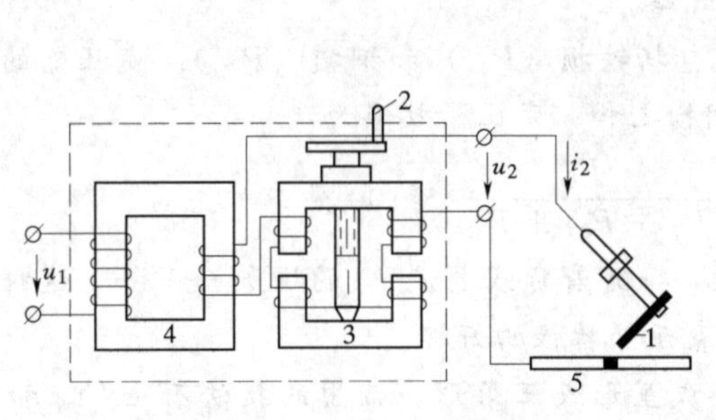

图 4－13　电焊变压器的结构图

1—焊条；2—摇把；3—可调电抗器；
4—电焊变压器；5—焊件

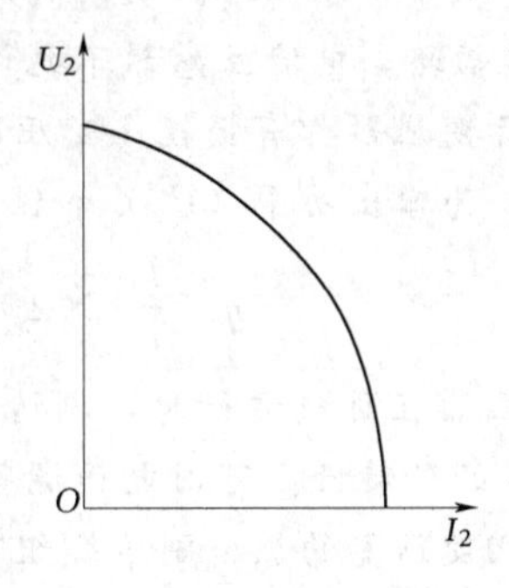

图 4－14　电焊变压器的外特性

对电焊变压器的要求是：空载时有足够的电弧点火电压（60～70V）；电弧点着后，副边电压应随输出电流下降较快，即变压器应具有陡降的外特性（如图 4－14），在输出短路时，短路电流不能太大。

焊接时，焊条和焊件之间的电弧性质相当于一个电阻，电弧上的电压降为30V左右。当焊接不同的焊件和使用不同规格的焊条时，则要求调节焊接电流的大小，这可通过调节

可变电抗器的空气隙或改变电抗器线圈的匝数来实现。

小　结

1. 变压器是利用电磁感应原理，将原边电路的交流电能或信号变换传递至副边电路。其主要构成部分是铁心和原、副绕组。根据相数不同，变压器可分为单相变压器和三相变压器。

2. 变压器是一种能够改变交变电压大小，又能保持电压频率不变的静止电气设备。变压器除能改变电压大小外，还能改变交变电流，交流阻抗和交流电的相位。

3. 忽略变压器损耗，理想变压器的三个基本公式是

$$\frac{U_1}{U_2}=\frac{N_1}{N_2}=n$$

$$\frac{I_1}{I_2}=\frac{N_2}{N_1}=\frac{1}{n}$$

$$R'_{fz}=\frac{N_1^2}{N_2^2}R_{fz}=n^2R_{fz}$$

4. 为了正确使用变压器，必须掌握其铭牌数据的含义，同时还应了解其外特性、电压变化率、效率以及变压器的联结组别等基本概念。

5. 在变比不大的情况下，采用自耦变压器可节省材料、提高效率。由于绕组的一部分是原、副边共用的，原、副边有直接的电联系，使用时要注意安全。输出电压可平滑调节的自耦变压器称为调压器。

6. 电压互感器用于测高压，其原绕组并联于待测电路。电流互感器用于测大电流，其原绕组串联于待测电路。使用时，应将铁心和副绕组一端接地。在运行中，电压互感器不允许副边短路；电流互感器不允许副边开路。

7. 实际变压器都有损耗，变压器损耗包括铁损（P_{Fe}）和铜损（P_{Cu}）。变压器的输入功率（P_1）为输出功率（P_2）和铁损、铜损之和。变压器效率为

$$\eta=\frac{P_2}{P_1}\times100\%=\frac{P_2}{P_2+P_{Fe}+P_{Cu}}\times100\%$$

8. 变压器在负载运行时，副边电压 U_2 将随着负载电流 I_2 的增加而下降，这种特性称为变压器的外特性。可用电压调整率来表示外特性的好坏。

9. 三相变压器的原、副边绕组可以接成星形或三角形。常用的接法有 Y/Y_0 和 Y/Δ 两种，不同的接法，原、副边绕组的电压、电流关系也不相同。

习　题

1. 变压器能不能用来变换直流电压？为什么？如果把一台 220/36V 的变压器接入电压为 220V 的直流电源上会发生什么后果？

2. 根据变压器的变比关系，$\frac{U_1}{U_2}=\frac{N_1}{N_2}$，若要制作一台 220/110V 的单相变压器，能否

使原边绕组的匝数为两匝，副边绕组为一匝？为什么？

3. 有一台单相变压器，变压比为220/36V，额定容量是500VA，试求：在额定状态下运行时，原、副边绕组通过的电流。如果在副边并接两个（100W、36V）的白炽灯泡，原边的电流是多少？

4. 有一台额定容量S_N＝50kVA，额定电压为3300/220V的单相变压器，高压绕组为6000匝。试求：(1) 低压绕组的匝数；(2) 高压侧和低压侧的额定电流；(3) 当原边保持额定电压不变，副边达到额定电流，输出有功功率为39kW，功率因数$\cos\varphi=0.8$时，副边电压U_2等于多少，此时电压调整率是多少？

5. 有一台额定容量S_N＝20kVA的照明变压器，电压比为6600/220V。试求变压器在额定运行时，能接多少盏220V、40W的白炽灯泡？能接多少盏220V、40W、$\cos\varphi=0.4$的日光灯？若将此日光灯的功率因数提高到$\cos\varphi=0.8$时，又可以多接几盏同规格的日光灯？

6. 一个效率为80%、原边容量为125W、380V/36V的变压器，能否向三个36V、40W的低压灯供电？为什么？

7. 已知一台380/36V单相变压器的额定容量为1000W。试求：(1) 当副边接入200Ω电阻时，原、副边的电流各为多少？(2) 变压器满载时的负载电阻应为多大？这时的原、副边电流又各为多大？

8. 自耦变压器有什么特点？使用自耦变压器时应注意什么问题？

9. 三相变压器S_N＝20kVA；U_{1N}/U_{2N}＝6/0.4kV，Y/Y（Y，yn0）联结。求：(1) 变比；(2) I_{1N}、I_{2N}；(3) 若改为Y/Δ（Y，d11）联结，I_{1N}、I_{2N}又各为何值？额定容量S_N有无改变？

10. 三相变压器S—100/10的主要数据：S_N＝100kVA，U_{1N}＝10kV，U_{2N}＝400V，空载损耗P_0＝600W，额定负载时的短路损耗P_K＝2400W，Y，yn0接法。试求：(1) 额定电流I_{1N}、I_{2N}；(2) 负载为75kVA、$\cos\varphi_2=0.8$时的效率。

11. 什么情况下需要应用电压互感器和电流互感器？为什么在运行中电压互感器副边严禁短路、电流互感器副边严禁开路？

12. 用钳形电流表测单相线路的电流时，若将两根导线同时放入钳内，会出现什么情况？测量三相三线制电路中的电流时，如果也把两根导线放入钳内，又会出现什么情况？为什么？

技能训练　单相变压器的参数测定

一、目的

(1) 认识单相变压器的基本结构和铭牌上各种数据的含义，并学会变压器和调压器的接线方法。

(2) 测定单相变压器的变压比及有载运行时的电流比。并验证变压器的变压比和电流比的关系。

(3) 观察变压器在有载运行时，副边电压随负载变化而变化的规律。定性描述变压器的外特性。

二、实验线路及原理

实验线路如图4-15所示。

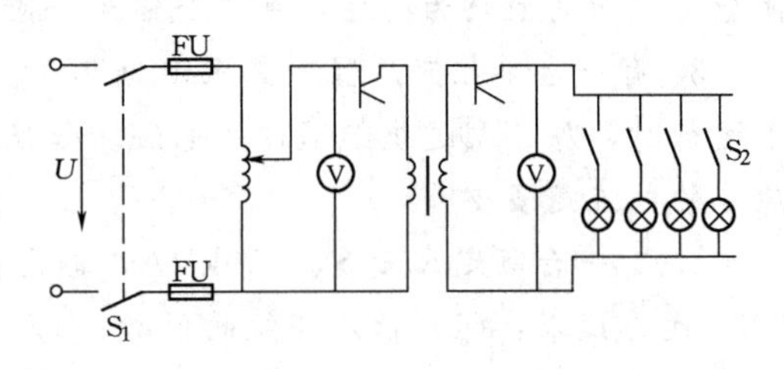

图4-15 实验线路图

变压器在空载运行时，原边电压与副边电压之比等于原边绕组与副边绕组的匝数之比，又称为变压器的变压比，即

$$K_u=\frac{U_1}{U_2}=\frac{N_1}{N_2}=n$$

变压器在有载运行时，原边电流与副边电流之比等于原边绕组与副边绕组的匝数之反比，又称为电流比，即

$$K_i=\frac{I_1}{I_2}=\frac{N_2}{N_1}=\frac{1}{n}$$

变压器在有载运行时，副边的电压随负载的变化而发生变化，这种特性称为变压器的外特性。

三、仪器与设备

(1) 单相交流电源，220V，$f=50$Hz。

(2) 单相变压器（500VA)，变压器的变压比为220/110V一台。

(3) 单相调压器（0～250V)，容量为1kVA一台。

(4) 交流电流表（0～5A）以及电流表插孔板一副。

(5) 交流电压表（0～250V）及测试笔一副。

(6) 灯箱负载一组，220V、60W的白炽灯泡4个。

(7) 双极刀开关一只。

四、步骤

(1) 观察变压器的构造与铭牌，了解各种仪器设备的规格和接线方法。

(2) 按照实验线路图进行接线，并将调压器的输出调至零，暂将负载开关S_2断开，使副边处于开路状态。

(3) 经指导教师检查无误后，接通电源。调节调压器的输出，使实验变压器的原边电压逐渐增大，直至达到额定值。随后测量空载电流I_0及变压器原、副边电压U_1与U_{20}，并将所得数据填入表4-2中。

表4-2　　测量与计算结果

序号	负载情况	测量结果				计算结果		
		U_1（V）	U_2（V）	I_1（A）	I_2（A）	$K_u=\frac{U_1}{U_2}$	$K_i=\frac{I_1}{I_2}$	$\Delta U_2/U_{20}$
1	空　载							
2	1盏灯							
3	2盏灯							
4	3盏灯							
5	4盏灯							

(4) 合上负载开关 S_2，使变压器接入负载。在保持原边电压为额定值的基础上，逐步调节负载大小，直至副边电流达到额定值为止。测出每次原、副边的电流 I_1、I_2 以及副边电压 U_2，并将所测得数据填入表 4-2 中，并计算出结果。

五、写出实训报告并进行讨论

(1) 估算空载电流占额定电流 I_{1N} 的百分数是多少？

(2) 通过计算变压器原、副边电流之比：$\frac{I_1}{I_2}$，说明在什么条件下能基本满足$\frac{U_1}{U_2}=\frac{I_2}{I_1}$。

(3) 在计算各种负载时的变压器电压调整率 $\Delta U\%$ 的基础上，画出变压器的外特性曲线。

第五章　三相异步电动机

第一节　三相异步电动机的基本知识

一、电动机的用途和分类

电动机是一种将电能转换成机械能，并输出机械转矩的动力设备。一般电动机可分为直流电动机和交流电动机两大类。交流电动机按所使用的电源相数可分为单相电动机和三相电动机两种，其中三相电动机又可分为同步和异步式两种。而异步式电动机按转子结构还可分为线绕式和鼠笼式两种。

由于同步电动机的制造工艺复杂，不能自行起动，一般用于要求长期连续工作，转速保持不变的大功率负载的场合。而异步电动机则因其结构简单、坚固耐用、维护方便、起动容易以及成本较低，所以应用非常广泛。本节只介绍三相鼠笼式异步电动机。

二、三相鼠笼式异步电动机的基本结构

三相异步电动机主要由定子（固定部分）和转子（旋转部分）两个基本部分组成。图 5－1 所示的是三相鼠笼式异步电动机的构造。

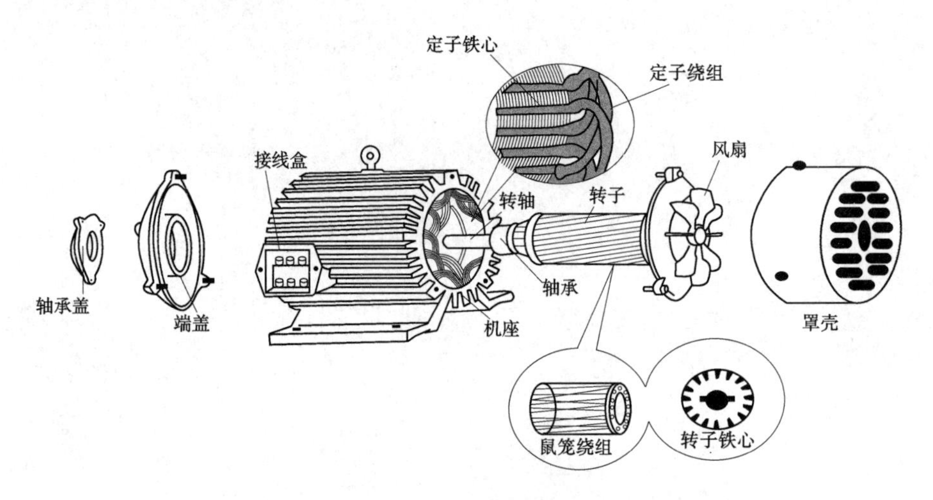

图 5－1　三相异步电动机的构造（鼠笼式）

1. 定子

三相异步电动机的定子部分包括机座、定子铁心和定子绕组。机座一般用铸钢或铸铁制成。定子铁心由相互绝缘的硅钢片叠成，并装在机座之中。在定子铁心的内圆周面上冲有用于嵌放绕组用的槽，如图 5－2 所示。

定子绕组是用带绝缘的导线绕成线圈嵌入定子铁心槽内，线圈按一定规律绕制、连接成三组在空间对称分布的绕组——定子三相对称绕组。定子三相对称绕组的六个端头，分

别接至机座外侧接线盒上。接线盒内接线端子的布置和标记如图 5-3（a）所示。使用电动机时，可根据要求将三相绕组接成星形或三角形，见图 5-3（b）、（c）。

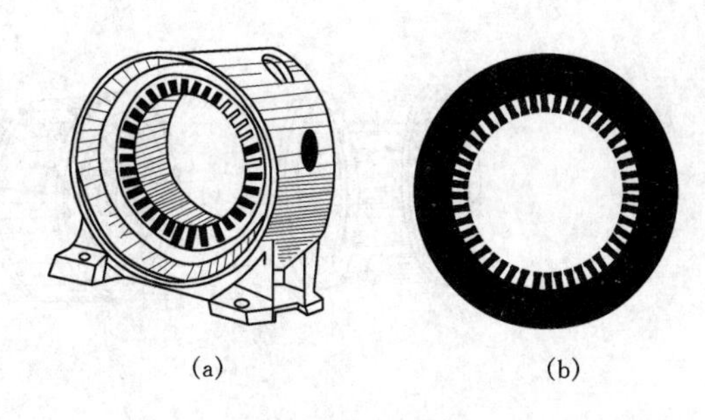

图 5-2　异步电动机的机座和定子铁心

（a）装有铁心的机座；（b）定子铁心冲片

定子绕组接成星形还是三角形，通常根据定子每相绕组的额定电压和电源的线电压而定。例如，一般低压配电线路的线电压是 380V，若定子每相绕组的额定电压为 220V，则应接成星形；若定子每相绕组的额定电压为 380V，则应接成三角形。

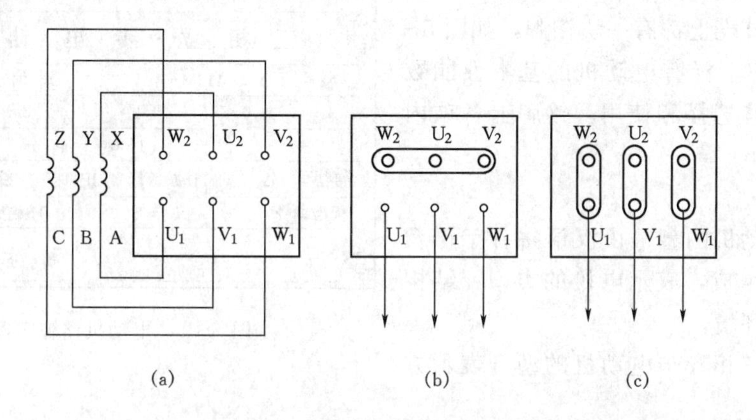

图 5-3　异步电动机定子绕组的接法

定子部分还包括机座两端的端盖，其中央部位装有轴承，供支撑转子用。

2. 转子

转子由转子铁心、转子绕组和转轴等组成。转子是电动机的旋转部分，它通过转轴拖动其他机械。

转子铁心是由外圆冲有槽口的硅钢片叠成，压装固定在转轴上。转子铁心外圆上均匀分布的线槽供嵌放或浇注转子绕组用。

三相异步电动机的转子绕组按结构型式不同，分为鼠笼式和绕线式两种。

鼠笼式转子绕组是在转子铁心槽内嵌入铜条作为导条，铜条两端焊上铜环（叫做端环），自成闭合回路。由于导条和端环构成的绕组，其形状如同鼠笼，所以称为鼠笼式绕组，如图 5-4（a）所示。目前中小型鼠笼式异步电动机的鼠笼绕组和散热用的内风扇常用铝浇铸而成，即把熔化的铝浇铸在转子铁心槽内，并连同短路环、风扇一起铸成一个整体，如图 5-4（b）所示。这样，不但可降低成本而且可提高生产效率。

转子轴的作用是支撑转子铁心和绕组，并传递电动机输出的机械转矩，同时又保证定子与转子间有一定的均匀气隙。由于气隙也是电动机磁路的一部分，当气隙大时，磁阻就大，励磁电流也大，所以气隙不能太大；另一方面，气隙又不能太小，因为气隙越小加工就越困难，一般中小型异步电动机转子与定子间气隙约为 0.2～1.0mm。

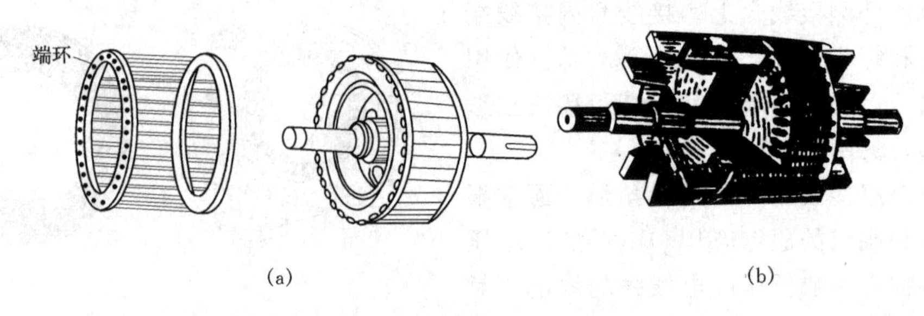

(a) (b)

图 5－4 鼠笼式异步电动机的转子

(a) 嵌铜条的转子；(b) 铸铝转子

三、三相异步电动机的铭牌数据

电动机外壳上都有一块铭牌，如图 5－5 所示。铭牌上标有电动机的基本性能数据，以便正确选择和使用。铭牌上各项内容的含义如下。

三 相 异 步 电 动 机					
型号 Y 112M－4			编号		
4.0	千瓦		8.8	安	
380	伏	1440	转/分	LW 82 分贝	
接法 △	防护等级 IP44		50 赫兹	45 千克	
标准编号	工作制 S1		B 极绝缘	83 年 8 月	
× × × × 电 机 厂					

图 5－5 电动机铭牌实例

1．型号

国产电动机的型号由汉语拼音字母及阿拉伯数字组成，表示电机的类型、结构特征和适用环境。

Y 系列三相异步电动机的型号表示方法为：

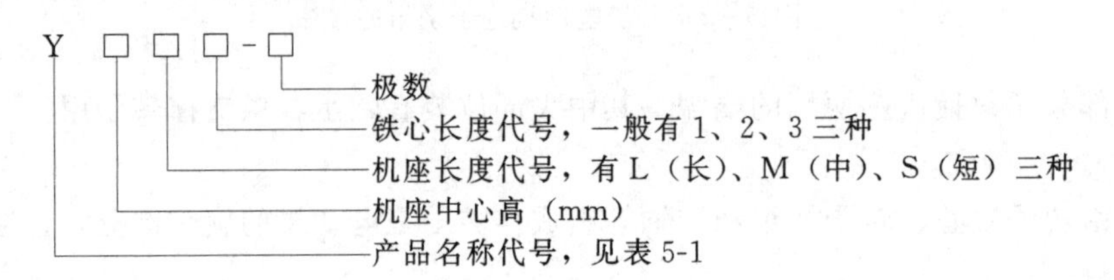

表 5－1 异步电动机产品名称代号

产 品 名 称	代 号	汉字意义	产 品 名 称	代 号	汉字意义
异步电动机	Y	异	起重冶金用异步电动机	YZ	异重
绕线式异步电动机	YR	异绕	起重冶金用绕线式异步电动机	YZR	异重绕
隔爆型异步电动机	YB	异爆	高起动转矩异步电动机	YQ	异起

2．功率

电动机额定运行时，机轴输出的机械功率，常以 P_2（kW）表示。定子输入功率以 P_1（kW）表示。铜损、铁损及机械损耗等以 $\sum \Delta P$（kW）表示。效率 $\eta = P_2/P_1$。

3．电压

电动机额定运行时，定子绕组接为 Y 或△的线电压，以伏（V）或千伏（kV）表示。

4．电流

电动机在额定电压和额定功率下正常运行，输入定子的线电流，以安（A）或千安

(kA) 表示。因定子绕组有△或 Y 两种接法，相电压不同，所以铭牌内印有△/Y 标记，以示区别。

5. 频率

《供电营业规则》规定，交流电网的频率为 50Hz，就是交流用电设备的额定频率。

6. 温升

国标规定电动机运行环境的温度为 40℃。温升是允许定子绕组绝缘的工作温度超出运行环境温度的数值。

7. 转速

电动机在上述各项额定值下运行的转子转速 (r/min)。

8. 工作方式

国标规定电动机有“长期”、“断续”和“短时”三种工作方式。

9. 绝缘等级

按绕组绝缘材料在使用时所允许的极限温度来分级，各级绝缘材料的极限温度见表 5-2。

表 5-2　绝缘材料的耐热等级和极限温度

耐热等级	Y	A	E	B	F	H	C
极限温度 (℃)	90	105	120	130	155	180	>180

10. 防护等级

防护等级是指电机外壳防护型式的分级，详见《电机、低压电器外壳防护等级》(国家标准 GB1498—79)。

11. 分贝

铭牌所标“LW 82 分贝”为电动机的总噪声等级。

对于绕线转子异步电动机，还要标明转子额定电压（指定子加额定电压、转子开路时，滑环间的电压）和转子额定电流等。

第二节　三相异步电动机的工作原理

一、定子旋转磁场

1. 旋转磁场的产生

为便于分析问题，我们用三个在空间位置上互差 120°的单匝线圈代表定子三相对称绕组见图 5-6 (a)。三相绕组接成星形（U_2、V_2、W_2 连于一点），当把它们的首端 U_1、V_1、W_1 接到三相对称的正弦交流电源上时，便有三相对称的电流流过三个绕组，如图 5-6 (b) 所示。设三相电源的相序为 1、2、3 且电流 i_1 的初相为零，则各相电流的相位差都是 120°，如图 5-7 所示。

由于三相绕组中流过正弦电流，则每个绕组都会产生一个按正弦规律变化的磁场。下面讨论在几个不同瞬时这三个磁场的合成磁场。为讨论问题方便，现规定：三相交流电为正半周时，电流由绕组的首端流入，从末端流出；反之电流从绕组的末端流入，从首端流出。

(1) 当 $\omega t=0$ 时，$i_1=0$，第一相绕组内没有电流，不产生磁场；i_2 是负值，第二相绕组的电流是由 V_2 端流入，V_1 端流出；i_3 是正值，第三相绕组的电流是由 W_1 端流入，

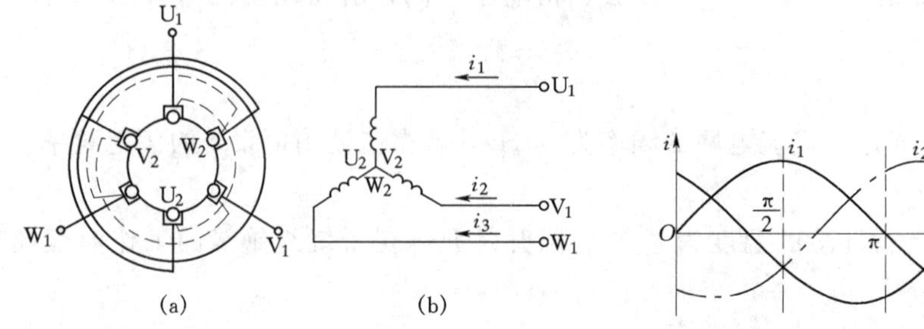

图 5-6　三相两极绕组排列图

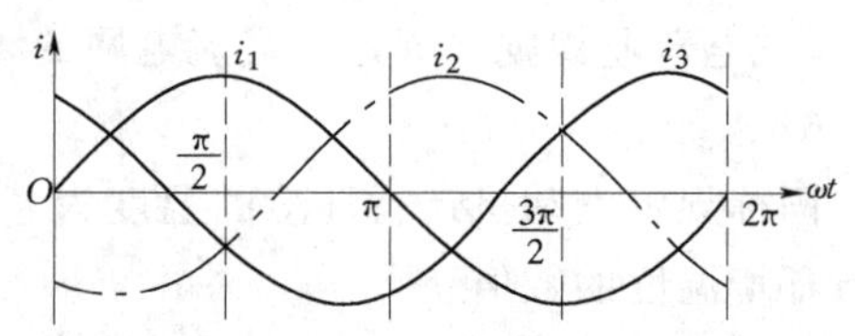

图 5-7　三相绕组电流的波形图

W_2 端流出。用安培定则可以确定此瞬时的合成磁场为一对磁极，如图 5-8（a）所示。

（2）当 $\omega t=\pi/2$ 时，即经过 1/4 周期后，i_1 由零值变到正最大值，第一相绕组的电流是由 U_1 端流入，U_2 端流出；i_2 仍为负值，电流仍由 V_2 端流入，V_1 端流出；i_3 已变为负值，电流由 W_2 端流入 W_1 端流出。此时电流产生的合成磁场如图 5-8（b）所示。可以看出，此时的合成磁场仍是一对磁极，但合成磁场的方向已从 $\omega t=0$ 时的位置沿顺时针方向转过了 90°。

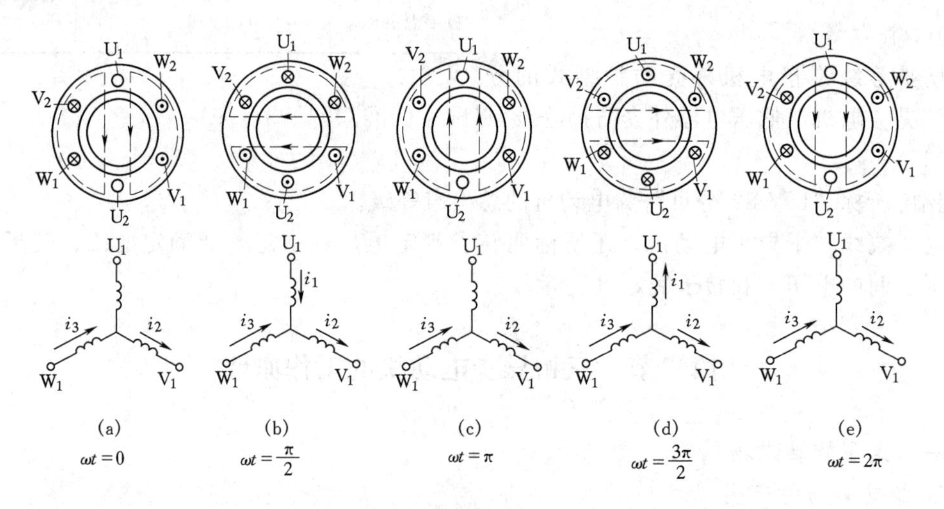

图 5-8　两极旋转磁场

（3）当 $\omega t=\pi$ 时，用上述方法可知，此时三相电流产生的合成磁场方向已从 $\omega t=0$ 时的位置沿顺时针方向转过了 180°；当 $\omega t=3\pi/2$ 时，合成磁场转过 270°；当 $\omega t=2\pi$ 时，合成磁场已从 $\omega t=0$ 时的位置沿顺时针旋转了 360°，即一周。以上各磁场分别如图 5-8（c）、（d）、（e）所示。

由此可见，对称三相电流 i_1、i_2、i_3 分别通入三相绕组后，能产生一个随时间旋转的磁场（称为旋转磁场）。上面所讨论的旋转磁场只有一对磁极，即只有两个磁极（一个 N 极和一个 S 极），所以叫两极旋转磁场。

2. 旋转磁场转向

在图 5-8 中，三相交流电的相序是 U—V—W，而绕组铁心上布置的顺序是顺时针方向，所产生的旋转磁场的转向也是顺时针的。可见，旋转磁场的方向和电源的相序一致。因此要使旋转磁场反转，只要改变通入电动机定子绕组的电源相序，即只要把接到定子绕组上的任意两根相线对调就可实现。异步电动机的转向控制也正是根据这一原理来实现的。

3. 旋转磁场的转速

由上述分析可知，对两极旋转磁场来说，当三相交流电变化一周时，磁场在空间恰好旋转一周。当交流电的频率为 f 时，即交变电流按其频率每秒钟变化 f 周时，则旋转磁场每秒钟也要旋转 f 转。因此，两极旋转磁场的转速为

$$n_1 = 60f \ (\text{r/min})$$

对于四极（即两对）旋转磁场来说，交流电变化一周，磁场只转过 180°（1/2 周）。由此类推，当旋转磁场具有 P 对磁极时，每当交流电变化一周，旋转磁场就在空间转过 $1/P$ 周。当交流电的频率为 f 时，具有 P 对磁极的磁场转速为

$$n_1 = \frac{60f}{P} \tag{5-1}$$

式中 n_1——旋转磁场的转速，也叫同步转速，r/min；

f——三相交流电源的频率，Hz；

P——旋转磁场的磁极对数。

因为我国工业用交流电的频率是一定的，$f=50\text{Hz}$，一台电机，磁极对数 p 一定时，它的旋转磁场的转速也就一定了。表 5-3 列出不同的磁极对数，所对应的旋转磁场的转速值（也称为电动机的同步转速）。

表 5-3 异步电动机极对数与同步转速关系

磁极对数 P	1	2	3	4	5	6
同步转速 n_1（r/min）	3000	1500	1000	750	600	500

二、转子转动原理

由于转子处于定子旋转磁场之内，对转子具有相对转速。定子旋转磁场以转速 n_1 顺时针方向旋转，这相当于磁场静止，而转子导体以转速 n_1 逆时针方向切割磁力线，在转子闭合导体内感应产生电流，其方向根据右手定则判定，如图 5-9 所示。转子电路的感应电流在定子旋转磁场中会受到电磁力 F 作用，根据左手定则，上半部的导体受到向右的电磁力，下半部导体受到向左的电磁力，这对力偶形成了电磁转矩，驱使转子旋转，其方向和定子旋转磁场方向一致。

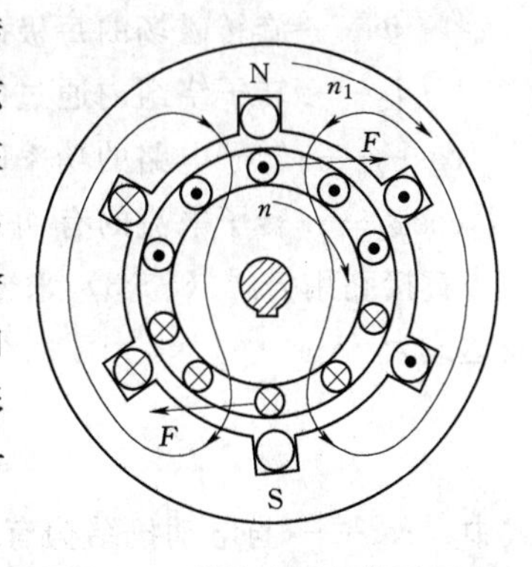

图 5-9 异步电动机转动原理

转子从零速开始，逐渐增加转速，直至额定转速，但转子的转速 n 略低于同步转速 n_1。因为，如果两者相等，则转子与定子旋转磁场之间就没有相对运动，因而磁力线就不切割转子导体，转子电流以及电磁转矩也就不存在。这样转子就不可能以 n_1 转速转动。因此，转子转速与定子旋转磁场的转速之间总要有差别，这就是异步电动机名称的由来。

三、转差率

为了反映异步电动机转子转速与同步转速之间相差的程度，我们将同步转速 n_1 与转

子转速 n 之差，和同步转速 n_1 之比值称为异步电动机的转差率，用 s 表示，即

$$s=\frac{n_1-n}{n_1}\times 100\% \tag{5-2}$$

当转子不动时，$n=0$，则转差率 $s=1$；当理想空载，转子转速与同步速相等 $n=n_1$，转差率 $s=0$；额定转速时，转差率为 0.01～0.06（即 1%～6%）；一般空载时的转差率小于 0.5%。转差率 s 是分析异步电动机运行情况的一个重要参数。

【例 5-1】 有一台六极电机（$P=3$），当 $s=0.02$ 时，求其转速。

解： 频率 $f=50\text{Hz}$ 的六极电机的同步转速为

$$n_1=\frac{60f}{P}=\frac{60\times 50}{3}=1000\ (\text{r/min})$$

又

$$n=n_1(1-s)=1000(1-0.02)=(980\ \text{r/min})$$

第三节　三相异步电动机的运行特性

一、电磁转矩

电磁转矩是转子绕组中的感应电流在旋转磁场的作用下产生的电磁力对转子转轴形成的转矩的总和。显然电磁转矩的大小与转子电流 I_2 和旋转磁场的磁通 Φ 有关。因为电磁转矩是反映电动机做功能力的一个量，所以只有转子电流的有功分量与旋转磁场相互作用才能产生电磁转矩，因此电磁转矩公式应写成

$$T=C_{\text{m}}\Phi I_2\cos\varphi_2 \tag{5-3}$$

式中　C_{m}——决定于电动机结构的一个常数；

Φ——旋转磁场的每极磁通；

I_2——转子绕组内通过的电流；

$\cos\varphi_2$——转子电路的功率因数；

$I_2\cos\varphi_2$——转子电流的有功分量。

直接利用公式（5-3）来分析、计算电磁转矩会有一定困难，电磁转矩还有一个一般表达式为

$$T=K_{\text{m}}\frac{U_1^2 sR_2}{R_2^2+s^2X_{20}^2} \tag{5-4}$$

式中　K_{m}——与电动机结构有关的一个常数；

U_1——电机运行时使用的电源电压；

R_2——转子电路中的电阻值；

X_{20}——转子不动时转子绕组的电感抗；

s——转子在转动过程中的转差率。

二、转矩特性

电动机在转动过程中，产生的电磁转矩 T 与转子转差率 s 之间的关系，叫做电动机的转矩特性。从公式（5-4）可以得出，T 和 s 的函数曲线关系，如图 5-10 所示。

在$0<s<s_m$区段，转矩T随s的增大而增大。在$s_m<s<1$区段，转矩T随s的增大而减小。当$s=s_m$时，T出现最大值T_m，称为最大转矩。出现最大转矩时的转差率s_m，称为临界转差率。

当异步电动机在额定状态下运行时，在其轴上便可得到额定转矩，即

$$T_N = 9550\frac{P_N}{n_N}\ (\text{Nm}) \tag{5-5}$$

从上式可以看出，输出功率相同的电动机，转速低的转矩大，转速高的转矩小。

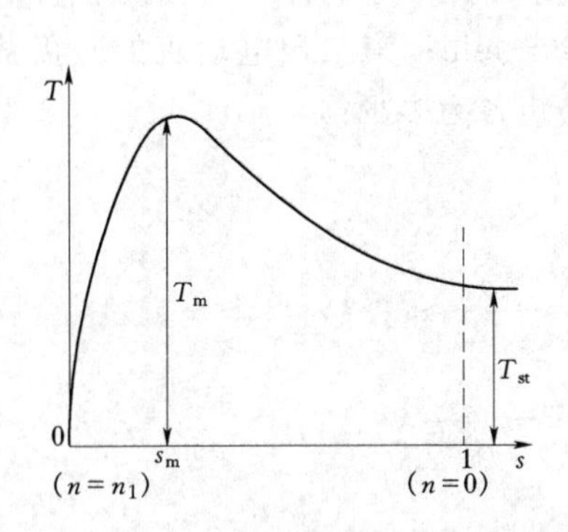

图 5-10　异步电动机的转矩特性曲线

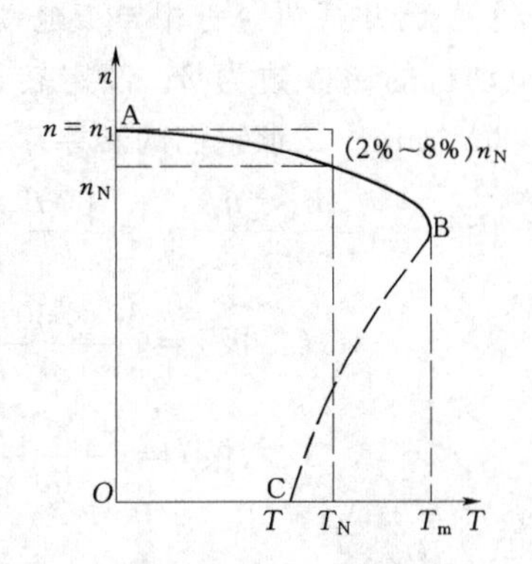

图 5-11　异步电动机的机械特性曲线

三、机械特性

电动机的机械特性是指电动机的转速与电磁转矩的关系。图 5-11 所示是反映二者关系的曲线。图中以横轴表示电动机的电磁转矩，纵轴表示转子的转速。

由图 5-11 知，当起动转矩大于转轴上的阻力矩时，转子便旋转起来并在电磁转矩作用下逐渐加速。此时电磁转矩也逐渐增大（沿曲线 CB 段上升）到最大转矩T_m。随后，随着转速的继续上升电磁转矩反而减小（沿曲线 BA 段逐渐下降）。最后当电磁转矩等于阻力矩时，电动机就以某一转速作等速旋转。

通常异步电动机一经起动，很快就进入机械特性曲线的 AB 段稳定地运行。电动机在 AB 段工作时，若负载加重，因阻力矩大于电动机转矩，会使电动机的转速稍微下降，但与此同时，电磁转矩随转速下降而增大，从而与阻力矩重新保持平衡，使电动机以稍低的转速稳定运转。若负载的阻力矩增大到超过了最大电磁转矩T_m时，则电动机的转速将很快下降，直到停止运转。所以曲线 AB 段就称做异步电动机的稳定运行区。

由图还可看出，曲线 AB 段几乎是一条稍微向下倾斜的直线。这说明电动机从空载变到满载时其转速下降很少。我们把这样的机械特性叫做硬特性。一般金属切削机床就需要这种硬特性的电动机来拖动。

四、过载能力

电动机过载能力的大小用过载系数表示。过载系数等于电动机的最大转矩与额定转矩的比值，以λ表示，其数学式为

$$\lambda = \frac{T_m}{T_N} \tag{5-6}$$

显然，电动机的额定转矩应小于最大转矩，而且不能太接近最大转矩，否则电动机略一过载就立即停转。一般异步电动机的过载系数$\lambda=1.8\sim2.5$，特殊用途（如冶金、起重）的异步电动机的过载系数λ可达3.3～3.4或更大。

五、转矩与外加电压的关系

电动机的转矩除与转速有关外，异步电动机的转矩还与外加电压有关。在电源频率、电动机的结构和转速一定时，转矩的大小与加在定子绕组上的电压的平方成正比，即$M\propto U^2$。因此，外加电压的变动对异电动机的工作有很大影响。

【例 5-2】 已知某两台三相异步电动机的额定功率均为55kW，电源频率为50Hz。其中第一台电动机的磁极数为2，额定转速为2960r/min；第二台电动机的磁极数为6，额定转速为980r/min。试求它们的转差率及额定转矩各为多少?

解：(1) 因为 $s=\dfrac{n_1-n}{n_1}\quad n_1=\dfrac{60f}{P}$

则

$$s(\text{二极})=\frac{60\times50-2960}{60\times50}=\frac{40}{3000}\approx1.3\%$$

$$s(\text{六极})=\frac{60\times50/3-980}{60\times50/3}=\frac{20}{1000}=2\%$$

(2) 因 $T_N=9550\dfrac{P_e}{n_e}$

则

$$T_N(\text{二极})=9550\times\frac{55}{2960}\approx177.5\,(\text{N}\cdot\text{m})$$

$$T_N(\text{六极})=9550\times\frac{55}{980}\approx536.2\,(\text{N}\cdot\text{m})$$

由此可见，输出功率相同的电动机，磁极数越多的转速越低，但转矩越大；反之磁极数少的转速高，转矩小。

***六、三相异步电动机的选择**

三相异步电动机应用十分广泛，正确选择电动机的种类、容量、额定电压和额定转速是非常重要的。选用电动机应以安全、可靠、适用、经济为原则。

1. 转速选择

根据驱动的生产机械的额定转速，尽可能地选择直接传动，若必须选用间接传动，应简化变速传动的级数，节约投资。额定转速越高，则电动机的体积越小、重量越轻、价格越低。需要全面比较，才能合理选择。

2. 容量选择

正确选择电动机的容量（额定功率）有很重要的意义。如果选得过小，就不能满足生产机械正常运行需要，电机处在过载状态，引起过分发热，造成电机过早损坏。如果选得过大，不但增加了设备投资，而且电动机欠载运行时效率低，功率因数也低，使运行费用增加。

通常是先按发热条件来选择电动机容量，再进行起动能力、过载能力校验。对于连续运行而且负载大小长期恒定不变的电动机，其容量选择较为简单，一般选取电动机的额定功率等于或稍大于生产机械的负载功率即可。

3. 电压选择

电动机额定电压的选择，要根据电动机容量的大小及使用地点的供电电压来决定。我国低压配电网的线电压为 380V，常用的 Y 系列三相鼠笼式异步电动机额定电压也只有 380V 一个等级。一般来说，若电动机额定功率小于 100kW，可选用 380/220V 的低压小型异步电动机。如果额定功率大于 100kW，可根据供电电网电压及技术条件选用 3、6kV 或 10kV 的高压电动机。

4. 种类和型式选择

三相鼠笼式异步电动机具有结构简单、坚固耐用、工作可靠、价格低廉、使用及维护方便等优点，但是它的调速性能差、功率因数低、起动转矩小、起动电流大。因其优点突出，在无特殊调速要求时，尽可能采用鼠笼式电动机。在功率不太大的泵类、通风机、空气压缩机、运输机、传送带、搅拌机和许多金属切削机床上，广泛采用鼠笼式异步电动机。只有在一些特殊场合才考虑选用绕线式异步电动机或直流电动机。

电动机按其安装位置不同，分为卧式和立式两种，可根据生产机械的要求来选择。

为适应不同的工作环境，电动机外形结构做成各种不同的防护型式，常见的有下列几种：

(1) 防护式。外壳有向下开口的通风孔，能防止水滴、铁屑、砂粒等从电机上方进入机壳内，但不防尘、不防潮，适用于干燥、灰尘不多、没有腐蚀性或爆炸性气体的场所。

(2) 封闭式。外壳全封闭，表面带有散热片，轴上装有通风用的外风扇。能防水滴、灰尘从任何方向侵入，也能在一定程度上防止潮气侵入，适合在潮湿、灰尘多、水滴飞溅以及露天工作的生产机械上采用。

(3) 密闭式。整个机体严格密封，可浸入水中工作，用于电动潜水泵。

(4) 防爆式。防止电动机冒火引起的爆炸和火灾，如煤矿用电动机。

第四节　三相异步电动机的起动

一、起动特性

电动机从接通电源开始运转，并且逐渐加快，一直到转子达到额定转速作稳定运行为止，这一过程称为起动。在生产过程中，电动机的起动性能优劣，对生产有很大的影响。所谓电动机的起动性能应该包括：起动电流、起动转矩、起动时间和起动可靠性等。其中又以起动电流和起动转矩两个特性最为重要。

异步电动机刚刚接通电源，转子尚未转动时，旋转磁场将以同步转速开始切割转子导体。由于这时切割速度很大，因而在转子导体内就要产生很大的感应电动势和感应电流。与此相应，定子绕组内的起动电流也很大；约为额定运行时电流的 4～7 倍。通常把电动机起动时定子绕组的电流与额定电流的比值：I_{st}/I_N 作为衡量电动机起动特性的一个指标。

过大的起动电流会使定子绕组增加发热，如果起动时间过长或电动机起动频繁，会引起电动机过热而损坏。过大的起动电流还可能引起供电线路上电压发生较大的波动，以致影响到同一电网上其他用电设备的正常工作。

电动机在起动时，转子绕组的电流大，转矩并不相应的增大，因为这时转差率很大，转子的感抗也随之增大，使电动机的功率因数很低，起动转矩难于增大。起动电流大，起动转矩小，是异步电动机起动时的主要缺点。为了改善电动机的起动性能，就要设法限制起动电流和增大起动转矩。针对不同情况，电动机可以采用不同的起动方法。

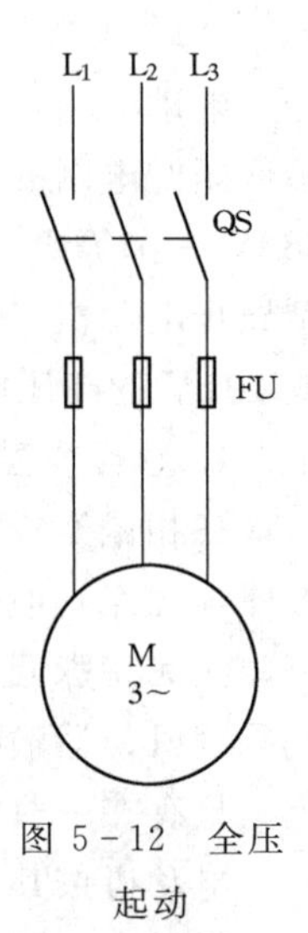

图 5-12　全压起动

二、鼠笼式异步电动机的起动方法

1. 全压起动（直接起动）

直接起动就是在电机的定子绕组上加额定电压的起动。其优点是所用电气设备少、线路简单、维修量较小。缺点是起动电流较大。I_{st}/I_N 可达到 4～7 倍。对供电电源的冲击比较大。由于此原因直接起动虽说方法简便，但它受到供电电源容量的限制。对于不经常起动的异步电动机，其容量小于电源（变压器）容量的 30%时，对于起动频繁的异步电动机，其容量小于电源容量的 20%时，可采用全压起动。全压起动的电路图如图 5-12 所示。

2. 降压起动

对于容量较大的鼠笼式异步电动机，为了限制起动电流，在不允许直接起动的情况下，可采用降压起动。由转矩公式可知，异步电动机的转矩与外加电压的平方成正比。降低电压起动将使起动转矩大大降低，因此降压起动仅适用于空载或轻载情况下起动。常见的降压起动方法有以下几种。

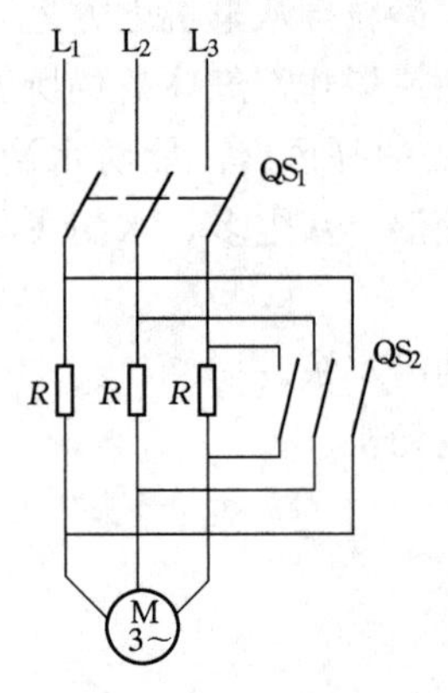

图 5-13　定子串联电阻器降压起动电路

(1) 定子串联电阻（电抗）起动。图 5-13 是定子电路串联电阻器降压起动的电路图，为减小电能损耗也可采用电抗器代替电阻器降压。

起动时，先合电源开关 QS_1，此时起动电源在电阻 R 上产生电压降，使加在定子绕组上的电压降低，以达到减小起动电流的目的。当电动机转速达到稳定时再合上 QS_2，将电阻 R 短接，电动机进入全压运行。定子串电阻降压起动的主要缺点是电能损耗较大。

(2) 星形—三角形（Y-Δ）起动。这种降压起动方法只适用于正常运转时为三角形连接的电动机。起动时先将定子绕组改接成星形，使加在定子每相绕组上的电压降低到额定值的 $1/\sqrt{3}$，从而使起动电流减小，待电动机起动起来后，再通过开关设备将其改接成三角形，使定子每相绕组上的电压等于电源线电压，进入全压运行。Y-Δ 起动线路图如图 5-14 所示。可以证明，星形降压起动时的起动电流（线电流）和起动转矩分别为三角形全压起动时的 1/3。

Y-Δ 起动的优点是起动设备简单便宜，起动过程中没有额外电能损耗。

(3) 自耦减压起动。图 5-15 是利用三相自耦变压器降压的起动电路。用于降压起动的自耦变压器通常称为起动补偿器。

起动时，先合上电源开关 QS_1，再将 QS_2 合在"起动"位置上，电源电压经自耦变压器降压，由其副边加在定子绕组上，电动机减压起动，以限制起动电流。当电动机起动起来

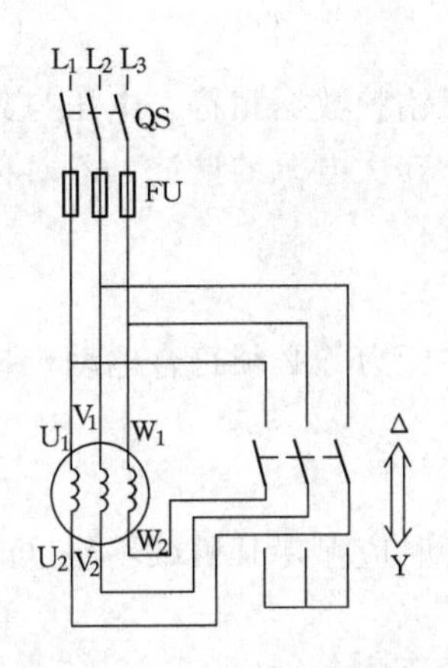

图 5-14　Y-Δ起动原理图

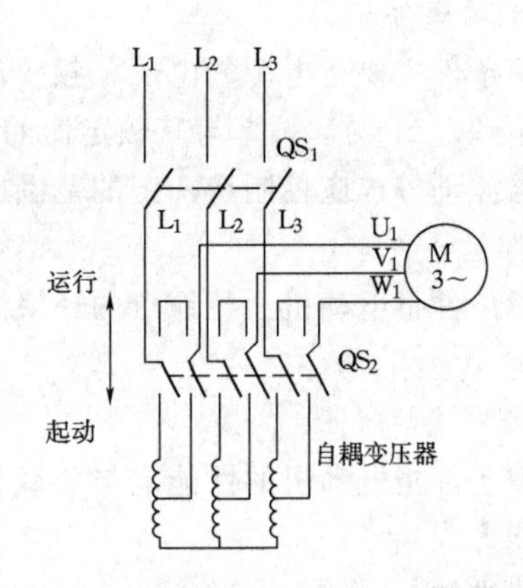

图 5-15　自耦变压器降压起动原理图

后，再将 QS_2 合向"运行"位置，电源电压直接加在定子绕组上，电动机进入全压运行。

起动阶段，由于变压器副边电压为原边电源电压的 $1/n$，n 为变压器的变压比，而变压器原边电流是副边电流的 $1/n$，由此可推导出，自耦减压起动时，起动电流（原边线电流）为直接起动时的 $1/n^2$，起动转矩也为直接起动时 $1/n^2$。

三、绕线式电动机的起动

以上讨论的降压起动主要是对鼠笼式电动机而言。绕线式电动机转子的铁心与鼠笼式相似，但转子槽内嵌放的是对称的三相绕组，通常把三相绕组联接成星形，即将三相绕组的末端联接在一起，三个始端则接到装在轴上的三个彼此绝缘的滑环上，并用固定的电刷与三个滑环接触，使转子绕组与外电路相联。这样就可采用在转子电路内串接电阻的方法起动。图 5-16 为绕线式电动机的起动线路。

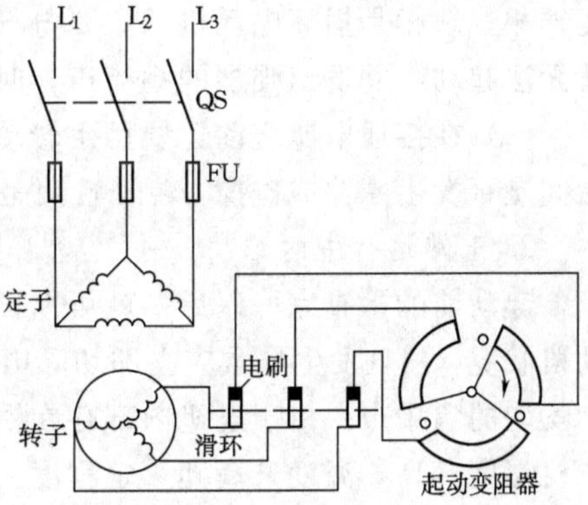

图 5-16　绕线式电动机起动电路

在起动时，先将转子电路中起动变阻器的电阻调整到最大位置。然后合上电源开关 QS，开始起动，在起动过程中随着电动机的转速不断上升，逐步地减小变阻器的电阻。到起动终了，即转子转速达到额定转速后，变阻器的电阻全部从转子电路中切除。正常运转时，三个滑环处于短接状态。

根据异步电动机的机械特性曲线可知，在转子电路中接入起动电阻 R 时，一方面可以减小起动电流；另一方面还可以增大起动转矩。可见绕线式电动机的起动性能要比鼠笼式电动机好。

*第五节　三相异步电动机的运行维护及故障处理

一、正常运行条件

三相异步电动机的正常运行条件主要是指电源条件、环境条件和负载条件。

1. 电源条件

电源条件主要指电源的电压、频率和相数应与电动机铭牌数据相符。电压与其额定值的偏差不超过±5%，频率与其额定值的偏差不超过1%。其次电源的谐波、不对称性、电压闪变与波动等也应控制在一定的范围内。

2. 环境条件

环境条件指电动机运行地点的环境温度、海拔、防护能力等必须符合电动机技术条件的规定。

3. 负载条件

负载条件指电动机的性能应与负载条件相适应，运行时应保持其负载不超过电动机所规定的能力。

二、维护

1. 起动前的检查

(1) 电机的接线方式是否正确，接触是否良好，接地保护是否完整。

(2) 检查电机定子绕组相与相之间，相与机壳之间的绝缘电阻是否符合要求，一般可用兆欧表（俗称摇表）进行测量。绝缘电阻不得小于规程规定值（一般为0.5MΩ）。

(3) 电源电压是否正常，接线、闸刀开关、熔断器是否良好。特别要注意三相电源不能缺相。缺相是损坏电动机的主要电气故障之一，如果电动机在起动前就发生缺相，电机就无法起动，并发出强烈的嗡嗡声，时间稍长，电机就会被烧毁。

(4) 在接通电源之前还要用手转动电动机的转子，观察电机转子在转动过程中与定子之间是否发生摩擦或碰撞，转子转动是否灵活，有无机械障碍需要排除。

2. 正常运行中的维护

起动前的检查完毕以后，就可以试送电，使电动机投入运行。但起动时应注意观察电动机状况，一旦发生异常应立即切除电源，排除故障。电机在正常运行时会有轻微的振动和均匀的嗡嗡声。由于电机内部存在铜损和铁损，并且这部分能量损失将转变为热能，使电机温度升高，温度升高到一定程度，就会不再继续上升，即达到电机的额定温升，用手触摸电机外壳时，会有温热感觉。在运行时，如果电机发出的声音不正常，电机外壳有烫手感觉，并有焦糊气味时，就应该立即停机检查，以免事故发生。

异步电动机的维护比较简单，应该经常做好清洁、防尘、防潮和监视温升的工作。清除电机内部灰尘时可使用吹风机，以便保护绝缘材料不受损。建筑工地环境恶劣，大部分电机都搁置在露天，使用时要特别注意防潮。因为电机受潮后，绝缘性能降低，将会导致击穿烧毁或漏电现象，发生人身触电事故。长期搁置或雨水淋过的电机，在使用前必须检查绝缘电阻，确认符合要求后方能使用。

电机的定子与转子之间的空隙极小，如果轴瓦被磨损，或者转轴发生下挠，就可能导致定子与转子的碰撞，所以对电机的转轴要定期检查，或定期更换轴瓦与轴。为了保持运转的灵活，还需要定期更换滚珠轴承内的润滑油。油盒内的油量要保持2/3左右的容量，故每星期须加一次油，保持油面高度，而每3～4月换一次油。

对于绕线式电机，除定子电路会出现故障外，它的转子电路也比较复杂。转子上的电刷和滑环之间必须严密吻合，接触良好。正常运行时，滑环与电刷之间不能产生振动。还要定期用汽油洗刷，保持滑环和电刷的清洁。

三、常见故障与处理

三相异步电动机通过长期的运行，会出现各种故障。及时判断故障原因并进行正确处理，是防止故障扩大，保证设备正常运行的重要工作。表 5－4 列出了三相异步电机的故障现象和产生故障的可能原因，供参考。

表 5－4　　异步电动机常见故障及其原因

故障现象	可能原因
不能起动，而且没有任何声音	①电源没有电 ②熔丝熔断 ③起动器掉闸
不能起动，有嗡嗡的响声	①电源熔丝或电机绕组有一相断路 ②定子与转子相碰 ③轴承损坏 ④被拖动机械卡住
起动时熔丝熔断	①定子线圈一相反接 ②定子线圈短路或与铁心相碰 ③轴承损坏 ④被拖动机械卡住 ⑤传动皮带太紧 ⑥起动时误操作
起动后转速较低	①电源电压过低 ②△形的接成 Y 形 ③定子线圈短路 ④转子的短路环、笼条断裂或开焊 ⑤电动机过负荷 ⑥电刷与滑环接触不良
电动机温度过高，但是电流没有超过额定值	①环境温度过高 ②电动机通风道堵塞 ③电动机油泥、灰尘太多，影响散热
电动机温度过高、电流增大	①过负荷 ②电源电压过高或过低 ③三相电压不平衡，相差太大 ④定子绕组相间或匝间短路 ⑤定子绕组内部连接有错误
轴承有响声	①轴承过分磨损 ②滚珠损坏
轴承过热	①润滑油过多或过少 ②润滑油内有杂质或变质 ③传动皮带过紧 ④轴承损坏 ⑤轴弯 ⑥电动机端盖松动或没有装好 ⑦轴承内圈与轴配合得过紧或过松 ⑧轴承外圈与盖配合得过紧或过松
振动过大	①在基础上固定不稳固 ②轴弯或有裂纹 ③因风扇叶损坏造成转子的机械不平衡 ④单相运转 ⑤传动皮带接头接得不好 ⑥校正不好，如联轴器中心线不一致 ⑦皮带轮不平衡

小　结

1. 异步电动机主要由定子和转子两部分组成，定子三相绕组可根据电源电压接成星形或三角形。根据转子绕组结构不同，可分为鼠笼式电机和绕线式电机两种。

2. 当定子三相绕组中通入三相对称交流电流时，便能产生旋转磁场。旋转磁场的转速与电源频率及磁极对数有关，即同步转速 $n_1=\dfrac{60f_1}{p}$。旋转磁场的转向取决于三相绕组中电流的相序，改变电流相序，旋转磁场的转向随之改变，从而可改变电动机的转向。

3. 转子与旋转磁场有相对运动时，闭合的转子绕组内将产生感应电动势和感应电流，转子电流在磁场中受电磁力而形成电磁转距，电磁转距促使转子顺旋转磁场的方向旋转。

4. 旋转磁场的转速（即同步转速）与转子的转速之差称为转差，转差与同步转速之比称为转差率，即$s=\frac{n_1-n}{n_1}$。起动时，转子尚未转动，即$n=0$，此时$s=1$；转子转速接近于同步转速时，即$n=n_1$，此时$s=0$。电动机处于额定运行状态时，转差率一般为0.02～0.06。转差率是反映电动机运行状态的一个重要参数。

5. 电磁转距T的大小与旋转磁场每极磁通量Φ，转子电流I_2及转子电流与转子感应电动势的相位差φ_2有关，即$T=C_M\Phi I_2\cos\varphi_2$。$T$与$s$的关系为：$T\approx K\frac{U_1^2}{f_1}\times\frac{sR_2}{R_2^2+(sX_{20})^2}$。$T$与$s$的关系曲线$T=f(s)$称为异步电动机的转距特性，也可转变为$T$与转速$n$之间关系曲线$n=f(T)$，称为异步电动机的机械特性。

6. 鼠笼式异步电动机在额定电压下直接起动时，起动电流很大，可达额定电流的4～7倍，而起动转距不大，为额定转距的1～2倍。当电源容量较小而电动机容量较大时，由于起动电流太大，会造成供电网电压下降超过允许值，就应采用降压起动方式以限制起动电流，但同时会使起动转距显著下降，所以只能适用于轻载和空载起动的场合。最常用的降压起动方式有定子串电阻或电抗起动、Y-Δ降压起动、自耦减压起动等。

7. 应根据生产机械的工作要求，合理地选择电动机的种类、结构型式、容量、额定电压及额定转速。

8. 三相异步电动机应根据其正常运行条件，加强维护管理，一旦出现故障，应及时查找原因，正确处理。

习　题

1. 何谓旋转磁场？三相异步电动机旋转磁场的产生条件是什么？

2. 电动机的旋转磁场方向由什么决定？如何改变电动机的旋转磁场方向？

3. 三相异步电动机在运行中，如果转子突然被卡住而不能转动，试问这时电动机的电流有何改变？对电动机有何危害？首先应采取什么措施？

4. 异步电动机在一定负载转距下运行，如果电源电压下降，电动机的电磁转距、转速、转子电流、定子电流将如何变化？为什么？

5. 异步电动机轴上机械负载增加时，电动机转速、转子电流、定子电流将如何变化？为什么？

*6. 设流过电动机定子绕组的三相交流电流为$i_1=I_m\sin(\omega t+120°)$ A、$i_2=I_m\sin\omega t$ A、$i_3=I_m\sin(\omega t-120°)$ A，先画出电流波形图，再根据波形图画出二极旋转磁场图。

7. 设交流电源频率为50Hz，试分别求两极、四极、六极和八极异步电动机的同步转速。

8. 设交流电源频率为50Hz，额定转差率为2%，试分别求两极、四极、六极和八极异步电动机的额定转速。

9. 测得两台鼠笼式三相异步电动机的转速分别为2940r/min和970r/min，电源频率为 50Hz。试问两台电动机的磁极数、同步转速及转差率各为多少？

10. 已知某三相鼠笼式异步电动机的铭牌数据是：3kW，1430r/min，50Hz，220/380V，11.25/6.5A，Δ/Y，$\cos\varphi=0.86$。试说明上述各数据的意义，并求（1）额定转距；（2）额定效率（即额定功率与输入功率之比）；（3）额定转差率；（4）电动机的磁极数；（5）若电源的线电压为 380V，则电动机的定子绕组应作何种连接？

*11. 一台鼠笼式三相异步电动机的技术数据见表 5-5，（1）求这台电动机直接起动时的起动电流、起动转距和最大转距？（2）如果电源电压降为额定电压的 80%，这台电动机的起动电流、起动转距和最大转距各变为多大？（3）如果负载转距 $T_c=150\text{N}\cdot\text{m}$，这台电动机能否用星形—三角形换接起动？

表 5-5

型号	额定功率（kW）	额定电压（V）	满载时				堵转电流/额定电流	堵转转矩/额定转矩	最大转矩/额定转矩	质量（kg）
			转速（r/min）	电流（A）	效率（%）	功率因数 $\cos\varphi$				
Y225—8	18.5	380	730	41.3	89.5	0.76	6.0	1.7	2.0	300

第六章　泵站常用低压电器

第一节　电　弧　概　念

一、电弧的形成

当开关电器开断电路时，只要电路中的电流超过 80～100mA，电压超过 10～20V，断口间就会产生强烈的白光，称为电弧。电弧是电气设备的触头在分断电流时不可避免的现象。电气设备的触头在分断电流时之所以会产生电弧，原因是：触头本身及周围介质中含有大量可被游离的电子，在正常情况下这些电子受原子核中正电荷的吸引，只能在围绕原子核的轨道上运动，成为束缚电子，当外因作用使电子强烈游离，并使大量带电粒子作定向运动时便形成电弧。

（一）发生电弧的游离方式

1. 热电子发射

高温的阴极表面能够向四周空间发射电子。开关触头分断电流时，阴极表面由于大电流逐渐收缩集中而形成炽热的光斑，温度很高，因而使触头表面的电子吸收足够的热能而发射到触头间隙中去，形成自由电子。

2. 强电场发射

阴极表面的电场强度很大时，金属内部的自由电子在电场力的作用下也能被拉出阴极表面，这就是强电场发射。动、静触头刚分开，距离 d 极小时，即使在低电压电路中，触头的电场强度 $E=U/d$ 仍可达到极大的数值。

3. 热游离

电弧表面温度达 3000～4000℃，弧心温度可高达 10000℃。在这样的高温下，触头间的中性质点由于吸收热能而可能游离为正离子和自由电子，从而进一步加强了电弧中的游离。

4. 碰撞游离

当触头间存在足够大的电场强度时，自由电子高速向阳极移动，在移动中碰撞到中性质点，就可能使中性质点中的电子吸收动能而游离出来，从而使中性质点分裂为正离子和自由电子。这些游离出来的带电质点在电场力作用下继续参加碰撞游离，结果使触头间隙中的离子数越来越多，形成所谓“雪崩”现象。当离子浓度足够大时，介质击穿而发生电弧。

在上述几种游离方式的综合作用下，电弧得以发生、发展和维持。

（二）电弧的危害

电弧是极强烈的气体导电的电游离现象，它具有光亮强和温度高的特点。所以它对电气设备具有下列危害：

(1) 它的高温可能烧损开关触头，烧毁电气设备及导线、电缆，甚至引起火灾和爆炸事故。

(2) 延长开关电器开断故障电路的时间，加重短路故障的后果。

(3) 电弧是一束高温游离的气体，质量轻，在电动力、热力作用下将迅速移动、伸长、弯曲，易造成飞弧短路和伤人，引起事故的扩大。

电弧具有上述的危害性，我们学习电弧概念的目的是了解电弧的形成和熄灭规律，找出迅速熄灭电弧的方法。

二、电弧的熄灭

在电弧形成过程中，介质在游离的同时还存在相反的过程，即去游离。

去游离使电弧中带电质点减少。当游离作用大于去游离作用时，则电弧电流增大；若两者作用平衡，则电弧电流不变，维持稳定燃烧；当去游离作用大于游离作用，则电弧电流减小，直至电弧熄灭。由此可知，电弧熄灭条件是电弧中的去游离作用大于游离作用，即离子消失的速率大于离子产生的速率。去游离过程包括复合和扩散两种方式。

1. 复合

复合就是带电质点重新结合为中性质点。电弧中的电场强度越弱，电弧温度越低，电弧截面越小，则带电质点的复合越强。此外，复合还与电弧接触的介质性质有关。如电弧接触固体介质表面，则由于较活泼的电子先使表面带一负电位，这负电位的表面就吸引正离子而造成强烈的复合。

2. 扩散

带电质点从电弧内部逸出而进入周围介质的现象称为扩散。扩散包括物理扩散和人为扩散两种。前者是指带电质点由于不规则热运动的结果，不断从高温的、高浓度的弧柱中向温度低、浓度小的周围介质扩散。电弧和周围介质的温度差愈大、浓度差愈大，此种扩散作用也愈强。但在开关电器中仅有上述的物理扩散是不够的，还采用人为扩散，例如采用高速气体吹拂电弧，强行带走弧柱中大量电子和正离子，让其在周围介质中冷却并结合为中性质点。

三、开关电器中常用的灭弧方法

1. 吹弧法

在灭弧室中，利用气体介质强烈地喷吹电弧，以使其冷却和拉长，降低电弧中的电场强度，使带电质点的复合和扩散增强，从而加速电弧熄灭。按吹弧的方向来分，有横吹和纵吹之分，如图 6 - 1 所示。吹弧介质可用油、压缩空气、SF_6 气体，也可用绝缘油或固体有机介质在电弧高温下分解产生的气体。

2. 多断口灭弧法

在断路器中，一个静触头与一个动触头组合称为一个断口。高压断路器每相有一个、两个或多个串联的断口，如图 6 - 2 所示。每个断口有一个灭弧室，每相断口数目增多，相当于将一个电弧分成多个灭弧室同时灭弧。此外，因电源电压没变，每个断口上的电压降低，恢复电压也低，故电弧易于熄灭，提高了灭弧能力。

3. 利用短弧原理灭弧法

这种灭弧方法的原理是利用金属栅（钢灭弧栅）灭弧罩将长弧切为若干短弧。由于电

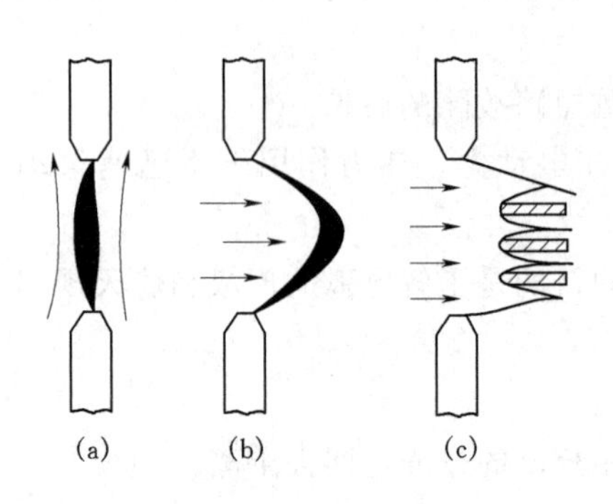

图 6-1　气体吹弧示意图

(a) 横吹；(b) 纵吹；(c) 带隔板的横吹

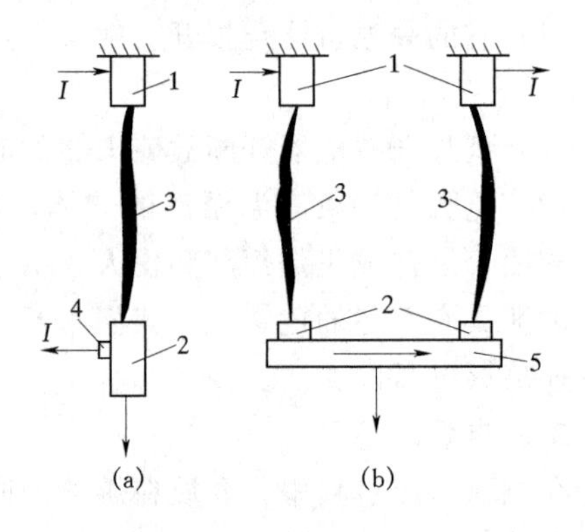

图 6-2　一相内有几个断口

(a) 一个断口；(b) 两个断口

1—固定触头；2—可动触头；3—电弧；
4—滑动触头；5—横担

弧的电压降主要降落在阴极和阳极上（阴极压降又比阳极压降大得多），所以切为短弧后，则电弧上的压降将近似地增大若干倍。当外施电压小于电弧上的压降时，电弧就不能维持而迅速熄灭。如图 6-3 所示。这种钢灭弧栅同时还具有电动力吹弧和铁磁吹弧的作用。钢片对电弧具有冷却作用。

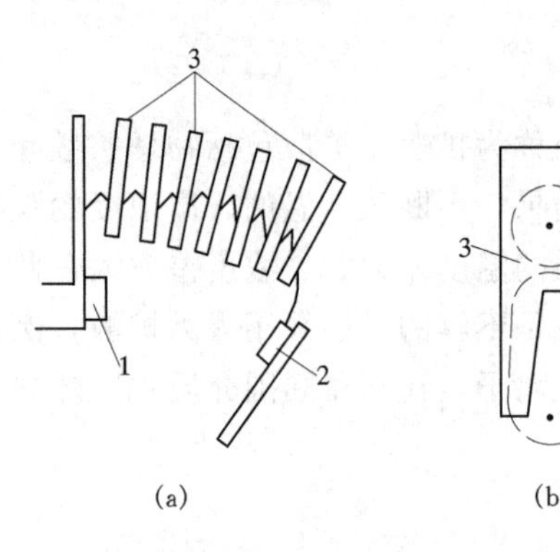

图 6-3　将长电弧分成几个短电弧

(a) 金属片灭弧栅；(b) 缺口钢片

1—静触头；2—动触头；3—栅片

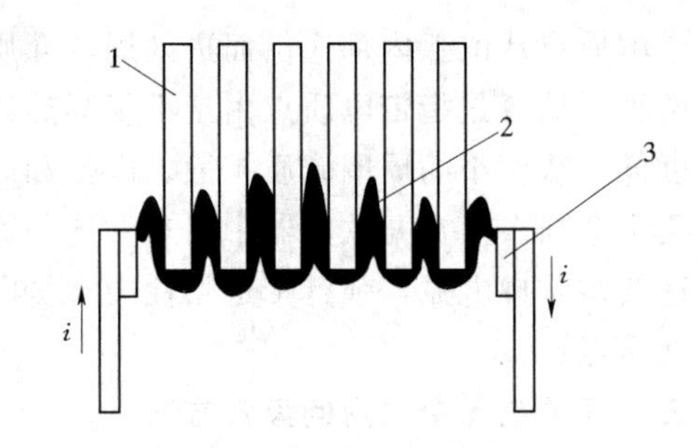

图 6-4　绝缘灭弧栅灭弧

1—绝缘栅片；2—电弧；3—触头

4. 狭沟灭弧法

使电弧在固体介质所形成的狭沟中燃烧。由于电弧的冷却条件改善，从而使电弧的去游离增强；同时介质表面带电质点的复合比较强烈，也使电弧加速熄灭。有些熔断器在熔管中填充石英砂，就是利用狭沟灭弧原理。如图 6-4 所示绝缘灭弧栅，就是利用狭沟灭弧原理法。

5. 真空灭弧法

在非常稀薄的气体中，碰撞游离和热游离都难以发生和维持，而带电质点的扩散却极为容易，故真空的介电强度很高。当真空中的触头在开断时产生的所谓“真空电弧”，这种电弧在电流过零时就能立即熄灭不复燃且不发生过电压。

第二节　低压熔断器

一、熔断器作用及结构

熔断器是低压电器中结构较为简单，也是最早使用的短路保护电器，串联接入被保护电路中，当电路中电流超过规定值一定时间后，熔断器的熔体发热、熔化，将电路开断。熔断器的主要构成部件有熔体、熔管和底座，还有触刀、石英砂、熔断指示器等。熔体是预定熔化部分，熔体固定在熔管内，熔体的周围充以石英砂，用以熄灭熔体熔断时所形成的电弧。熔体熔断后，整个熔管一起更换。熔管通过接触部分固定在底座上，底座与外部电路连接。有的熔断器的熔体固定在称为熔管的绝缘管内，管内无填充物质，熔体熔断后可以更换。底座是用于装、拆熔断体的熔断器可动部件。熔断指示器能示出熔断体内的熔体断与否。

熔体的材料有低熔点和高熔点金属两类。低熔点材料一般用锡、锌、铅及其合金，高熔点材料用铜、银等金属。长期以来人们习惯利用“冶金效应”兼容高熔点和低熔点金属的优点。即在高熔点金属熔体的表面焊上低熔点金属，使其成为高熔点金属的熔剂。

熔体的形状有丝状、片状，或复杂网板多片并联。片状熔体都有窄的颈部1～3处。

二、熔断器的种类

低压熔断器按工作过程分为限流型和非限流型。限流型低压熔断器按结构形式分为专职人员使用的熔断器和非熟练人员使用的熔断器。后者的带电部分不易被人触及。目前广泛应用的有插入式熔断器RC1A型、螺旋式熔断器RL系列型、有填料封闭管式熔断器RT0型、无填料封闭管式熔断器RM10型和NT型等。下面分别介绍常见的几种熔断器。

1. RC1A型熔断器

RC1A型熔断器的结构如图6-5所示。它由瓷底座的空腔与瓷插件凸出部分所构成的灭弧室、静触头、动触头、熔体等组成。60A以上的熔断器底座空腔内衬有编制石棉垫，以帮助熄弧。

这种熔断器的结构简单，更换熔体方便，所以广泛应用在低压电路中，用来保护线路、照明设备及小容量电机。

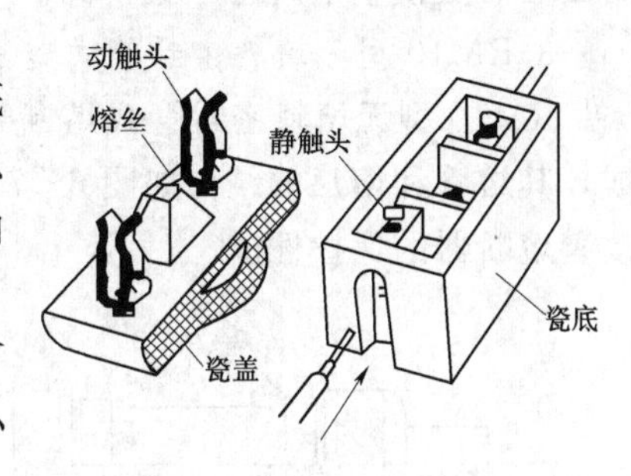

图6-5　RC1A型熔断器

2. RT0有填料封闭管式熔断器

RT0有填料封闭管式熔断器是由瓷熔管、栅状铜熔体和触头底座等部分组成，如图6-6所示。RT0熔断器具有引燃栅。由于它的等电位作用，可使熔体在短路电流通过时形成多根并联电弧（多断口灭弧法）。熔体还具有若干变截面小孔，可使熔体在短路电流通过时截面较小的小孔处先熔断，形成多段短弧（利用短弧原理灭弧法）。加之电弧都是在石英砂中燃烧，使电弧中的离子强烈地复合（狭沟灭弧法）。因此这种熔断器的灭弧能力很强，具有“限流”特性。另外，其熔体还具有“锡桥”，即在栅状铜熔体中部弯曲处焊有锡球，可利用其“冶金效应”来实现对较小的短路电流和过负荷电流的保护。熔体熔断后，有红色的熔断指示器弹出，便于运行人员检视。

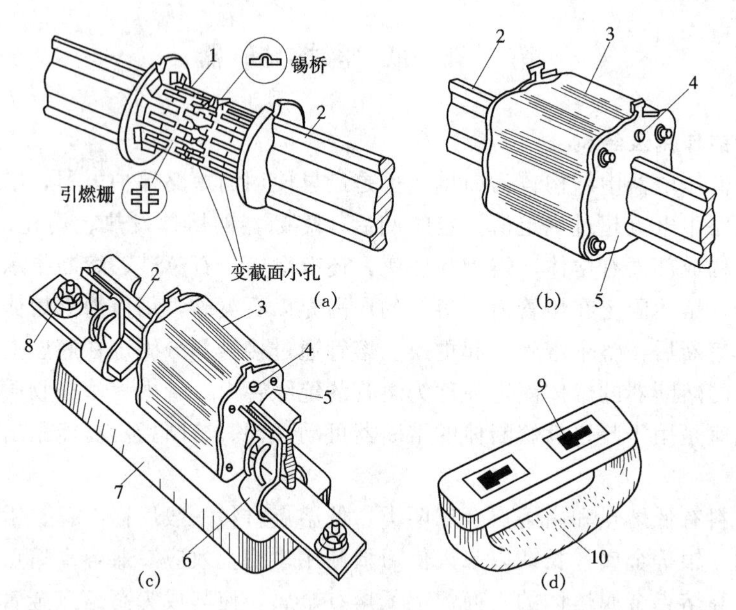

图 6-6　RT0 型低压熔断器

(a) 熔体；(b) 熔管；(c) 熔断器；(d) 操作手柄

1—栅片铜熔体；2—触刀；3—瓷熔管；4—熔断指示器；5—端面盖板；
6—弹性触座；7—底座；8—接线端子；9—扣眼；10—绝缘拉手手柄

RT0 有填料封闭管式熔断器使用安全，开断能力大，保护特性好，既有良好的过载反时限特性，又有良好的短路保护特性，所以适用于短路电流较大的地方。但这种熔断器熔断后需更换整个熔管，成本高。

3. RM10 型无填料密封管式熔断器

RM10 型无填料密封管式熔断器由纤维熔管、变截面的锌熔片和触头底座等部分组成，其熔管和熔片的结构如图 6-7 所示。将熔片冲制成宽窄不一样大的变截面，是为了改善熔断器的保护性能。

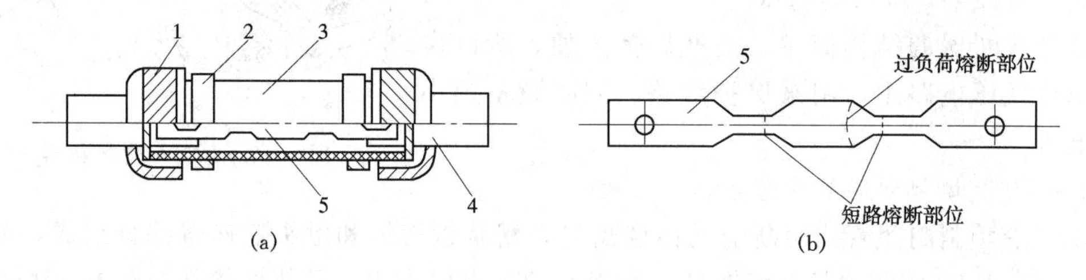

图 6-7　RM10 型低压熔断器

(a) 熔管；(b) 熔片

1—铜管帽；2—管夹；3—纤维熔管；4—触刀；5—变截面锌熔片

短路时，熔片的窄部由于电阻较大而首先熔断，形成几段串联短弧，且由于各段熔片跌落，迅速拉长电弧，使短路电弧较易熄灭。过负荷时，由于加热时间较长，窄部散热较好，因此往往在其宽窄之间的斜部熔断。由此可以大致判断使熔断器熔断的故障性质。当熔片熔断时，纤维熔管的内壁将因电弧燃烧而分解出气体，压迫电弧，加强离子的复合，从而改善灭弧性能。但是其灭弧能力低于 RT0 有填料封闭管式熔断器，且属于非限流式。

由于其工作安全可靠，再加上更换方便，所以广泛应用在发电厂和变电所，作为电动机的保护和断路器合闸控制回路的保护等。

第三节 低 压 开 关

在低压线路中广泛应用着各种类型的低压开关，它们对低压线路或用电设备起保护、控制等作用。下面介绍泵站中常用的几种低压开关。

一、闸刀开关

闸刀开关又称低压刀开关或低压隔离开关，常用于不经常操作的电路中。低压刀开关，按其型式分，有单投（HD）和双投（HS）两类；按其极数分，有单极、双极和三极；按其灭弧结构分，有不带灭弧罩和带灭弧罩的两种。不带灭弧罩的刀开关不能带负荷操作，只当隔离开关。带灭弧罩的刀开关如图 6－8 所示，则可带负荷操作。将开关的闸刀换为 RT0 型熔断器的熔管，就构成熔断器式刀开关（HR 型），简称刀熔开关如图 6－9 所示。它兼有刀开关和熔断器的双重功能，有利于简化配电装置的结构。将刀开关与熔断器串联，装在金

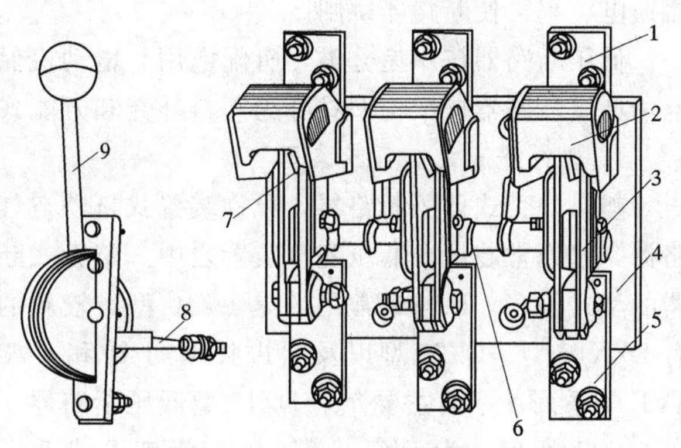

图 6－8 HD13 型低压刀开关

1—上接线端子；2—钢栅片灭弧罩；3—闸刀；4—底座；5—下接线端子；6—主轴；7—静触头；8—连杆；9—操作手柄（中央杠杆操作）

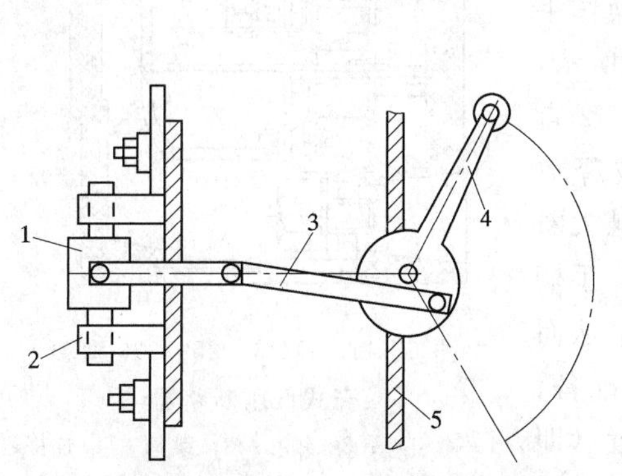

图 6－9 HR 型刀熔开关结构示意图

1—RTO 型熔断器的熔管；2—HD 型刀开关的弹性触座；3—连杆；4—操作手柄；5—配电装置面板

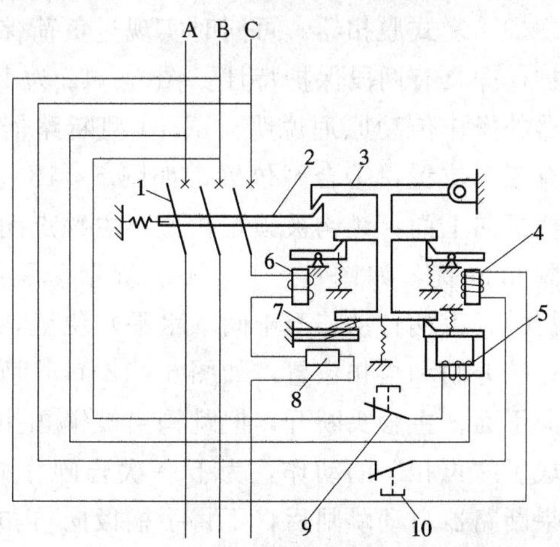

图 6－10 低压断路器的原理结构和结线

1—主触头；2—跳钩；3—锁扣；4—分励脱扣器；5—失压脱扣器；6—过电流脱扣器；7—热脱扣器（双金属片）；8—加热电阻；9—脱扣按钮（常闭）；10—脱扣按钮（常开）

属盒内，就构成低压负荷开关（HH型），亦称铁壳开关。它兼有刀开关和熔断器的双重功能，可以带负荷操作。

二、低压断路器

低压断路器又称自动空气开关或自动空气断路器，它是一种既有开关作用又能进行自动保护的电器。具体地说，它即能带负荷通断电路，又能在失压、短路和过负荷等故障情况下自动跳闸，其功能类似于高压断路器。如图6-10所示为低压断路器的原理结构和接线图。当线路上出现短路故障时，过电流脱扣器动作，断路器跳闸。如发生过负荷时，双金属片受热弯曲，也使断路器跳闸。当线路电压严重下降或电压消失时，失压脱扣器动作，同样会使断路器跳闸。如果按下脱扣按钮9或10，使失压脱扣器失电或使分励脱扣器通电，都可使断路器跳闸。

低压断路器按用途分类，有配电用、电动机保护用、照明用和漏电保护用断路器。配电用低压断路器按结构型式分为塑料外壳和万能式两大类。

1. 塑料外壳式低压断路器

塑料外壳式低压断路器，原称装置式自动空气断路器，它通常装设在低压配电装置之中。塑壳式断路器的型式很多，以前最常用的是DZ10型，较新的还有DZX10型、DZ20型以及引进技术的H和C45N、3VE等系列。下面主要介绍DZ10型低压断路器。如图6-11所示，为DZ10—250/330型塑壳式低压断路器的剖面图。DZ10型断路器可根据需要装设以下脱扣器：

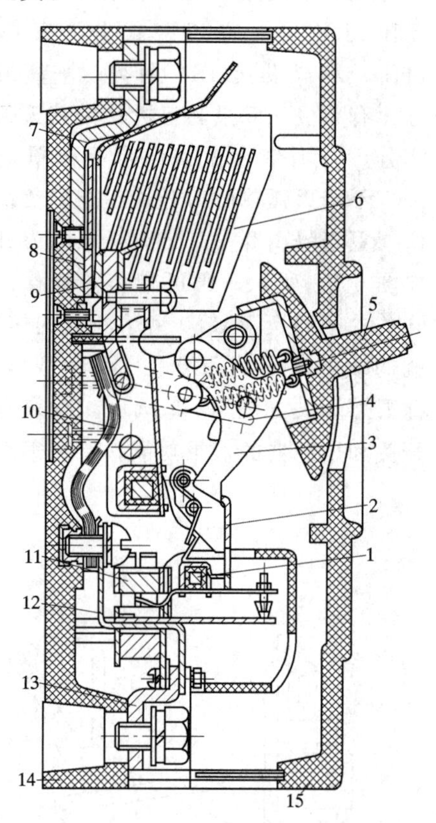

图6-11　DZ10—250/330型塑壳式低压断路器

1—牵引杆；2—锁扣；3—跳钩；4—连杆；5—操作手柄；6—灭弧室；7—引入线和接线端子；8—静触头；9—动触头；10—可挠连接条；11—电磁脱扣器；12—热脱扣器；13—引出线和接线端子；14—塑料底座；15—塑壳盖

（1）热脱扣器，用双金属片作过负荷保护。

（2）电磁脱扣器，只作短路保护。

（3）复式脱扣器，可同时实现过负荷保护和短路保护，即具有两段保护特性。图6-12为DZ10型断路器的操作传动原理说明。DZ10型断路器的操作手柄有三个位置：①合闸位置，如图6-12（a）所示，手柄扳向上面，跳钩被锁扣扣住，主触点闭合；②自由脱扣位置，如图6-12（b）所示，跳钩被释放（脱扣），手柄自动移至中间（水平）位置，主触头断开；③分闸和再扣位置，如图6-12（c）所示，手柄扳向下面，主触头断开，但跳钩又被锁扣扣住，从而完成了“再扣”的动作，为下一次合闸作好了准备。如果断路器自动跳闸后，不将手柄扳向再扣位置（即分闸位置），要想直接合闸是合不上的。一般手动操作的高低压断路器都有类似的操作要求。

DZ10型断路器由于采用了钢片灭弧栅，加之脱扣速度快，因此灭弧时间短，一般断路时间不超过一

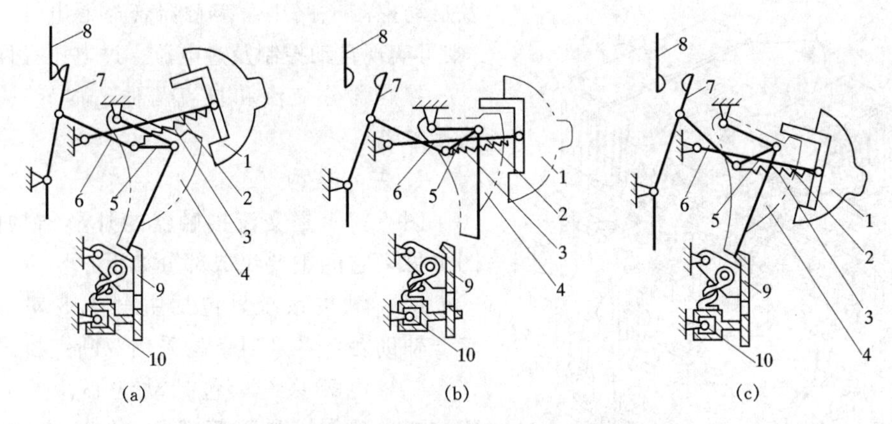

图 6-12　DZ10 型断路器的操作传动原理

(a) 合闸位置；(b) 自由脱扣位置；(c) 分闸和再扣位置

1—操作手柄；2—操作杆；3—弹簧；4—跳钩；5—上连杆；6—下连杆；7—动触头；8—静触头；9—锁扣；10—牵引杆

个周期（0.02s），而且断流能力也比较大。

2. 万能式低压断路器

万能式断路器的型式也很多，目前最常用的有 DW10 型和 DW15 型，其他还有 DWX15 型、DW45 型、DW16 型等和引进技术生产的 ME、AH 等系列。考虑到价格因素，一般说来，在要求高短路分断能力和选择性保护时，可选用具有智能型保护功能的 DW45，它能可靠地保护设备免受过负荷、欠电压、短路和单相接地等故障的危害，但价格较高。在要求有足够的短路分断能力和良好的选择性时，宜选用 DW15 型，价格适中。在要求有足够的短路分断能力，只要求过载时长延时保护，短路时瞬时断开的场所，宜选用 DW16 型较为经济。如果对短路分断能力要求不高，且只要求短路时瞬时断开，则可采用价廉且便于维护的 DW10 型。下面主要介绍 DW10 型低压断路器。

如图 6-13 所示为 DW10—200 型万能式低压断路器的外形结构图。DW10 型断路器的合闸操动方式较多，除直接手柄操动外，还有扛杆操动、电磁铁操动和电动机操动等方式。而其过电流脱扣器一般都是瞬时动作的，即保护性能为非选择型。

DW10 型断路器也采用钢片灭弧栅，其灭弧断流能力也较强，但由于操动机构的影响，动作稍慢，一般断路时间在一个周期（0.02s）以上。

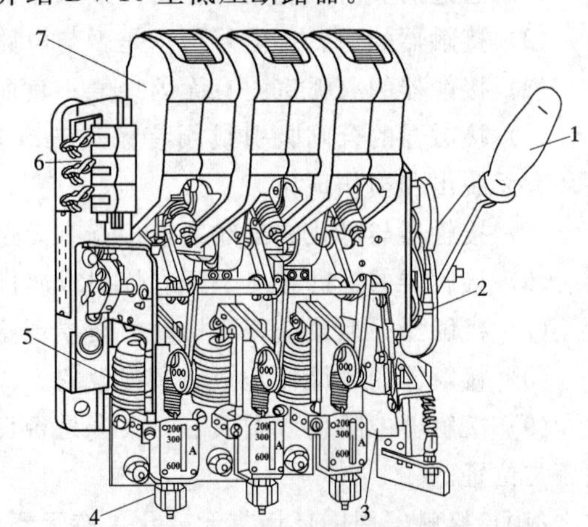

图 6-13　DW10—200 型万能式低压断路器

1—操作手柄；2—自由脱扣机构；3—失压脱扣器；4—过电流脱扣器脱扣电流调节螺母；5—过电流脱扣器；6—断路器辅助触头；7—灭弧罩（内有主触头）

三、交流接触器

接触器是一种遥控电器，具有操作方便、动作迅速、灭弧性能好、适于频繁操作等特点。因此，广泛应用于电动机控制电路

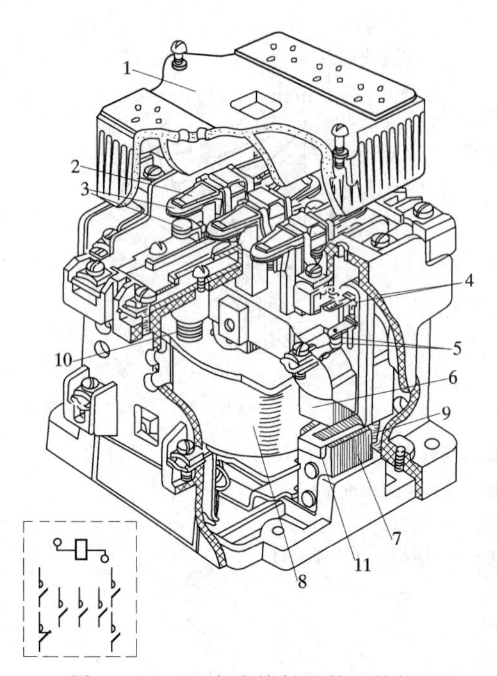

图 6-14　CJ 交流接触器外形结构图

1—灭弧罩；2—触头压力弹簧片；3—主触头；4—辅助常闭触头；5—辅助常开触头；6—动铁心；7—静铁心；8—线圈；9—缓冲弹簧；10—反作用弹簧；11—短路环

及自动控制电路中。接触器若与继电器等配合，则可实现自动控制及过电流、过电压等保护。

接触器分交流和直流两种。本节只介绍交流接触器。

1. 基本结构

图 6-14 是交流接触器的外形结构图。由图可见，它的主要组成部分如下：

（1）触头系统。包括主触头 3 对，动断、动合辅助触头各 2 对，均采用双断点桥式结构。

（2）电磁系统。包括动铁心、吸引线圈、静铁心，反作用弹簧等部分。铁心由“山”形硅钢片叠压而成，漆包线绕制的吸引线圈借助弹簧弹力固定在静铁心上，动铁心与触头系统固定在一起。为了减少振动和噪声，在铁心的极面下安装了铜制的短路环，如图 6-15 所示。当磁通变化时，短路环中将产生感应电流，使得吸引线圈中的电流为零时，铁心中总的磁势大于零，故衔铁始终被吸住，因此，振动和噪声就显著减小。

（3）灭弧系统。采用石棉水泥制成的灭弧罩。分断电路时，电弧进入灭弧罩的狭缝，因受到强烈的去游离而熄灭。

交流接触器在运行中除应定期进行绝缘试验外，还应经常进行检查，其内容如下：

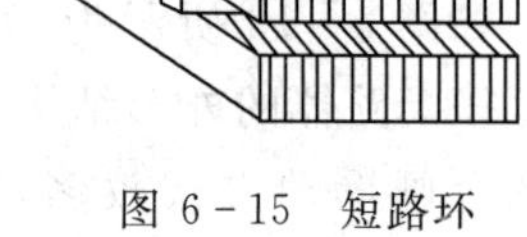

图 6-15　短路环

1—铁心；2—短路环

（1）通过的负荷电流是否在交流接触器的额定值以内。

（2）接触器的分、合信号指示是否与电路状态相同。

（3）接触器的灭弧室内有无因接触不良而发生的放电声。

（4）接触器的合闸吸引线圈有无过热现象；电磁铁上的短路环有无脱出和损伤现象。

（5）接触器与母线或出线的连接点有无过热现象。

（6）接触器的辅助触点是否有烧损或腐蚀现象。

（7）接触器灭弧罩是否有松动与裂损现象。

（8）接触器的绝缘杆是否有裂损现象。

（9）接触器的吸引线圈铁心，吸合是否良好，有无过大的噪音。断开后，是否能返回到正常位置。

（10）接触器周围环境有无变化，有无不利于它正常运行的情况，如导电尘埃、过大的振动、通风不良等。

四、热继电器

磁力起动器主要由交流接触器和热继电器组成。磁力起动器也称电磁开关，主要用于远距离控制三相鼠笼式电动机。它具有失压和过载保护，与熔断器配合还能实现短路保护。交流接触器已在上面介绍，此处仅阐述热继电器的工作原理和结构。

热继电器由双金属片、热元件、触头系统及操动机构、整定电流装置、复位按钮等组成。图 6-16 为常见双金属片式热继电器的原理图。

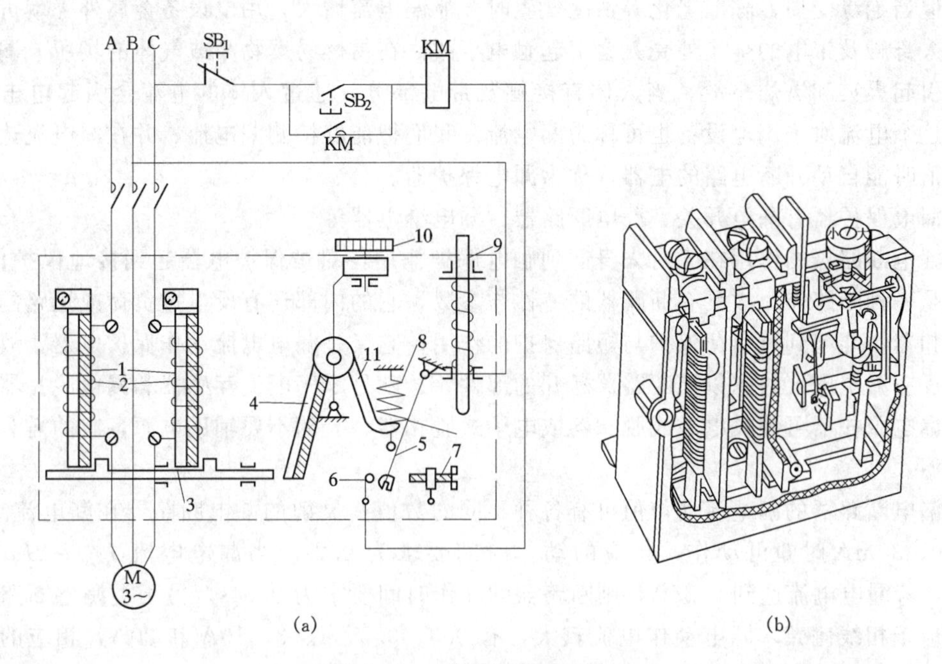

图 6-16 热继电器原理图

(a) 接线图；(b) 结构图

1—双金属片；2—热元件；3—导板；4—温度补偿双金属片；5—动触点连杆；6—动断静触点；7—调节螺丝（动合静触点）；8—弹簧；9—复位按钮；10—整定值调节轮；11—推杆

使用时，热元件 2 与被保护电动机串联，动断触点串联在交流接触器的控制回路中。电动机正常工作时，触点不动作。当电动机过负荷时，若其电流大于额定值，热元件 2 发出更多的热量，使两种不同膨胀系数的双金属片受热弯曲推动导板 3 向右移动。导板 3 又推动温度补偿片 4，使推杆 11 绕轴转动，从而推动了动触点连杆 5，使动触点 5 与静触点 6 脱离，切断了接触器线圈的控制电路，接触器释放而切断电路，起到过载保护作用。

热继电器动作后的复位方式有自动复位和手动复位两种：

(1) 自动复位。将调节螺钉拧进一段距离，此时触点开距最小，使动触点连杆 5 的复位弹簧 8 始终位于连杆 5 转轴的左侧。当热元件冷却后，双金属片恢复原状，触点 5 在弹簧 8 的作用下自动复位，与静触点 6 闭合。

(2) 手动复位。将调节螺钉拧出一段距离，此时触点开距最大，使复位弹簧 8 位于连杆 5 的转轴右侧。双金属片冷却后，由于弹簧 8 的作用，动触点 5 不能自动复位。这时，必须按动复位按钮 9，推动动触点连杆 5，使弹簧 8 偏到连杆 5 转轴的左侧，便可利用弹簧的拉力使动触点复位。一般热继电器出厂时，其触点都调整为手动复位。

热继电器带有温度补偿装置，当环境温度变化时，可以有效地减少热继电器整定电流值的变化。

五、漏电断路器

电力配电线路、供电和用电设备，它们的绝缘都不是绝对可靠的。即使是绝缘完好的电器，在承受电压正常运行时，也总有极微小的泄漏电流。这是正常的，不会引起什么危害。但当绝缘受损、陈旧老化等情况发生时，泄漏电流增大，用电设备金属外壳就可能带电，人身触及带电的金属外壳就会引起触电事故。在易燃易爆物品或气体的场所，漏电流容易引起火灾和爆炸事故。当人体直接触及带电部分，通过人体的电流会引起电击或电伤。这个电流对于用电设备也可称为漏电流。我们把能够检测漏电流、并在漏电流达到一定数值时能自动开断电路的电器，称为漏电保护器。

漏电保护器有漏电开关、漏电断路器、漏电继电器等。

漏电断路器的作用在于对人身起到触电保护作用，对被保护电器起到接地保护作用。它又是一种断路器，故具有断路器的特性与参数，它的内部还有反应过负荷或短路的过电流脱扣器，能起到过负荷保护与短路保护的作用；它又是漏电电流动作保护电器，故应具有能反应漏电电流并据以使断路器断开的部件，这就是零序电流互感器和漏电脱扣器。

漏电脱扣器可装设电磁式脱扣器或电子式脱扣器，有的不要辅助电源，有的需装设辅助电源。

漏电断路器的漏电流动作值可有各种不同的数值。灵敏的漏电断路器在漏电流 I_{Δ} 为6、10、30mA 时即可动作，相应的动作时间要求为 0.2s。当漏电电流 $I'_{\Delta}=2I_{\Delta}$ 时为 0.1s，若漏电电流达到 0.25A，则断路器的动作时间要求为 0.04s。另一类漏电断路器主要反应于相线碰壳，漏电动作电流较大，有 0.3、0.5、1、3、10A 和 20A，相应的动作时间也较长。

漏电断路器的技术参数和断路器的不同部分主要有额定漏电动作电流和额定漏电不动作电流。额定漏电动作电流是在规定条件下该漏电流流过时，漏电断路器必须动作的电流。额定漏电不动作电流是当该电流流过时，在规定的条件下漏电断路器不会动作的电流。一般额定漏电不动作电流值是额定漏电动作电流值的 1/2。

我国从 20 世纪 80 年代初期起，就生产出了漏电断路器、漏电继电器等漏电保护器，在防止人身触电、免受电击危险、防止漏电引起火灾以及保护用电电器方面都起了重大作用。漏电断路器已有 DZ5—20L、DZ15L 及 DZL18—20 等系列产品，其中 L 表示漏电保护。DZ5—20L 和 DZ15L 漏电断路器都带有电磁式漏电脱扣器和电磁式液压过电流脱扣器。DZL18—20 型漏电断路器适用于单相电路，额定电压 220V，用集成电路放大器做成漏电脱扣器。额定电流有 10、20A 两种，额定漏电动作电流有 10、15、30mA 三种，动作时间在漏电流为额定值时不大于 0.1s，在 250mA 时不大于 0.04s。

六、电动机控制电路

1. 接触器控制电机原理

图 6-17 为常见接触器控制电动机的原理示意图和原理接线图。在原理示意图中，虚框内为接触器 KM 的结构示意图，它表明接触器由电磁系统和触头等组成。图 6-17（a）中画出的为接触器的主触头 1，串接在被控制的用电器（电动机）的主电路中。主触头的一端接电动机，另一端经熔断器、刀开关（或隔离器）接于电源，熔断器是短路保护电

器。主触头 1 和衔铁 3 在电气上互相绝缘，仅在机械上相联系［图 6－17（a）中虚线表示］，并有弹簧 4 保持在断开位置。这是接触器的主电路。电磁系统是由铁芯线圈 2、衔铁 3 等组成的电磁铁。电磁铁线圈的一端接于一相主触头的电源侧，线圈另一端经起动按钮 SB 接于另一相主触头的电源侧。起动按钮 SB 的触点正常时由弹簧（未画出）保持在断开位置。这种触点称为动合触点，又名常开触点。

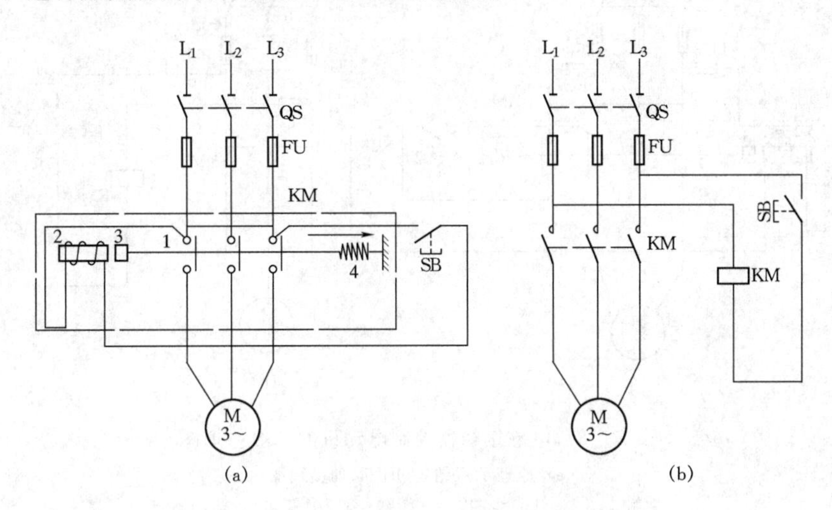

图 6－17 接触器控制电动机的原理图

（a）原理示意图；（b）原理接线图

1—主触头；2—铁心线圈；3—衔铁；4—弹簧

当需要电动机工作时，按下起动按钮 SB，动合触点接通，电磁线圈接于电源的两相（线电压），线圈中流过电流，铁芯中产生磁场，电磁力克服弹簧 4 的弹力，衔铁 3 吸合，接触器主触头接通，电动机起动运转，带动工作机械工作。

放开起动按钮 SB，它的动合触点在弹簧作用下断开，电磁线圈断电，磁力消失，衔铁 3 被弹簧 4 释放，主触头 1 也随之断开电动机的电源，电动机停止运转。在原理接线图 6－17（b）中，连接刀开关 QS 三相触头的虚线，表示三相机械连动。当电动机拖动的工作机械需要做微小调整时，就利用这样的电路，起动按钮一按一放，电动机就转动一下，故这种电路称为点动控制电路。

水泵、风机等工作机械在起动后，一般都要工作相当长一段时间。这时控制电路就如图 6－18 所示。原理示意图 6－18（a）表明，接触器除了吸持电磁铁、主触头外，还有辅助触点 5。主触头 1 接于电动机的主电路，在实际的接触器中，主触头的外面有灭弧罩，以熄灭接触器断开主电路的电流时产生的电弧。接触器的使用类别所对应的接通与分断能力就是指的主触头及其灭弧室。电磁线圈 2、控制按钮和辅助触点 5 连接后经熔断器接于电源，组成了接触器的控制电路。要接通接触器的主电路使电动机起动，只需按下起动按钮 SB2（开关 QS 平时是接通的），由电源 L_1 相、线圈 2、停止按钮 SB1、起动按钮 SB2，到电源 L_3 相的控制电路接通。线圈 2 有电流流过，衔铁 3 克服了弹簧 4 的阻力被吸向线圈的铁心。这时，主触头 1 接通主电路，电动机起动。同时和 SB2 并联的辅助触点 5 也接通，这样当手松开 SB2，SB2 在自己弹簧的作用下断开后，线圈 2 仍然有电流流过，从而保证了主触头1和辅助触点5的继续闭合。辅助触点5的上述作用称为“自保持”或“自锁”。要停机时，按下停止按钮SB1使控制电路分断，于是在弹簧力的作用下衔铁返回，接触器的主触头和辅助触点5都打开，电动机即断电停转。

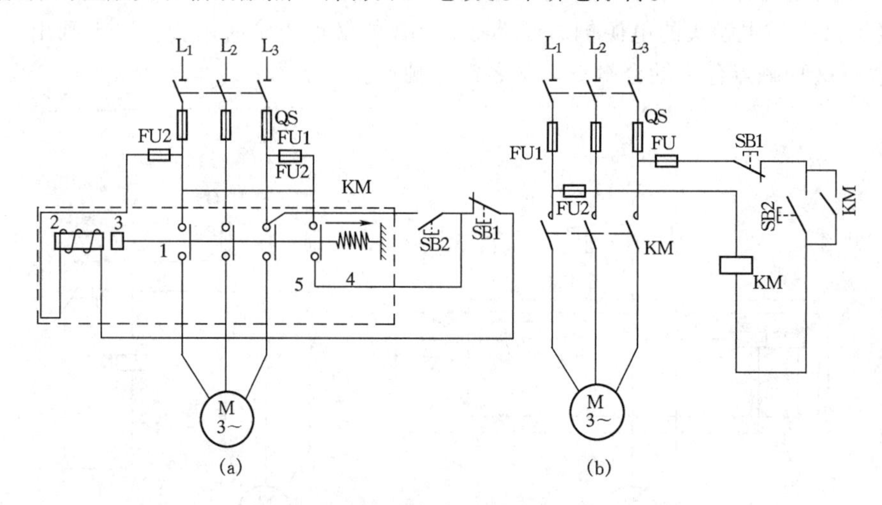

图6-18　电磁接触器控制电动机的一般原理图

(a) 原理示意图；(b) 原理接线图

1—主触头；2—铁心线圈；3—衔铁；4—弹簧；5—辅助触点

电动机正常运转时，若电源电压消失，控制电路的电压也会随之消失，于是衔铁返回，使主触头分断。这称为电动机的欠电压保护，因为电压降到约为控制电源额定电压U_s的75%时，接触器就要释放。欠电压保护能防止停止后电动机自起动。

在图6-18中，控制电路的电压都是主电路的线电压。控制电压也可接主电路的相电压，或与主电路无关的其他交流或直流电压，但控制电压必须与吸持线圈2要求的电源种类、频率及额定电压一致。控制电压有以下一些标准值：直流24、48、110、125、220、250V；交流24、36、48、110、127、220V。

按钮SB1与SB2可以与接触器组合在一起。因接触器的主触头是电动机主电路的一部分，故接触器总是装在电动机附近。若SB1与SB2组合成接触器的一部分，就形成了电动机的就地控制。按钮SB1与SB2也可以远离接触器装在控制室或控制台上，形成远距离控制。以继电器的触点代替按钮，就形成了电动机的自动控制电路。

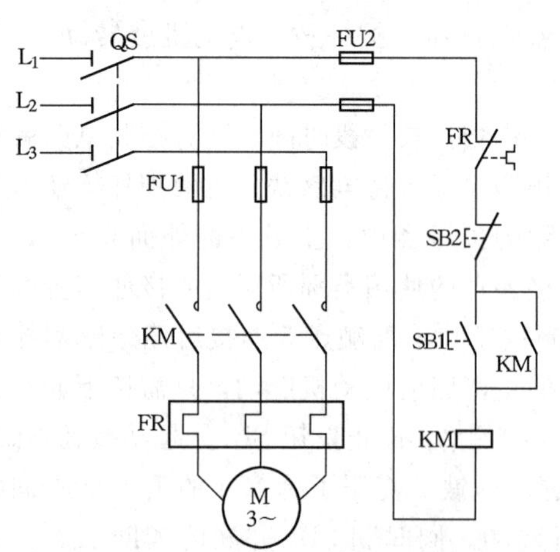

图6-19　磁力起动器控制电动机的原理图

接触器的控制电路也要有短路保护电器，常用的就是熔断器。

2. 磁力起动器控制电机原理

图6-19是利用带热继电器的接触器（俗称磁力起动器）控制电机的原理图。在接触器KM三相主触头的负荷端有热继电器FR的发

热元件“双金属片”，发热元件串接于主电路中。接触器的负荷端接电动机，电源端经短路保护电器—熔断器 FU1、刀开关 QS 接于电源。热继电器的动断触点 FR 串接在控制电路中，起动按钮 SB1 与辅助的动合触点 KM 并联。接入其他辅助电路的辅助触点没在本图中画出。

起动电动机时，按下起动按钮 SB1，使接触器的控制回路接通，于是线圈有电流流过，产生的电磁力克服弹簧（图 6－19 中未画）的弹力，使衔铁吸合，主触头 KM 接通主电路，电动机起动。同时辅助的动合触点 KM 闭合，起动器自保持，电动机正常运转。

起动电动机时，很大的起动电流通过热继电器的双金属片，使双金属片发热。但由于起动时间短，双金属片不会使继电器动作，动触点 FR 不会打开。

停止电动机时，按下停止按钮 SB2，控制电路分断，衔铁返回，主触头 KM 和辅助触点 KM 分断，电动机即断电停转。

电动机过负荷时，只要过负荷电流和过负荷时间达到规定数值，电磁式过负荷继电器或热继电器式过负荷继电器动作，串接在控制电路中的动断触点 FR 打开，控制回路分断，电动机停转，起动器起到了过负荷保护的作用。和接触器一样，磁力起动器也有欠压保护的作用，当控制电源电压降到 $75\%U_s$ 时，电磁铁释放，起动器分断，电机停转。

3. 用可逆起动器控制电机的电路

当需要电机有时正转、有时反转时，就要用可逆起动器控制电动机。可逆起动器由两只三相接触器和过负荷继电器组成。用可逆起动器控制电动机正反转的电路如图 6－20 所示。图中的可逆起动器带有热继电器，其双金属片串接于电动机的主电路，动断触点串接于电动机的控制电路。组成起动器的两只接触器（正转接触器 KM1 和反转接触器 KM2）的主触头 KM1 和 KM2 都串接于电动机的主电路，但 KM1 和 KM2 是把电源以不同的相序接于电动机。当 KM1 主触头接通时，电动机正转。若 KM1 断开，KM2 接通，则接于电动机的电源相序改变，电动机反转。KM1 和 KM2 不能同时接通，否则就是两相短路。

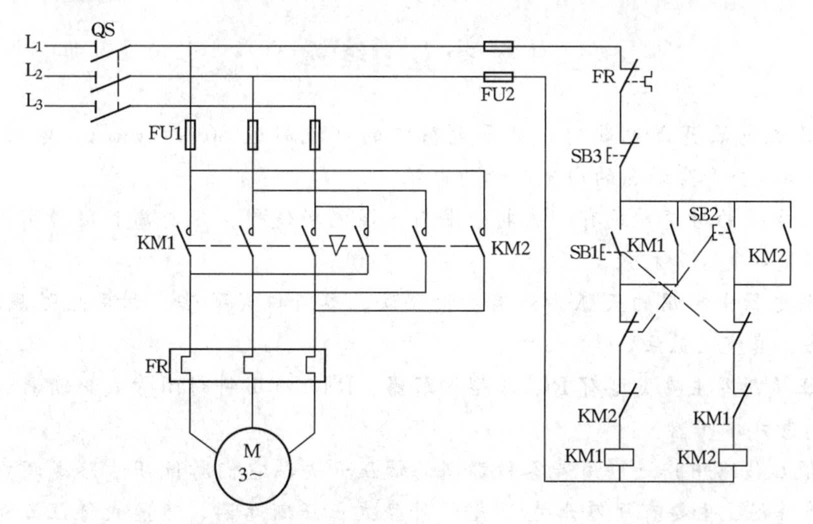

图 6－20　可逆起动器控制电动机正反转的电路

可逆起动器控制电路的特点是使用了有动断触点和动合触点的按钮，两种触点在机械上联动，按下时，动断触点先断开，动合触点再接通。正转起动按钮SB1的动断触点串接在反转接触器线圈KM2的电路中，反转起动按钮SB2的动断触点串接在正转接触器线圈KM1的电路中。正转接触器的动断触点KM1串入反转接触器线圈KM2的电路，反转接触器的动断触点KM2串入正转接触器线圈KM1的电路。

电动机正转起动：按下正转起动按钮SB1，KM1的线圈有电流通过，衔铁吸合，主触头KM1接通，电动机正向起动，辅助的动合触点KM1自保持。在按下正转起动按钮SB1时，SB1的动断触点把KM2的线圈回路分断；KM1动作后，KM1的动断触点也把KM2的线圈回路分断，起到连锁（互锁）作用。

停转：按下停止按钮SB3，控制回路分断，KM1主触头断开，电动机停转。

电动机反转起动：按下反转起动按钮SB2，反转接触器KM2的线圈有电流通过，衔铁吸合，主触头接通，电动机反转起动，辅助的动合触点KM2自保持。反转起动按钮的动断触点SB2和反转接触器的动断触点KM2都分断KM1线圈电路，起到连锁作用。电动机在反转时若要停转，操作同正转时停转的操作相同。

当需要将正向旋转的电动机改为反向旋转时，先按停止按钮SB3，使正转接触器断开电动机的电源，电机停转后，再按反转起动按钮SB2，使电动机反向起动运转。也可直接按反转起动按钮SB2。这时串接在接触器KM1线圈电路中的SB2动断触点断开，使接触器KM1线圈断电，它的主触头和辅助动合触点KM1分断，电动机即脱离电源。KM1断电后，串在KM2线圈电路中的动断触点KM1闭合，接通了反转接触器KM2的线圈回路，反转接触器KM2动作，使接入电动机定子线圈的电源相序改变，实现反方向旋转。同时动合触点KM2自保持。但若电动机是在带负荷运行，这后一种操作将使电动机轴上受的扭矩太大，同时定子电流也很大，易使电动机受到损害。

当电动机的过负荷电流到达热继电器FR的动作值时，它的动断触点FR断开了起动器的控制电路，使电动机停转，实现过负荷保护。这种起动器由接触器实现欠压保护。

小　结

1. 当开关电器开断电路时，只要电路中的电流超过80～100mA，电压超过10～20V，断口间就会产生强烈的白光，称为电弧。

2. 发生电弧的游离方式有：热电子发射、强电场发射、热游离和碰撞游离。去游离的两个过程是：复合和扩散。

3. 开关电器中常用的灭弧方法有：吹弧法、多断口灭弧法、利用短弧原理灭弧法、狭沟灭弧法、真空灭弧法。

4. 低压熔断器主要类型有RC1A型熔断器、RT0有填料封闭管式熔断器和RM10型无填料密封管式熔断器。

5. 在低压线路中广泛应用着各种类型的低压开关，它们对低压线路或用电设备起保护、控制等作用。主要有闸刀开关 、塑料外壳式低压断路器、万能式低压断路器、交流接触器、漏电断路器和热继电器等。

6. 电动机常见的几种控制电路为：电磁接触器控制电机、磁力起动器控制电机和用可逆起动器控制电机等。

习　题

1. 什么是电弧？它具有哪些特性？

2. 电弧形成中有哪些过程？

3. 开关电器中有哪些灭弧方法？

4. 低压熔断器的作用有哪些？它是由哪些部件组成？

5. 什么是冶金效应？为什么栅状铜熔体中部弯曲处焊有锡球？为什么要将熔片冲制成宽窄不一样大的变截面？

6. 接触器的作用有哪些？起动器与接触器有何不同？

7. 低压断路器的作用有哪些？它有哪几种脱扣器？

8. 分析热继电器的工作原理。

9. 漏电断路器有哪些主要技术参数？

10. 分析可逆起动器控制电机的电路原理。

技能训练　三相异步电动机正反转电气控制线路的安装

一、实训目的

(1) 了解熔断器、热继电器、按钮、接触器等电器的外形结构，正确判断各触点、线圈的接线端位置。

(2) 能根据电气原理图，正确接线。

(3) 初步掌握正反转控制线路安装正确与否的检测方法。

二、仪器设备及工具

(1) 电路板（螺旋熔断器、复合按钮、热继电器、交流接触器、端子排已装好）一块。

(2) 万用表（MF30 型）一只。

(3) 螺丝刀（中、小）、剥线钳、尖嘴钳各一把，导线若干。

三、实训内容

电气原理图如图 6-21 所示，电气接线图如图 6-22 所示。

(1) 检查实训仪器、材料及工具齐全否，并识别各电器的接线端，正确判断按钮、接触器、热继电器等电器的动合、动断、线圈、热元件的接线端。按钮的动合、动断触点如果不能直接看出，则用万用表的欧姆挡进行测量来判别。

(2) 根据电气原理图在电气接线图上画出各接线端正确连线。画连线的顺序：先画主电路，再画控制电路。进线从电路板上端的端子排上方接线柱引入，电动机的接线由电路板下端的端子排下方接线柱引出；接到按钮的导线要先接到电路板下端的端子排上方接线柱，再从端子排下方接线柱引出，接到各按钮的接线端上。

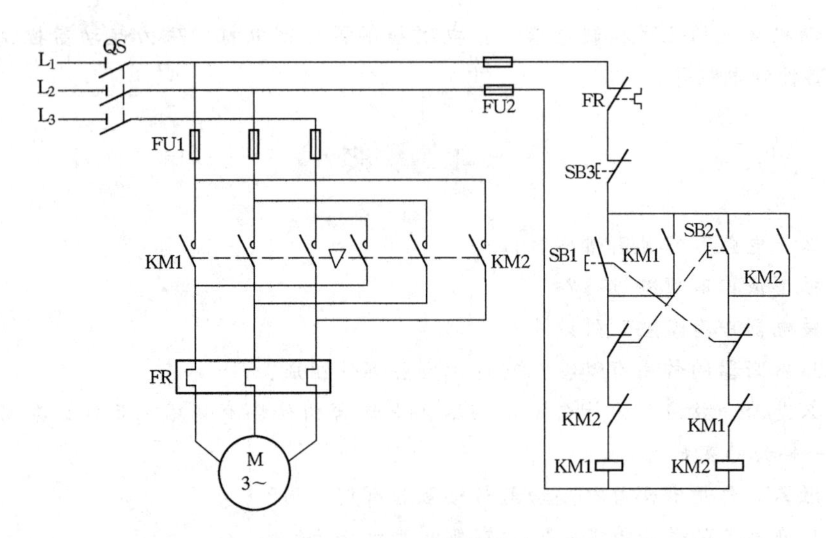

图 6-21　正反转控制线路图

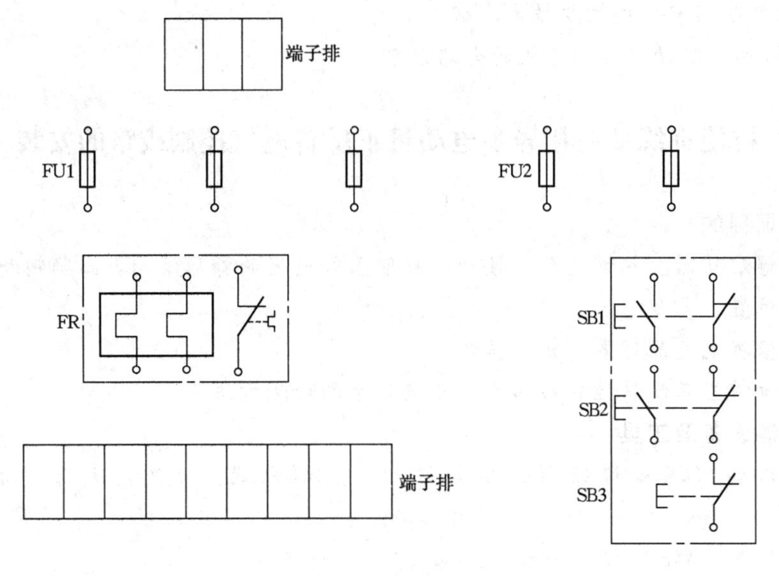

图 6-22　电气接线图

（3）按照电气原理图和电气接线图，用导线连接各电器接线端。

（4）接线结束后，需仔细检查导线连接是否有误。可用万用表欧姆挡进行检查。

1）先测量电路板上方端子排三个接电源的接线柱，两两之间应无短路现象。

2）测量接入控制线路的两个端子排的接线柱。分别按正转按钮和反转按钮，电路应接通。同时按正转和反转按钮，电路不通；同时按正转（或反转）和停止按钮，电路不通。

3）检查主电路。测电路板上端端子排的一个接线柱（即电源一相引入线）与相对应的电路板下端端子排的一个接线柱（即该相电源线接入电动机的接线端）应断路。对10A的接触器，可以用螺丝刀按正转接触器，使其动合触点闭合，电路应接通。依次检查主电路三根相线的通断情况。然后再按反转接触器，同样检查。

以上检查，如果出现不应有的接通或断开现象时，说明该部分线路连接有误，应该马上排除故障。

(5) 检查无误，并经教师同意后，接入电动机，通入三相交流电源，试车。

(6) 试车成功后，先撤去电源，再撤去电动机，然后将导线拆下，整理实训仪器设备及工具。

四、注意事项

(1) 导线端头的连接部分长短要适中，如果绝缘层剥得太长，容易发生碰线短路等事故。绝缘层剥得太短会造成连接不牢固、接触不良等。

(2) 各电器接线端的螺丝紧固要适当，太紧了容易造成螺丝滑牙；太松了会造成接触不良，导线松脱。紧固程度以轻轻拉动导线，导线不松动为宜。

(3) 螺旋熔断器螺壳端应接负载方。

(4) 试车时要注意安全操作，电动机、电源线接上后须经检查无误，才能合上电源开关。按正转或反转按钮时，须按到底。正反转的转换不能太频繁，以免引起电动机发热损坏。

(5) 试车中如发现有故障，例如电动机不能正转、反转、停止等，应断开电源后，才能进行检查，排除故障后再重新试车。如果试车时发现有短路、冒烟等现象时应立即切断电源。

五、写出实习报告并进行讨论

(1) 为什么接到按钮和电动机的连线要先接到端子排上，然后才从端子排的接线柱上再接到按钮和电动机上？

(提示：从电动机、按钮、电路板的位置考虑。例如按钮的位置往往在便于操作的地方，与电路板不在一起。)

(2) 在检查控制电路时，发现不按任何按钮时，控制电路已经接通，而按正转按钮时，控制电路反而不通，这是哪些电器的接线端接错了？应怎样改正？

(3) 在试车时，发现按住正转按钮，电动机能正转，但松开正转按钮，电动机就停转，这是什么原因？

(4) 如果按正转按钮，电动机反转，而按反转按钮，电动机正转，应怎样改变接线？

第七章 成套配电装置

第一节 高压开关设备简介

一、高压断路器

（一）高压断路器的功能和类型

高压断路器具有完善的灭弧装置，因此它不仅能通断正常的负荷电流，而且能通断一定量的短路电流。它还能在保护装置的作用下自动跳闸，切除故障电路。

高压断路器按其采用的灭弧介质分类，有油断路器、六氟化硫断路器、真空断路器等类型。我国中小型水电站、水泵站中目前主要采用油断路器和真空断路器。

油断路器按其油量多少和油的作用，又分为多油式和少油式两大类。多油断路器的油，既作灭弧介质，又作绝缘介质，利用油作为相对地（外壳）甚至相与相之间的绝缘，因此油量多，现已逐渐被淘汰。少油断路器的油，只作为灭弧介质，因此油量少。少油断路器由于油量少，比较安全，且外形尺寸小，便于成套设备中装设，所以，一般6～35kV户内配电装置中多采用少油断路器。

六氟化硫断路器是利用SF_6气体作为灭弧介质和绝缘介质。SF_6气体是无色、无味、无毒且不易燃的惰性气体，它具有优良的灭弧性能和电绝缘性能。因此SF_6断路器的灭弧速度快，断流能力强，适于频繁操作，而且没有油断路器那种可能燃烧爆炸的危险。但是它的制造工艺要求较高，价格很贵，所以目前主要用在需频繁操作及有易燃易爆危险的场所。

真空断路器的触头装在真空灭弧室内，它利用真空灭弧原理来灭弧。真空断路器具有体积小、重量轻、动作快、寿命长、安全可靠和便于维修等优点，适于频繁操作。但其价格较贵。

下面着重介绍我国目前6～10kV系统中广泛应用的SN10—10型少油断路器、真空断路器及正在逐步推广使用的SF_6断路器。

（二）SN10—10型户内少油断路器

SN10—10型少油断路器是三相户内式高压断路器，广泛应用于发电厂和变电所中作为控制电路，也适用于操作频繁和切断电容器组的场合。SN10—10型少油断路器有系列产品SN10—10Ⅰ、Ⅱ、Ⅲ型（其中：S—少油；N—户内；10—设计序号；10—电压等级；Ⅰ、Ⅱ、Ⅲ—改型）。它们的基本结构相类似，均有框架、传动系统和箱体三部分组成，其中SN10—10Ⅲ型2000A和3000A断路器带有副筒，限于篇幅，下面以SN10—10Ⅱ型少油断路器为例简单介绍SN10—10型少油断路器的结构，如图7-1所示。

1. SN10—10型断路器基本结构

框架32由角钢和钢板焊接制成，在框架支座上每相装有两个支持瓷瓶30和轴承。在

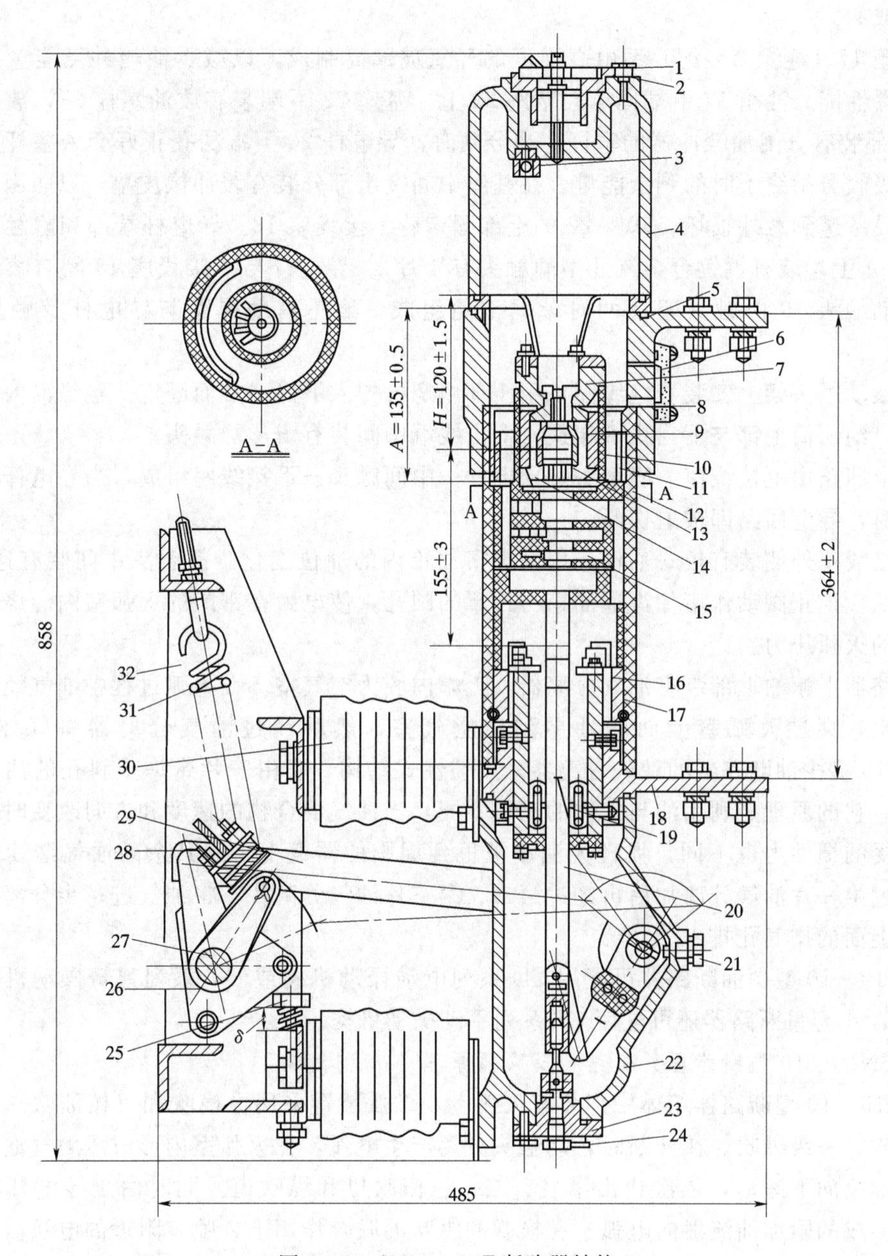

图 7-1　SN10—10Ⅱ断路器结构

1—排气孔盖；2—注油螺栓；3—回油阀；4—上帽装配；5—上接线座；6—油位指示计；7—静触座装配；8—逆止阀；9—弹簧片；10—绝缘套筒；11—上压环；12—绝缘环；13—触指；14—弧触指；15—灭弧室装配；16—下压环；17—绝缘筒装配；18—下接线座装配；19—滚动触头；20—导电杆装配；21—特殊螺栓；22—基座装配；23—油缓冲器；24—放油螺栓；25—合闸缓冲器；26—轴承座；27—主轴；28—分闸限位器；29—绝缘拉杆；30—支持绝缘子；31—分闸弹簧；32—框架装配

轴承上装有转轴 27。转轴 27 上焊有若干个拐臂，其中主拐臂通过绝缘拉杆 29 与基座 22 上拐臂相连，组成一个四连杆机构，另外一些拐臂与分闸弹簧 31 相连。基座 22 是由球墨铸铁制成的。

油箱 17（绝缘筒装配）系由高强度的环氧玻璃筒制成，以减少油箱外壳能量损耗和提高防爆性能。油箱 17 下端固定在基座 22 上，基座 22 下端装有放油螺栓 24，放油螺栓 24 的上部装有分闸油缓冲器的塞杆。当分闸时，导电杆 20 下端的孔正好套入塞杆起缓冲作用，吸收分闸终了时的剩余能量。在基座中间突出部分装有缓冲橡皮垫，以防因冲程过大而使设备遭到意外损坏。基座 22 的上部固定着下接线座 18。导电杆端部和静触头的耐弧触指 14 上均装有铜钨合金（Ⅱ型静触头有 4 片）。导电杆与下接线座 18 间有滚动触头 19，滚动触头 19 由触头架及两对紫铜滚轮组成。滚轮借助弹簧与导电杆及触头架紧密接触。

在滚动触头架上安装着绝缘筒，用压环由螺栓拧入下出线端而固定。绝缘筒内部装有灭弧室。绝缘筒上部与上出线端相连，上出线端中间装有瓣形静触头。

导电回路由上接线座—静触头—导电杆—中间触头—下接线座组成，当导电杆与静触头分开时，导电回路即被迫切断。

上接线座外侧装有板式油标，用来观察油箱内的油位变化。静触头中间装有逆止阀。分闸开始，逆止阀动作堵住沟通油箱与顶罩的圆孔，使电弧在密闭的灭弧室内燃烧，以保证足够的灭弧压力。

断路器上帽的上部装有油气分离器。上帽内腔为空气室。在灭弧过程中油气经吹弧道向外排出，穿过灭弧室上面的油层到达空气室，然后经过油气分离器将气体排出。SN10—10 型少油断路器的油气分离器采用惯性式结构，它由三片带许多斜孔的油气分离片组成。它的原理是利用油与气体的比重不同，当油气混合物的速度和方向改变时，油和气体所受的惯性力也不同，惯性大油滴被甩到周围的器壁上，而其余的油气继续向上运动。经过第一片油气分离片后再经过第二、第三片油气分离片，将油气进一步分离。最后气体经上面的排气孔排出。

SN10—10 型少油断路器可配用 CD 系列电动操动机构或 CT 系列弹簧操动机构，对 300MVA 小容量断路器还可配用 CS 系列手动操动机构。

2. SN10—10 型断路器灭弧结构及灭弧原理

SN10—10 型断路器箱体中部装有灭弧室，灭弧装置采用纵横吹和机械油吹，一般为三级横吹，一级纵吹。在开断时，动触头分离产生电弧，在灭弧室内形成压力气泡，随着动触头继续向下运动，依次让出第一、二、三横吹口和纵吹道，同时由于导电杆向下运动，所形成的附加油流射向电弧。在横吹和纵吹的联合作用下，喷口附近的电弧被强烈地冷却和去游离。当电流过零时，动、静触头之间的介质强度始终高于加在动、静触头之间的恢复电压，因而电弧被熄灭。

（三）真空断路器

真空断路器是指触头在高真空中开断电流并灭弧的断路器。它是 20 世纪 50 年代后期发展起来的一种断路器。自从第一台真空断路器出现以来，世界各国特别是发达国家都致力于真空断路器的研究。到目前真空断路器的研制和应用都达到了相当高的水平，成为中压领域应用较多的断路器之一。我国已能批量生产 10～35kV 电压等级的真空断路器。

1. 工作特点

(1) 灭弧室不需检修，电寿命长，适用于频繁操作。

(2) 真空灭弧室没有爆炸和火灾危险，开断可靠性高。

(3) 触头间开距短，分合时触头行程很小，对操动机构的操动功率要求较小，主要部件是真空灭弧室，所以断路器体积小，重量轻。

(4) 燃弧时间短，动作快，一般开断时间小于0.1s。

(5) 熄弧后触头间隙的破坏性放电电压恢复快，开断性能好。

但是真空断路器截流过电压高，需要采取限制电压的措施，如装设阻容吸收器、氧化锌避雷器等。

2. 基本结构

真空断路器是由真空灭弧室、操动机构、传动及支撑部分等组成。真空断路器的核心部件是真空灭弧室，真空灭弧室内的压力很低，空气非常稀薄，其真空保持在压力低于0.01 Pa。真空空间内的气体稀薄，分子的自由行程大，发生碰撞的几率小，因而真空的绝缘强度高。真空灭弧室内触头开断电流时产生的电弧主要是在金属蒸气中产生，金属蒸气又由触头最后分离的个别炽热点蒸发出来的。电弧产生以后，弧柱中的带电粒子很容易向周围空间扩散，去游离特别强烈，故真空的介质电强度恢复快，灭弧性能好，往往电流被强制减小到零。在电流未达自然过零时，电弧即已熄灭。

真空灭弧室的原理结构，见图7-2所示。由动触头4和静触头6等都密封在抽为真空的外壳3内，外壳3由玻璃或陶瓷做成的，现在大多数真空灭弧室的外壳都是用玻璃和氧化铝陶瓷做成的。不锈钢波纹管2的一端与外壳端面焊接；另一端与动触杆1焊接，在动触头运动时利用波纹管2的弹性保持灭弧室内的真空。包围触头的屏蔽罩5由铜板制成，其作用是防止触头间产生电弧时的金属蒸气等等附着并沉积在外壳的内表面而破坏外壳两端间的绝缘。

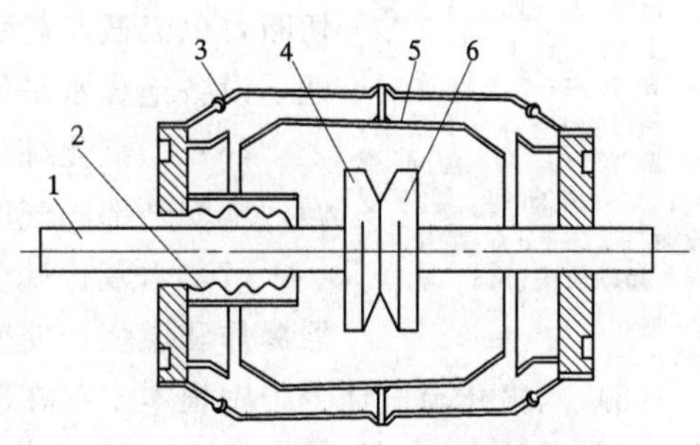

图7-2 真空灭弧室的原理结构图

1—动触杆；2—波纹管；3—外壳；4—动触头；5—屏蔽罩；6—静触头

现以ZW18—40.5/1250型户外真空断路器为例介绍其整体结构及操动机构。总体结构如图7-3所示，真空灭弧室2与上出线1连接，其动导电杆通过导电夹5和软连接6与下出线4连接，真空灭弧室密封于上下出线内。并充以7032电器绝缘脂作为外绝缘。

下瓷套固定在支撑底架12上，支撑底架固定在箱架15上，操动机构14固定在箱架内。

真空断路器可配电磁操动机构或弹簧操动机构及连杆，并装在机构箱内。该型真空断路器操动机构主轴，通过垂直拉杆13、传动轴11和绝缘拉杆将力传送给导电杆，以使开关合闸。操动机构主要由储能机构、锁定机构、分闸弹簧、开关主轴、缓冲器及控制装置等组成。

(四) SF_6 断路器

SF_6 断路器是指采用六氟化硫气体作为绝缘和灭弧介质的断路器。由于六氟化硫气体具有优良的绝缘性能和灭弧性能，无可燃、爆炸的特点，使其在高压和超高压断路器中获得广泛的应用。

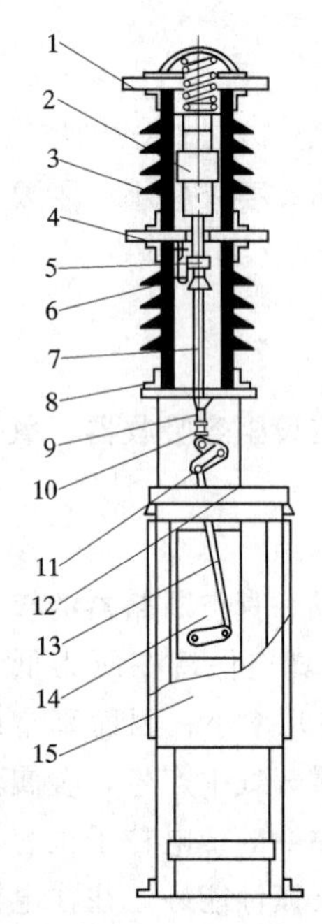

图 7-3　总体结构图

1—出线；2—真空灭弧室；3—上瓷套；4—下出线；5—导电夹；6—软连接；7—绝缘拉杆；8—下瓷套；9—调节杆；10—触头弹簧；11—传动轴；12—支撑底架；13—垂直拉杆；14—操动机构；15—箱架

1. 工作特点

SF_6 断路器具有如下特点：

（1）六氟化硫气体的良好绝缘性能，使 SF_6 断路器结构设计更为紧凑，电气距离小，单断口的电压可以做得很高，与少油和空气断路器比较，在相同额定电压等级下，SF_6 断路器所用的串联单元数少，节省占地，而且操作功率小，噪音小。

（2）六氟化硫气体的良好灭弧特性，使 SF_6 断路器触头间燃弧时间短，开断电流能力大，触头的烧损腐蚀小，触头可以在较高的温度下运行而不损坏。

（3）六氟化硫气体介质恢复速度特别快，因此开断近区故障的性能特别好，通常不加并联电阻就能够可靠地切除各种故障而不产生过电压。

（4）SF_6 断路器的带电部位及断口均被密封在金属容器内，金属外部接地，能更好地防止意外接触带电部位和防止外部物体侵入设备内部，设备可靠。

（5）六氟化硫气体在低压下使用时，能够保证电流在过零附近切断，电流截断趋势减至最小，避免截流而产生的操作过电压，降低了设备绝缘水平的要求，并在开断电容电流时不产生重燃。

（6）六氟化硫气体密封条件好，能够保持 SF_6 断路器内部干燥，不受外部潮气的影响。

（7）六氟化硫气体是不可燃的惰性气体，这可避免 SF_6 断路器爆炸和燃烧，使变电站的安全可靠性提高。

（8）六氟化硫气体分子中根本不存在碳，燃弧后，使 SF_6 断路器内没有碳的沉淀物，所以可以消除碳痕，使其允许开断的次数多，检修周期长。

2. 基本结构及工作原理

SF_6 断路器的基本结构与前述的其他断路器一样，由导电回路、灭弧装置、绝缘部件、操动机构和附属部件等五部分组成。其中灭弧装置由于灭弧介质不同，在结构上有其特点，与其他断路器比较有较大差异，而其余几个部分与其他断路器比较大致相类似。所以下面着重介绍 SF_6 断路器的灭弧装置。

（1）单压式灭弧室。所谓单压式断路器系指在断路器内 SF_6 气体只有一种较低的压力（0.3～0.5MPa），灭弧室的可动部分带有压气装置，靠分闸过程中活塞与气缸的相对运动造成短时气压升高而吹熄电弧。单压式灭弧室有定开距灭弧室和变开距灭弧室两种结构。

1）定开距灭弧室。如图 7-4 所示出了定开距灭弧室结构图。断路器的触头由两个带嘴的空心静触头 3、5 和动触头 2 组成。断路器的弧隙由两个静触头保持固定开距，故称为定开距灭弧室。在关合位置时，动触头 2 跨接于静触头 3、5 之间，构成电流通路。由绝缘材料制成的固定活塞 6 和与动触头 2 连成一体的压气罩 1 之间围成压气室 4。当分闸时动触头 2 连同压气罩 1 向右移动，压缩压气室内的 SF_6 气体。当喷口被打开后，形成气流吹弧。图中7为操动机构拉杆，驱动动触头2和压气罩1组成的可动部分运动。灭弧过程如下：

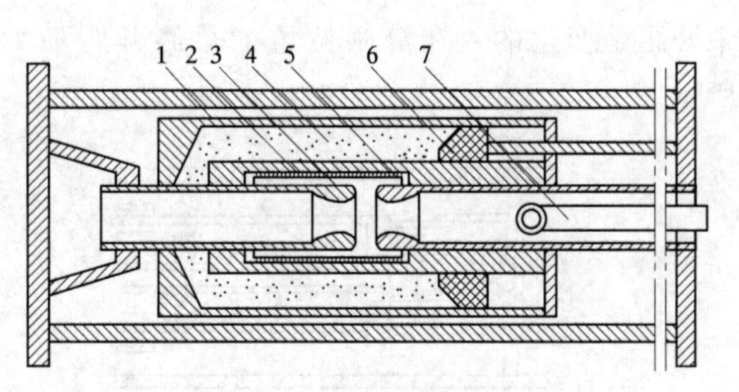

图 7-4 定开距灭弧室结构图

1—压气罩；2—动触头；3—静触头；4—压气室；5—静触头；6—固定活塞；7—拉杆

在图7-5（a）中，示出了断路器的合闸位置。当分闸时拉杆7驱动可动部分向右运动，此时压气室内 SF_6 气体被压缩，如图7-5（b）所示。当动触头2离开静触头3时，产生电弧。同时，原来由动触头2所封闭的压气室打开而产生气流，向喷口吹弧，如图7-5（c）所示。气流向静触头内孔对电弧进行纵吹，使电弧熄灭。熄弧后的开断位置如图7-5（d）所示。

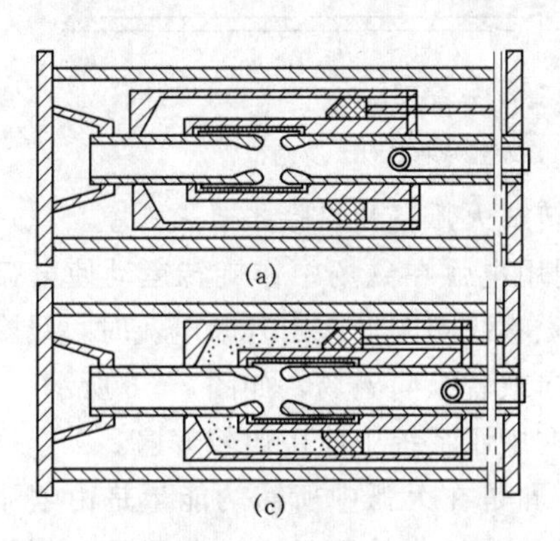
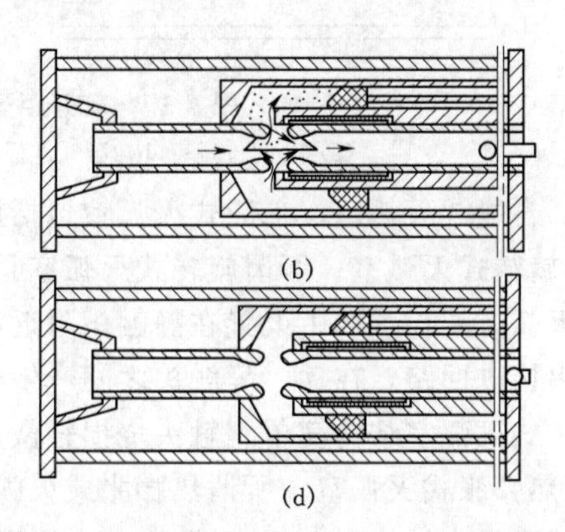

图 7-5 定开距灭弧室灭弧过程示意图

（a）合闸位置；（b）压气过程；（c）吹弧过程；（d）分闸位置

这种结构的特点是：触头开距小，触头从分离到熄弧位置的行程很短，电弧能量小，熄弧能力强，燃弧时间短。

2）变开距灭弧室。变开距灭弧室结构示于图7-6中，其灭弧过程如图7-7所示。由于灭弧过程中，触头的开距是变化的，故称变开距灭弧室。灭弧室结构与少油断路器的结构相似。触头系统有工作触头、弧触头和中间触头，而且工作触头和中间触头放在外侧，可改善散热条件，提高断路器的热稳定性。为了在分闸过程中压气室的气体集中向喷嘴吹弧，而合闸过程中不致在压气室形成真空，故设置逆止阀7。合闸时，逆止阀7打开，使压气室与活塞9的内腔相通，SF_6 气体从活塞小孔充入压气室8。分闸时，逆止阀7堵住小孔，让 SF_6 气体集中向喷嘴3吹弧。其灭弧过程可用图7-7说明如下：

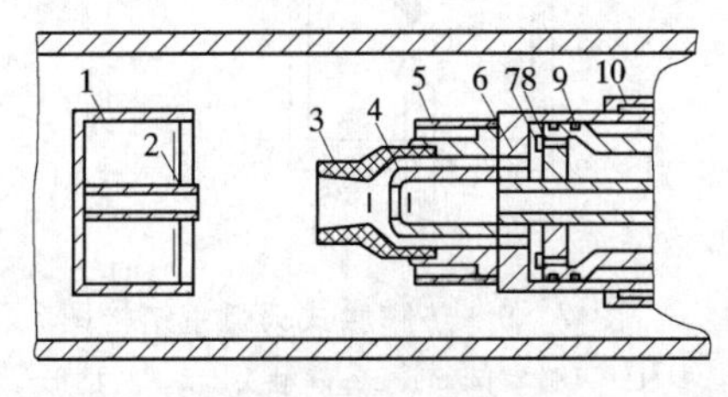

图 7-6 变开距灭弧室结构图

1—主静触头；2—弧静触头；3—喷嘴；4—弧动触头；5—主动触头；6—压气缸；7—逆止阀；8—压气室；9—固定活塞；10—中间触头

图7-7（a）为合闸位置。当分闸时，可动部分向右移动，压气室内的压力增高，如图7-7（b）所示。工作触头首先分离，待弧触头分离时产生电弧，并开始吹弧，如图7-7（c）所示。触头在分闸过程

中开距是变化的，在分闸位置的最终开距最大，因此断口耐电压较高，如图 7-7（d）所示。

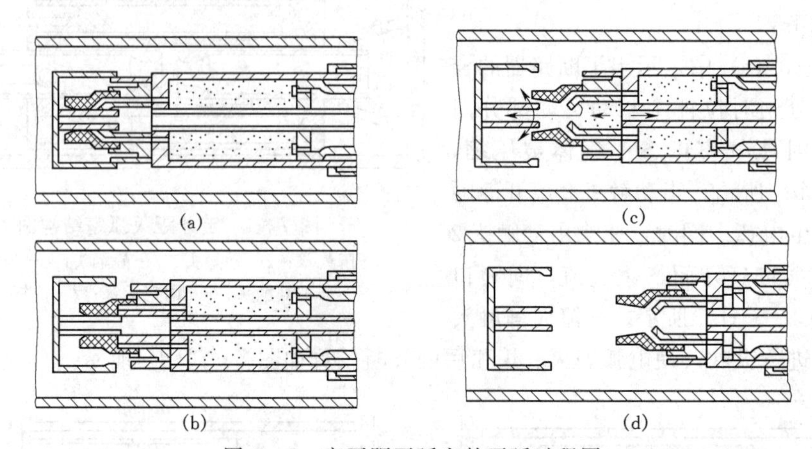

图 7-7　变开距灭弧室的灭弧过程图

（a）合闸位置；（b）压气过程；（c）吹弧过程；（d）分闸位置

（2）自能式灭弧室。自能式灭弧室包括旋转式灭弧室和热膨胀式灭弧室。

1）旋转式灭弧室。所谓旋转式灭弧室是利用电弧在磁场中作旋转运动使电弧冷却而熄灭的灭弧方式。磁场由设置在静触头附近的磁吹线圈产生。当开断电流时，线圈自动地被电弧串接进回路，在动、静触头之间产生横向或者纵向磁场，如图 7-8 所示。

旋转式灭弧室结构简单、触头烧损轻微，在中压系统中使用比较普遍。

2）热膨胀式灭弧室。所谓热膨胀式灭弧，即是在灭弧中所需的能量是由电弧本身来获得。其灭弧室结构如图 7-9 所示。由图可见，圆柱形的灭弧室被分成两个间隔，即密

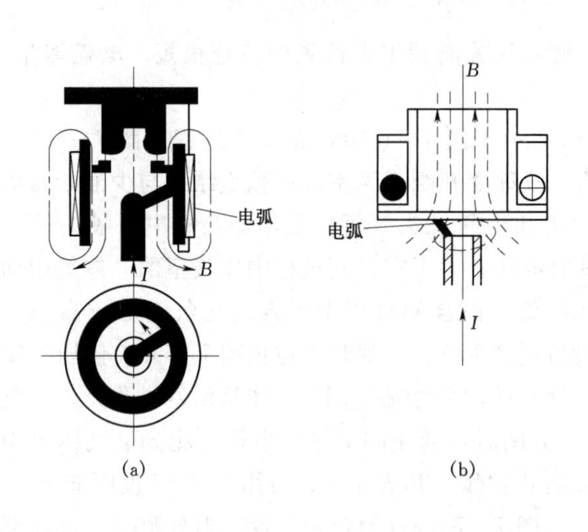

图 7-8　旋弧方式示意图

（a）横向旋弧；（b）纵向旋弧

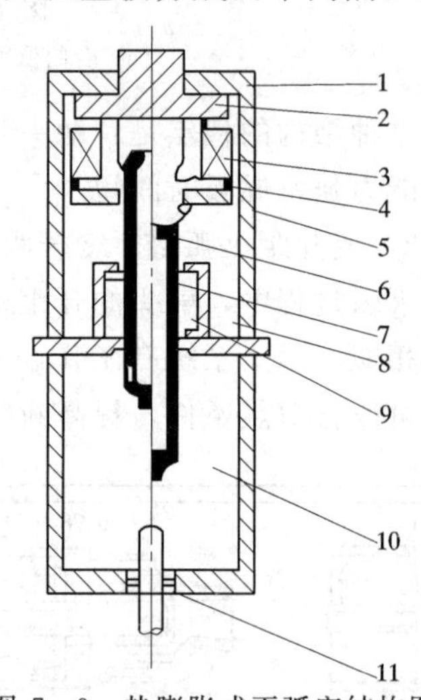

图 7-9　热膨胀式灭弧室结构图

1—灭弧室圆筒；2—静触头；3—圆柱形线圈；4—触指；5—环状电极；6—喷嘴；7—动触头；8—密闭的间隔；9—辅助吹气装置；10—排气间隔；11—对大气的密封中心线左边—断路器合闸；中心线右边—断路器分闸

封间隔 8 和比密封间隔大得多的排气间隔 10。在这两个间隔中都充有 SF_6 气体。当断路器处于合闸位置时，动触头 7 通过触指 4 连到静触头 2，如中心线左部所示。分闸时，电流通过线圈 3，如中心线右部所示。当动触头 7 拉动一定距离后，在环状电极 5 和动触头 7 之间产生电弧。旋弧线圈 3 产生与触头的同轴磁场，燃弧环 5 中的电弧垂直于旋弧线圈 3 的磁场，其间产生的电动力使电弧高速旋转，如此，把电弧在 SF_6 气体中拉长，旋转电弧不断接触新鲜的 SF_6 气体，释放热能，并将间隔 8 中的气体加热，产生一个比排气间隔中较高压力，当触头分开时，两个间隔经动触头 7 中的喷嘴 6 连通，此时，出现的气压差，被利用经过喷嘴形成纵向吹弧。在下一个电流过零点时，熄灭电弧。

无论旋转式灭弧还是热膨胀式灭弧。它们也都有各自的优缺点，因而往往将几种灭弧原理同时应用。

SF_6 断路器的操动机构有弹簧式和液压式两种。

下面以 LW16—35 型 SF_6 断路器介绍 SF_6 断路器的基本结构及工作原理，该断路器为瓷瓶支柱式结构，见 7－10 图所示，三极固定于一个公共底架上。每极由底箱、上下瓷套（及电流互感器）构成，上瓷套内设有灭弧室，承受断口电压，下瓷套承受对地电压，内绝缘介质为 SF_6 气体。

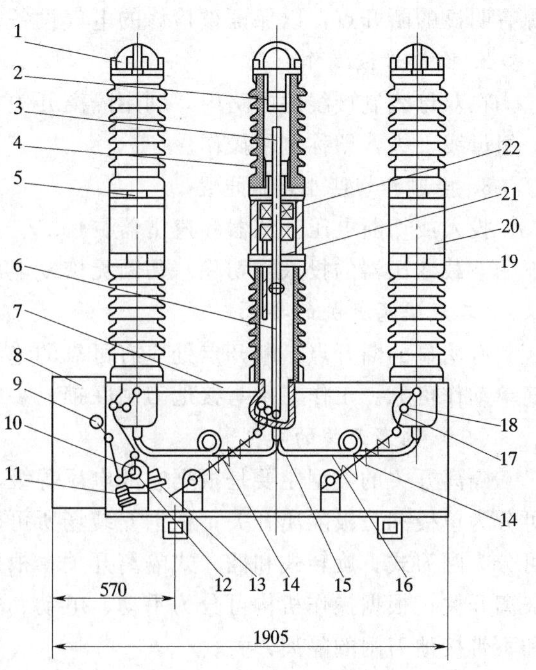

图 7－10　LW16—35 型 SF_6 断路器的结构图

1—上接线座；2—静触头；3—导电杆；4—导向件；5—上法兰盘；6—绝缘拉杆；7—连杆；8—弹簧机械；9—机械输出轴；10—拐臂；11—分闸缓冲器；12—过渡轴；13—合闸缓冲器；14—分闸弹簧；15—内拐臂；16—气管；17—外拐臂；18—转轴；19—下接线座；20—中间箱；21—中间触指；22—电流互感器

该断路器采用膨胀式灭弧原理，分闸时，动触头向下运动，动、静触头之间产生电弧，当静触头上的弧根转移到弧环上之后，旋弧线圈便串联到电路中产生磁场，使电弧旋转，均匀加热 SF_6 气体。气体压力升高，与喷口下端形成压差，产生强烈喷口气吹，在电流过零时，自然熄弧，其熄弧能力随开断电流而自动调节。当开断小电流时，动触头上的小活塞产生附加气流，进一步改善小电流灭弧性能。因此，无论开断大电流或小电流，开断感性小电流或容性小电流，均具有良好的性能。由于电流产生的磁场力使电弧不断的旋转，使触头和灭弧室的烧损均匀轻微。

断路器底架上装有真空压力表及密度继电器，通过铜管与三极相连，在充放气，抽真空及运行时，六氟化硫气体压力由真空压力表显示，密度继电器用于密封断路器内气压的自动监测，它能自动消除湿度对压力的影响，而只表现泄漏造成压力的降低。当压力降低至 0.55±0.015MPa（20℃表压）时，密度继电器的#1 触点动作，发出补气信号，当压力降低至 0.52±0.015MPa 时，密度继电器的#2 触点动作，发出闭锁信号，同时根据用户需要闭锁分闸或合闸回路。

该断路器配有 CT—10 型交直流两用弹簧操作机构。

二、高压隔离开关

隔离开关又名隔离闸刀，是高压开关的一种。因为它没有专门的灭弧装置，所以不能用来切断和接通负荷电流及短路电流，使用时应与断路器配合，只有在断路器断开后才能进行操作。

（一）隔离开关的用途

在电力系统中，隔离开关的主要用途是：

1. 隔离电源

用隔离开关将需要检修的电气设备与带电的电网可靠隔离，使被检修的电气设备与电源有明显的断开点，以保证被检修的电气设备安全地进行检修。

2. 倒换母线操作

在双母线制接线的电路中，利用隔离开关将电气设备或供电线路从一组母线切换到另一组母线上去，即称倒闸操作。

3. 接通和切断小电流电路

投入或切断电压互感器和避雷器。10kV、3150 kVA 及以下和 35kV、1000kVA 及以下的空载变压器的投入或切除。切断无恢复电压的环流，即利用隔离开关“解环”。

（二）隔离开关的要求

有明显的断开点。断开点处应有可靠的绝缘。具有足够的动稳定性和热稳定性。结构简单动作可靠。工作刀闸与接地刀闸联锁。

（三）隔离开关的类型

隔离开关的类型主要是根据它的电压等级、安装场所、极数和构造来区分。根据极数可分为单极和三极隔离开关；根据安装场所可分为户内和户外隔离开关；根据结构特点又可分为闸刀式、旋转式和插入式隔离开关；根据绝缘支柱可分为单柱式、双柱式和三柱式隔离开关；根据操作机构可分为手动、电动和气动式隔离开关。此外还可分为带接地刀闸和不带接地刀闸的隔离开关。

（四）隔离开关的型号

隔离开关的型号是由字母和数字两部分组成，表示如下：

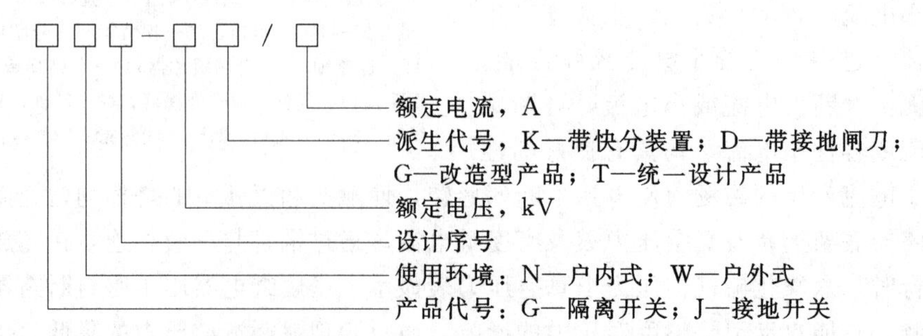

例如：GW5—110GD/600 型表示的是额定电流 600A，额定电压为 110kV，带有接地刀闸，改进型，设计序号为 5 的户外式隔离开关。

图 7-11 所示为户内式三相高压隔离开关结构图，由图可见它主要包括导电部分、绝缘部分和操动部分等。

三、高压熔断器

熔断器是一种应用广泛的保护电器。当通过的电流超过某一规定值时，熔断器的熔体熔化而切断电路。其功能主要是对电路及其设备进行短路保护，但有的也具有过负荷保护的功能。熔断器的主要优点是结构简单、体积小、价格便宜和维修方便。但其保护特性误差较大，可能造成非全相切断电路，而且一般一次性的，损坏后难以修复。

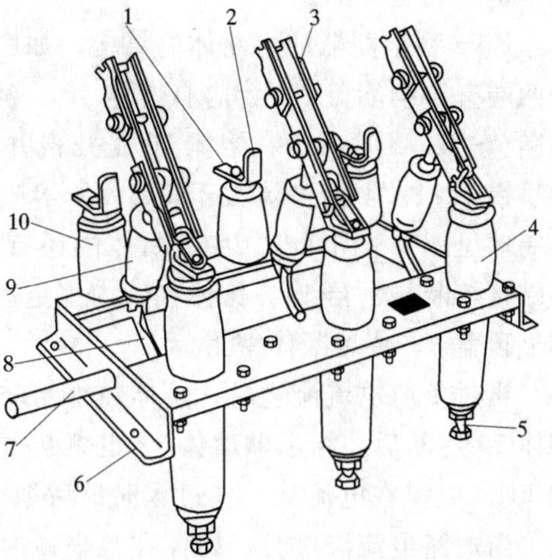

根据安装场所，熔断器分为户内式和户外式两种。

（一）户内高压熔断器

图 7-11 户内式三相高压隔离开关结构图

1—上接线端子；2—静触头；3—闸刀；4—套管绝缘子；5—下接线端子；6—框架；7—转轴；8—拐臂；9—升降绝缘子；10—支柱绝缘子

户内高压熔断器全为限流型，型号为 RN，其中 N 表示户内用。下面介绍 RN5 和 RN6 两种熔断器。RN5、RN6 熔断器的额定电压为 6kV 和 10kV，RN5 用于电力线路和变压器的保护，RN6 用于保护电压互感器。两种熔断器的外形尺寸不同，熔断体的额定电流也不同，RN5 熔断器的额定电流为 20～200A，RN6 熔断器的额定电流为 0.5A。图 7-12（a）为 RN5 和 RN6 型熔断器的外形图，熔断体 1 卡在静触头座 2 内，静触头座 2 和接线座 5 固定在支持绝缘子弹 3 上，绝缘

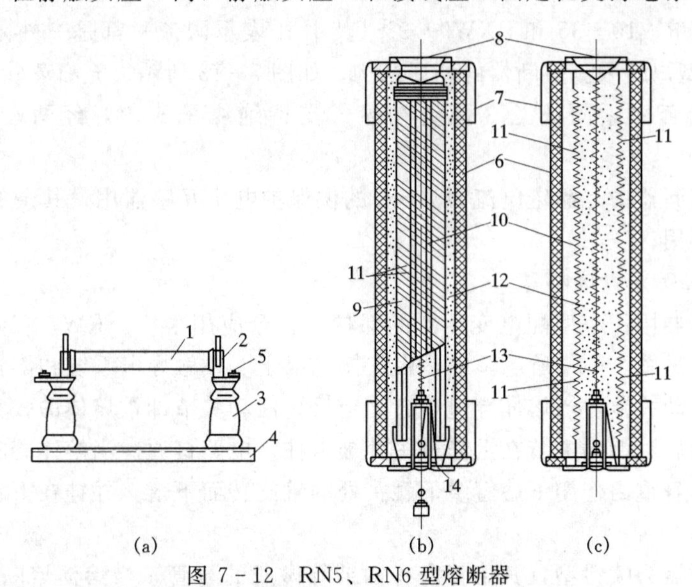

图 7-12 RN5、RN6 型熔断器

(a)RN5、RN6 熔断器的外形图；(b)、(c)RN5 型熔断器的熔断体的结构图

1—熔断体；2—静触头座；3—支持绝缘子；4—底座；5—接线座；6—瓷质熔管；7—黄铜端盖；8—顶盖；9—陶瓷芯；10—熔体；11—小锡球；12—石英砂；13—细钢丝；14—熔断指示器

子固定在底座 4 上。

RN5 型熔断器的熔断体的结构，如图 7－12（b）和（c）所示。熔断体的瓷质熔管 6 的两端有黄铜端盖 7，管内有熔体 10，额定电流小于 7.5A 的熔体绕在陶瓷芯 9 上固定，如图 7－12（b）所示。熔体 10 是几根并联的镀银铜丝，熔体 10 中间都焊有起冶金效应的小锡球 11。额定电流大于 7.5A 的熔体由两种不同直径的铜丝做成螺旋形，连接处焊上小锡球见图 7－12（c）。在熔断体内还有细钢丝 13 作为指示器熔体，它与熔体 10 并联，一端接熔断指示器 14。熔体在管内固定后，管中按一定的工艺要求填入石英砂 12，两端焊上顶盖 8，使熔断体密封。

当过负荷电流流过时，熔体在小锡球处熔断，产生电弧。电弧使熔体 10 沿全长熔断。熔体 10 熔断后，指示器熔体 13 也熔断，熔断指示器 14 被弹簧弹出，如图 7－12（b）中的 14′。电弧在电流某一次过零时最后熄灭。

当短路电流流过时，熔体在几毫秒内沿全长熔化和汽化，产生电弧，电弧在电流未达最大非对称短路电流前即在石英砂的强烈灭弧作用下熄灭，表现出很强的限流作用。

RN6 的熔体是一根有 3 种不同截面的康铜丝，绕在陶瓷芯上。熔断体无指示器，熔断体熔断后，根据接在电压互感器二次侧电路内的仪表指示判断。

限流熔断器在分断短路电流限流时要产生过电压，故工作电压必须和额定电压相符，不能用在比额定电压低的系统，例如 10kV 的限流熔断器不能用在 6kV 的系统，以免产生过电压使其他设备的绝缘损坏。

（二）户外高压熔断器

户外高压熔断器的型号为 RW，其中 W 表示户外。

1. 户外高压限流型熔断器

RW9—35、RW10—35 和 RXW9—35（其中 X 表示限流）都是户外限流型高压熔断器。RW9—35 型户外限流熔断器的外形结构，如图 7－13 所示。充石英砂的熔断体 1，装于瓷套 2 中，瓷套由紧固法兰 3 固定在棒式支持绝缘子 4 上，经两端的接线帽 5 接入电路。

上述 3 种熔断器中，额定电流为 0.5A 的供保护电压互感器用，其余的供保护电力线路和小型变压器用。

2. 户外高压跌落式熔断器

跌落式熔断器用作小型配电变压器的保护，至今应用很广。RW7—10 型跌落式熔断器的外形结构，见图 7－14 所示。它是由支持绝缘子、接触导电系统和熔管等组成。在熔管的两端都有活动关节，当熔体穿过熔管固定后，活动关节即被熔体的张力所固定，不能转动。熔管合闸后，活动关节在上静触头处被卡住，电路接通。当熔体熔断后，活动关节释放，在熔管自身重力作用下熔管绕下触头处的轴旋转而下落，并挂在下触头处，故叫做跌落式熔断器。

跌落式熔断器为喷泄型，其熔管内有钢纸等做成的衬管。当熔体熔断后，产生电弧；在电弧的热作用下，衬管产生大量的气体，使管内压力升高，气体从熔管的一端（小电流时）或两端（大电流时）喷出；当电流某次过零后，弧隙的破坏性放电电压高于恢复电压，电弧不再重燃。

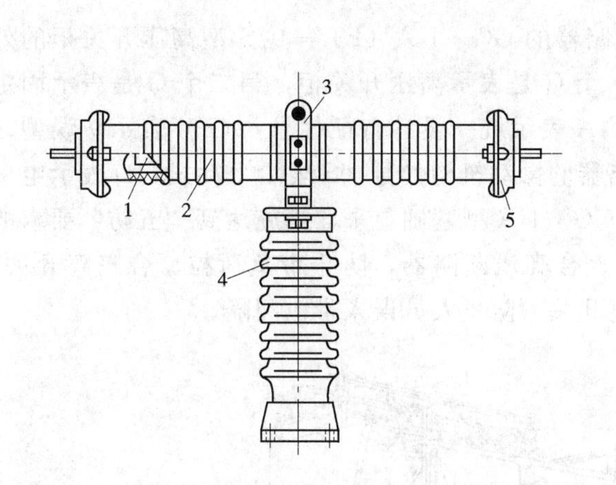

图 7-13　RW9—35 型户外限流熔断器的外形构造图
1—熔断体；2—瓷套；3—紧固件；
4—支持绝缘子；5—接线帽

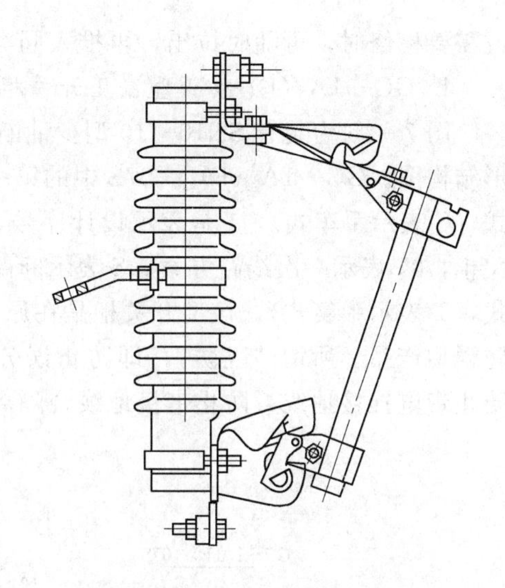

图 7-14　RW7—10 型跌落式
熔断器的外形结构图

喷泄型熔断器主要依靠电弧使衬管汽化后的高压气体、连同已游离的粒子吹出以灭弧。当熔体被某一小电流熔断后，产生的气压低到可能不能将电弧吹灭，故喷泄型熔断器的开断能力有一下限。当过大的电流流过时，电弧能量过大，产生的气压太高，可能使熔管产生机械损坏，导致其他设备损坏，故开断能力又有一上限。因此，喷泄型熔断器只能可靠地开断其上限与下限开断能力之间的电流。

RW7—10 型跌落式熔断器的额定电压 U_N 为 10kV、额定电流 I_N 为 50A 的上限和下限开断能力分别为 4.3kA 和 0.58kA，I_N 为 100、200A 的开断能力上限和下限均分别为 5.77kA 和 1.73kA。

跌落式熔断器还有 RW3—10（G）、RW4—10（G）、RW5—35 和防污型的 RWll—10 等型号。

第二节　高压成套配电装置

一、概述

高压成套配电装置是按照一定的线路方案将有关一、二次设备组装为一体的配电装置，用于高压系统中作为受电或配电的控制、保护和监察测量。

二、高压成套配电装置的种类

高压成套配电装置分为高压开关柜和 SF_6 全封闭组合器两类。后者目前电压级别较高，使用较少。高压开关柜有固定式和手车式两大类型。固定式高压开关柜中的所有电器元件都是固定安装的。手车式高压开关柜中的某些主要电器元件如高压断路器、电压互感器和避雷器等，是安装在可移开的手车上面的，因此手车式又叫移开式。固定式开关柜较为简单经济，而手车式开关柜则可大大提高供电可靠性。当断路器这些主要设备发生故障或需要检修时，可随时拉出，再推入同类备用手车，即可恢复供电。

1. GG—1A（F）防误型高压开关柜

图 7-15 为装有 SN10—10 型少油断路器的 GG—1 A（F）—07S 型高压开关柜的外形结构图。GG—1A（F）—07S 中的第一个 G 是表示高压开关柜，第二个 G 是表示固定式（C 表示手车式），1 是表示设计序号，A 表示统一设计特征代号，（F）表示防误型开关柜，07 表示一次线路方案，S 表示断路器的操动机构代号（S 表示手动式，D 表示电磁式，T 表示弹簧式）。该型开关柜是在原 GG—1 A 型基础上采取措施达到“五防”要求的防误型产品。所谓“五防”，即防止误分、合高压断路器，防止带负荷拉、合隔离开关，防止带电挂接地线，防止带接地线合隔离开关，防止人员误入带电间隔。

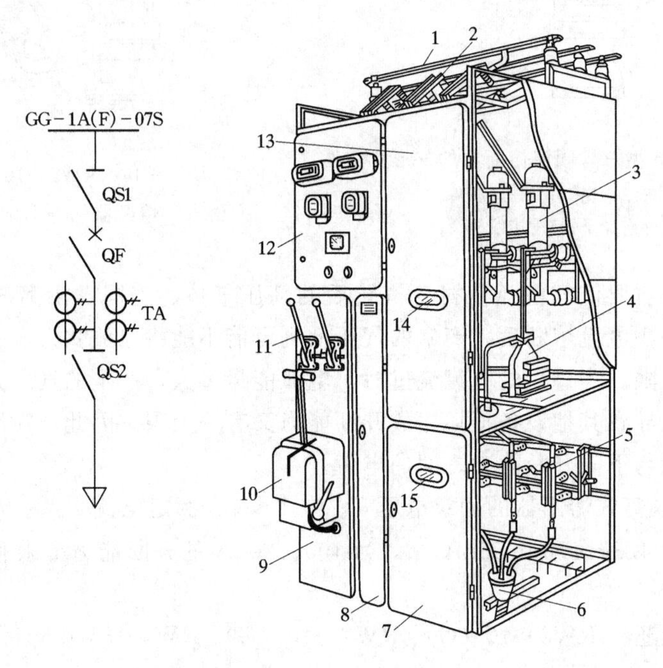

图 7-15　GG—1A（F）—07S 型高压开关柜

1—母线；2—母线侧隔离开关（QS1，GN8－10 型）；3 一少油断路器（QF，SN10—10 型）；4—电流互感器（TA，LQJ—10 型）；5—线路侧隔离开关（QS2，GN6—10 型）；6—电缆头；7—下检修门；8—端子箱门；9—操作板；10—断路器的手动操动机构（CS2 型）；11—隔离开关操作手柄（CS6 型）；12—仪表继电器屏；13—上检修门；14、15—观察窗孔

2. JYN1—35 型手车式高压开关柜

JYN1—35 型开关柜属于间隔式开关设备，由主柜体与手车两大部分组成，故一般称为手车式开关柜。其型号含义为 J 表示间隔式开关设备，Y 表示移开式（指手车），N 表示户内型，1 表示设计序号，35 表示额定电压 35kV。JYN1—35 型开关柜的结构图，如图 7-16 所示。

JYN1—35 型开关柜的柜体由角钢及钢板弯制而成。柜体的正面有二次设备和仪表（如仪表、继电器等）室门 3、端子室门 8 和手车室门 9。开关柜的内部由钢板与绝缘板分隔成手车室 15、主母线室 16、下隔离插头室 20、进（出）线及电缆头室 19、二次设备、继电器及小母线室 11、端子室 13、二次电缆通道 10 和油断路器灭弧时喷出气体的排气通道 12 等部分。电缆头室 19 为附属柜，只有进（出）线柜才有，且若为电缆头出线时，该附属柜只有开关柜高的 1/3。

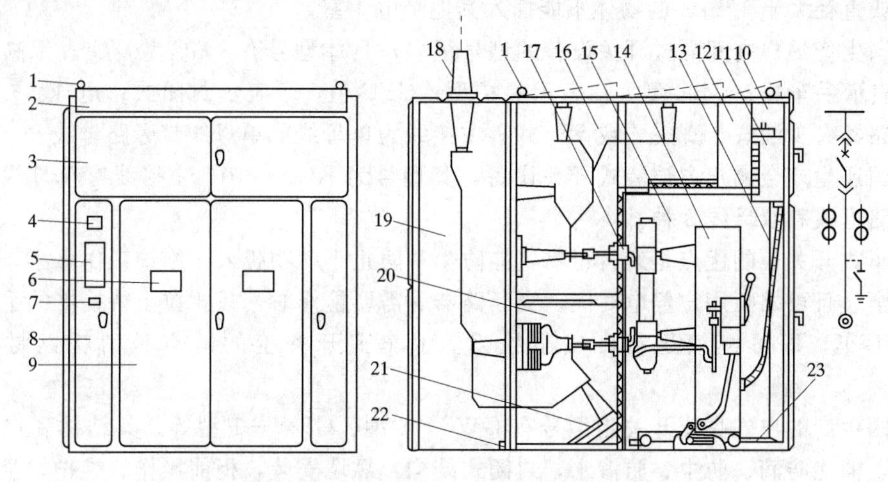

图 7-16　JYN1—35 型开关柜的结构图

1—起吊环；2—盖板；3—二次设备和仪表室门；4—铭牌；5—主接线标志；6—观察窗；7—带电指示器；8—端子室门；9—手车室门；10—二次控制电缆通道；11—二次设备、继电器及小母线室；12—排气通道；13—二次端子室；14—断路器手车；15—手车室；16—主母线室；17—绝缘活门；18—穿墙套管；19—进（出）线及电缆头室；20—下隔离触头室；21—接地刀闸；22—接地母线；23—接地及手车导正装置

手车由手力推动进、出主柜的手车室。手车分为断路器手车、避雷器手车、隔离手车、“Y”型接线电压互感器手车、“V”形接线电压互感器手车、单相电压互感器手车和所用变压器手车等 7 种。不同类型的手车与主柜之间不能互换。手车上所装主要的开关电器为 SN10—35 型少油断路器或熔断器。在所用变压器手车上装有变压器以及相应的 35kV 熔断器、避雷器和多路出线的低压断路器、接触器和熔断器等电器。在手车室后壁的绝缘板上，上、下各开有 3 个孔，装有绝缘活门 17。当手车推入手车室内，活门自动打开，手车电器上的触头与母线室内的上触头和下隔离触头室内的下触头同时插接。该触头就是断路器两端的隔离开关，故称为隔离触头。

断路器等手车在手车室内有 2 个固定位置，即工作位置和试验位置。图 7-16 所示的为工作位置。手车在试验位置时，隔离动触头在绝缘活门外，主电路不通，这时可对手车上的电器进行试验。

手车与柜体之间的辅助回路连接线是通过装于手车上的插座与装于柜体上的二次线插头来实现的。手车推至“试验位置”时，必须插入二次线插头后，方可进入工作位置；手车在工作位置时，插头不能拔出。手车从工作位置退至试验位置后，拔出二次插头，手车方可继续拉到开关柜外。

开关柜内部有各种机械连锁装置，柜与柜之间也能实现电气连锁，因而具有“五防”功能。断路器手车只有在“工作”和“试验”两个固定位置时，断路器才能关合；在其他位置时则不能关合；断路器在拉离工作位置时，只有分闸后，手车才能移动，当手车处于试验位置与工作位置之间，接地隔离开关21不能推合，只有手车拉至试验位置及拉出柜外时，接地隔离开关方可操作。反之，当接地隔离开关处于合闸状态，断路器手车也不能从试验位置推至工作位置；手车室与其他一次带电的小室之间，具有IP2 X的防护等级，即手指或直径大于12mm的物体不能插入其他带电小室。

我国生产的户内间隔式开关设备的型号很多，具体型号有：GC型，G表示高压开关柜，C表示手车式；GBC型，B表示保护型；GFC型，F表示封闭式；电压3～35kV，所装断路器有少油式、真空式或SF_6式；主接线为单母线或单母线带旁路母线。

我国还生产金属户内铠装式开关设备，其型号为KGN—10，主接线有单母线、单母线带旁路母线和双母线3种。

手车式开关柜的优点是运行可靠，能防尘和防止小动物爬入，维护工作量小，检修方便、安全，且可缩短用户停电时间。当断路器等需要检修时，只要拉出待检修的手车，推入备用手车，即可继续运行和安全检修。手车式开关柜的缺点是消耗钢材多、价格昂贵。

我国生产的户外高压开关柜型号有GWC—3型、GFW—1型等。其结构和户内的大致相同，但能防滴、防尘、防渗水，封闭式结构，靠墙安装，柜前操作、维护，全部为电缆进出线，柜下应有电缆沟，可用于矿山、井下或一般工厂变电所。

第三节　低压成套配电装置

一、概述

低压成套配电装置是使用量极大、使用面极宽的设备。属于这一类的设备有：低压配电屏、动力配电箱、照明配电箱等。下面着重介绍低压配电屏。

二、低压配电屏

低压配电屏又叫低压配电柜，它是将低压电路所需的开关设备、测量仪表、保护装置和辅助设备等，按一定的接线方案安装在金属柜内构成的一种组合式电力设备，用以进行控制、保护、计量、分配和监视等。适用于发电厂、变电所、厂矿企业等，其额定工作电压一般为380 V，额定工作电流可达4000 A。

我国生产的低压配电柜有固定式和抽屉式两大类。

1. PGL型低压配电柜

PGL型低压配电柜的外形结构图如图7－17所示。PGL1型的分断能力为15 kA，PGL2型的分断能力为30 kA，其结构特点如下：

(1) 采用型钢和薄钢板焊接结构，可前后开

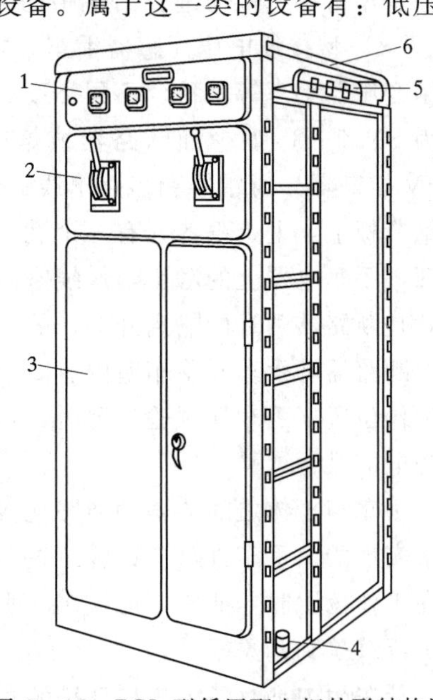

图7－17　PGL型低压配电柜外形结构图
1—仪表板；2—操作板；3—检修门；4—中性母线绝缘子；5—母线绝缘框；6—母线防护罩

启，双面进行维护和检修。柜前有门，上方为仪表板，是一可开启的小门，装设指示仪表。

(2) 组合柜的柜间加有钢制的隔板，可限制事故的扩大。

(3) 主母线的电流有 1kA 和 1.5kA 两种规格，主母线安装于柜后的柜体骨架上方，设有母线防护罩，以防止上方坠落物件而造成主母线短路事故。

(4) 柜内外均涂有防护漆层，始端柜与终端柜均装有防护侧板。

(5) 中性母线装置于柜的下方绝缘子上。

(6) 主接地点焊接在下方的骨架上，仪表门有接地点与壳体相连，构成了完整、良好的接地保护电路。

2. GCK、GCL 系列低压抽屉式开关柜

该系列开关柜适用于三相交流 50、60Hz，额定电压 380、660 V，额定电流 4000 A 及以下的三相四线制及三相五线制电力系统，作为接受电能和分配电能之用。广泛应用于发电厂、变电所、厂矿企业和高层建筑的动力配电中心 PC 和电动机控制中心 MCC。其结构特点如下：

(1) 基本柜架采用拼装组合式结构，采用型钢由螺栓互相紧固连接成基本柜架，再按方案变化的需要加上相应的门、封板、隔板、安装支架以及母线、功能单元等零件组合成一面完整的开关柜。

(2) 开关柜柜内结构件都经过镀锌处理，并实行模数化安装（模数 E＝20mm），开关柜板面采用优质冷轧钢板经数控机床加工成型，表面经过酸洗、磷化处理后静电喷塑，抗磨耐腐，既有牢固的机械强度，又有可靠的接地保护连续性。

(3) 开关柜隔室分为功能单元室、母线室、电缆室，各单元的功能作用相对独立且区域之间由连续接地的金属板严格分隔，保证使用安全且防止事故蔓延。

(4) MCC 柜抽屉有 200、300、400、600mm 和 200/2mm 五种规格。抽屉具有联结位置、试验位置和分离位置。各抽屉与开关设有机械联锁装置；当开关处于分断时，抽屉才能抽出或插入；当开关处于合闸时，抽屉不能抽出或插入。为防止未经允许的操作，操作机构能使挂锁将开关锁定在分断位置上。

(5) 同规格的功能单元抽屉可以方便地实现互换，每一个功能单元抽屉对应有 20 对辅助接点，能满足异地操作控制、电能计量和计算机接口的自动化监测系统的需要。

(6) 外壳防护等级为 IP30、IP40。

三、照明配电箱

照明配电箱是将电能分配到若干条照明线路上去的控制和保护装置。在一般场所，配电箱内可装双极瓷底座胶盖刀开关或双极瓷闸盒作总开关和总保护，分路的相线（火线）上装瓷熔断器作分路保护。在供电要求比较高的场所，可装设 DZ 型（DZL 型）双极或单极低压断路器，以作总保护或分路保护。

照明配电箱种类很多，老产品有 XM—4 型及 XM—7 型，新产品有 XXM—1N、XRM—1N、XXM2、XRM2 型等。这里仅介绍 XXM—1N、XRM—1N 型照明配电箱。

1. 型号说明

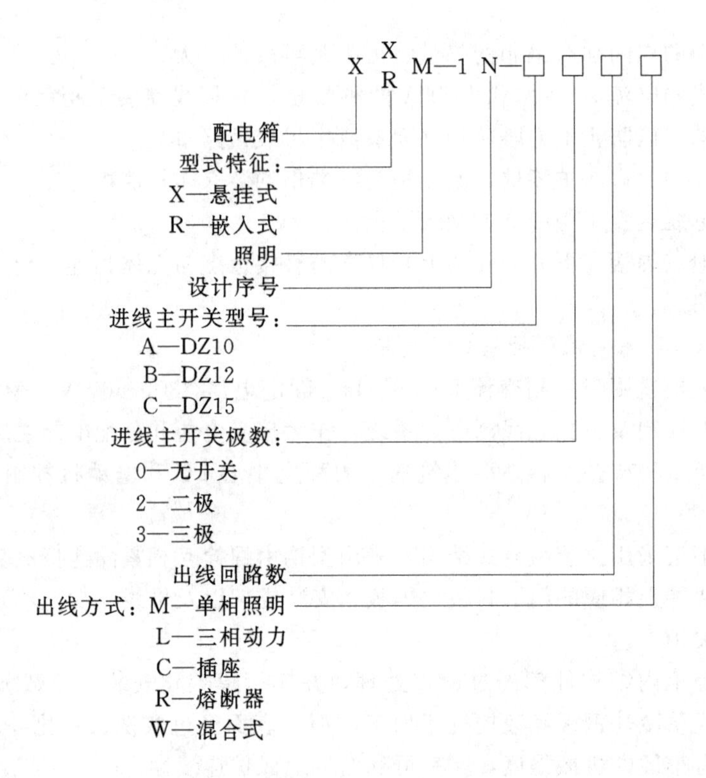

2. 使用范围

XXM—1N、XRM—1N 型组合式照明配电箱适用于泵站、工厂企业及民用建筑，交流频率 50Hz，电压 380V 三相系统，作为三相四线、三相五线和单相三线照明配电或动力配电之用。箱内装 DZ12、DZ15 型和 DZ10 型低压断路器作线路的过负荷和短路保护。也可装塑壳熔断器作出线回路的短路保护。

3. 结构

XXM—1N、XRM—1N 型照明配电箱分悬挂式和嵌入式两种。按结构形式可分，有门有锁和无门无锁两类。主要部件为门、面板、箱体、支架、母线及低压断路器或熔断器、插座。箱面板中间装有塑料盘，低压断路器或熔断器手柄外露、带电及其他部分有遮盖，打开门可操作低压断路器或插拔熔断器，进线电源开关通断有指示灯显示。

低压断路器安装形式分插入式和固定式。单相、三相低压断路器可任意组合。熔断器和插座等均采用专用底板安装。

母线固定在绝缘件上，与低压断路器的连线用小母排，都为铜质镀锡导体，接触良好。除相线母排外，尚有接零线和接地排。

四、动力配电箱

在用电负荷较大时，常采用成套配电箱进行供电。成套配电箱由开关厂制造，用户可根据提供的几种方案进行选用。成套动力配电箱系列很多。这里只介绍 XL（F）—31 型动力配电箱。

1. 型号说明

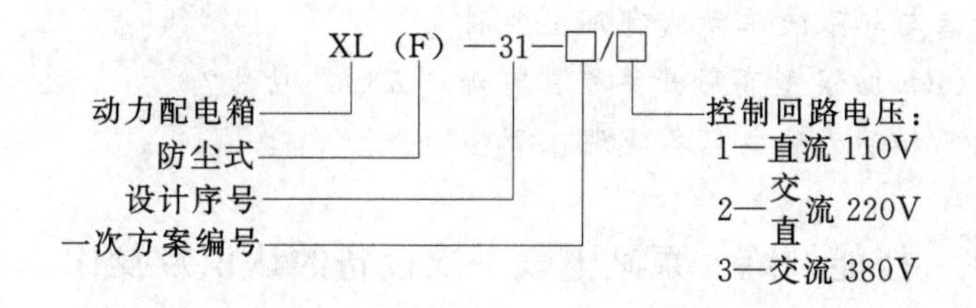

2. 使用范围

XL（F）—31 型动力配电箱适用于泵站及工厂企业，交流频率 50Hz，电压 380V 及以下三相电力系统，作动力配电及低压鼠笼型或绕线型电动机、磁选设备的控制之用。

3. 结构

XL（F）—31 型动力配电箱系户内装置，有封闭式和防尘式两种。外壳用薄钢板弯制焊接而成，可单独使用，亦可组合使用。箱的前部有向左开启的门，门上可装设电流表、电压表、按钮、信号灯等。打开前部摇门，箱内电器全部敞露。箱内主要设备有低压断路器、刀开关、磁力起动器、交流接触器、电流互感器及频敏变阻器等。

本产品的电动机起动一次线路方案可为直接起动或频敏变阻器起动。电动机短路保护采用 DZ4 型和 DZ10 型低压断路器，过负荷保护采用有温度补偿的 JR15 型热继电器，失压保护由接触器自身脱扣。

小 结

1. 高压断路器按其采用的灭弧介质分，有油断路器、六氟化硫断路器、真空断路器等类型。

2. 隔离开关又名隔离闸刀，是高压开关的一种。因为它没有专门的灭弧装置，所以不能用来切断和接通负荷电流及短路电流。

3. 熔断器是一种应用广泛的保护电器。当通过的电流超过某一规定值时，熔断器的熔体熔化而切断电路。

4. 高压成套配电装置是按照一定的线路方案将有关一、二次设备组装为一体的配电装置，用于高压系统中作为受电或配电的控制、保护和监察测量。

5. 低压配电屏又叫低压配电柜，它是将低压电路所需的开关设备、测量仪表、保护装置和辅助设备等，按一定的接线方案安装在金属柜内构成的一种组合式电力设备，用以进行控制、保护、计量、分配和监视等。

6. 照明配电箱是将电能分配到若干条照明线路上去的控制和保护装置。

习 题

1. 断路器的功能有哪些？按灭弧介质可分成哪几类？

2. 真空断路器的工作特点有哪些？

3. SF_6 断路器具有哪些工作特点？

4. 隔离开关有哪些功能？它与断路器的功能有哪些区别？

5. 限流熔断器与非限流熔断器有哪些区别？

6. GG—1A（F）防误型高压开关柜具有哪“五防”功能？

7. 照明配电箱和动力配电箱各使用在哪些场合？

技能训练　泵站电气一次设备的认识及操作

一、实训目的

（1）通过对各种常用的高、低压电器的观察研究，了解它们的基本结构、工作原理、使用方法及主要技术性能等。

（2）通过对有关高压开关柜、低压配电屏的观察研究，了解它们的基本结构、主接线方案、主要设备的布置及开关的操作方法等。

（3）通过拆装少油断路器，进一步了解其内部结构和工作原理，着重了解其灭弧室结构和灭弧工作原理。

（4）通过对低压断路器的认识，进一步了解低压断路器的结构和特点。

二、实训设备

有供实训观察研究的各种常用的高压电器（包括高压 RN5、RN6 型熔断器、RW 型跌落式熔断器、高压隔离开关、高压负荷开关、高压断路器及各型操动机构）和高压开关柜（固定式、手车式），并有供拆装调整的未装油的高压少油断路器。

有供实验观察研究的各种常用低压电器（包括各型低压熔断器、刀开关、刀熔开关、负荷开关、低压断路器）和低压配电屏（固定式、抽屉式）。

三、一次设备的观察研究

（1）观察各种高、低压熔断器（包括跌落式熔断器）的结构，了解其工作原理、保护性能和使用方法。

（2）观察各种高、低压开关（包括隔离开关、负荷开关和断路器）及其操动机构的结构，了解其工作原理、性能和使用操作要求。

（3）观察高、低压开关柜的结构，了解其主接线方案和主要设备布置，并通过实际操作，了解其运行操作方法。对“防误型”开关柜，了解其如何实现“五防”要求。

四、高压少油断路器的拆装和调整

（1）观察高压少油断路器的外形结构，记录其铭牌型号和规格。

（2）拆开断路器的油筒，拆出其中的导电杆动触头与固定插座（静触头）和灭弧室等，了解它们的结构和装配关系，着重了解其灭弧工作原理。

（3）组装复原断路器，并进行三相合闸同时性的检查。试验电路如图 7－18 所示。检查时缓慢地用手操动合闸，观察灯是否同时亮。如合闸时

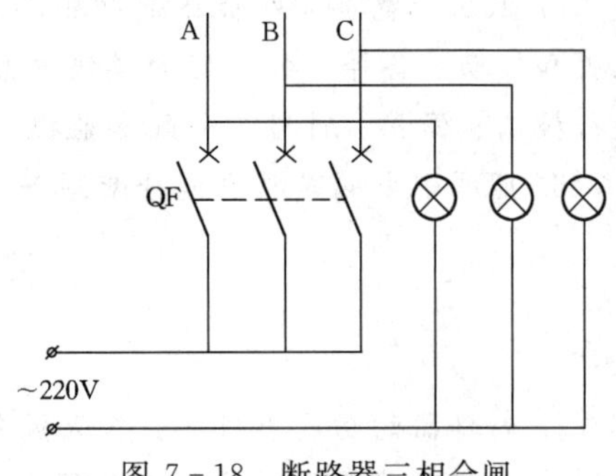

图 7－18　断路器三相合闸同时性试验电路

三灯同时亮，说明三相触头是同时接通的。如三灯不同时亮，则应调节动静触头的相对位置，直到三相触头基本上同时接触即三灯差不多同时亮为止。

五、写出实训报告并进行讨论

（1）高压隔离开关、高压负荷开关和高压断路器在结构、性能和操作要求方面各有何特点?

（2）为什么要进行高压断路器三相合闸同时性的检查和调整?

（3）DZ、DW 型断路器各有哪些脱扣器?

（注：如限于实训设备条件无法开设本实训时，可通过实物教学、录像教学或现场参观等方式予以弥补。）

第八章　供电与安全用电

第一节　交流电网和电力设备的额定电压

我国规定的三相交流电网和电力设备的额定电压，见表8-1。下面对表8-1作一些说明。

表8-1　　　　我国三相交流电网和电力设备的额定电压

分类	电网和用电设备额定电压（kV）	发电机额定电压（kV）	电力变压器额定电压（kV）	
			一次绕组	二次绕组
低压	0.38	0.4	0.38	0.4
	0.66	0.69	0.66	0.69
高压	3	3.15	3，3.15	3.15，3.3
	6	6.3	6，6.3	6.3，6.6
	10	10.5	10，10.5	10.5，11
	—	13.8，15.75，18，20，22，24，26	13.8，15.75，18，20，22，24，26	—
	35	—	35	38.5
	66	—	66	72.5
	110	—	110	121
	220	—	220	242
	330	—	330	363
	500	—	500	550

一、电网（电力线路）的额定电压

电网的额定电压等级是国家根据国民经济发展的需要及电力工业的水平，经全面的技术经济分析后确定的。它是确定各类电力设备额定电压的基本依据。表8-1中电网额定电压是根据GB 156—93《标准电压》所规定的。

二、用电设备的额定电压

由于用电设备运行时要在线路中产生电压损耗，因而造成线路上各点的电压略有不同，如图8-1的虚线所示。但是成批生产的用电设备，其额定电压不可能按使用地点的实际电压来制造，而只能按线路首端与末端的平均电压即电网的额定电压U_N来制造。所以用电设备的额定电压规定与电网的额定电压相同。

三、发电机的额定电压

由于同一电压的线路一般允许的电压偏差是±5%，即整个线路允许有10%的电压损耗，因此为了维持线路首端与末端的平均电压在额定值，线路首端电压应较电网额定电压高5%，如图8-1所示。而发电机是接在线路首端的，所以规定发电机额定电压高于所供电网额定电压5%。表8-1中的发电机额定电压也是GB156—93所规定的。

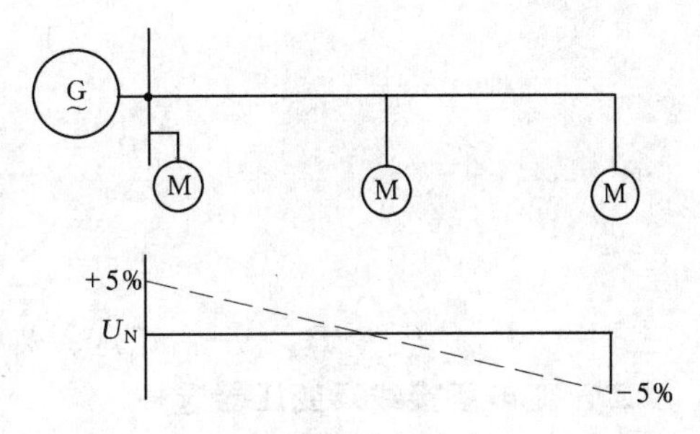

图8-1 用电设备和发电机的额定电压

四、电力变压器的额定电压

(1) 电力变压器一次绕组的额定电压。如变压器直接与发电机相连，如图8-2中的变压器T1，则其一次绕组额定电压应与发电机额定电压相同，即高于电网额定电压5%。

如变压器不与发电机直接相连。而是连接在线路的其他部位，则应将变压器看作是线路上的用电设备。因此变压器的一次绕组额定电压应与电网额定电压相同，如图8-2中的变压器T2。

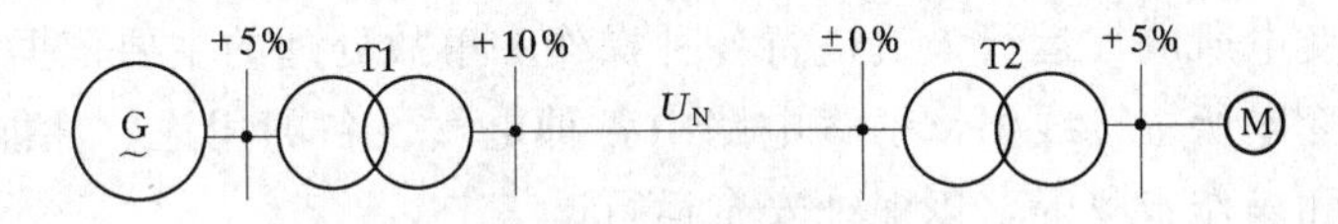

图8-2 电力变压器的额定电压

(2) 电力变压器二次绕组的额定电压。必须首先明白，变压器二次绕组的额定电压是指变压器一次绕组加上额定电压时的二次绕组的开路电压（空载电压）。而变压器在满载运行时，其绕组内大约有5%的阻抗电压降。因此分两种情况讨论：如果变压器二次侧的供电线路较长（如为较大容量的高压电网）。则变压器二次绕组额定电压一方面要考虑补偿绕组本身5%的电压降，另一方面还要考虑变压器满载时输出的二次电压仍要高于二次侧电网额定电压5%（因变压器处在其二次侧线路的首端），所以这种情况的变压器二次绕组额定电压应高于二次侧电网额定电压10%，如图8-2中变压器T1。

如果变压器二次侧的供电线路不长（如为低压电网，或直接供电给高低压用电设备的线路），则变压器二次绕组的额定电压，只需高于二次侧电网额定电压5%，仅考虑补偿变压器满载时绕组本身5%的电压降，如图8-2中变压器T2。

第二节 施 工 供 电

一、施工用电负荷计算

在进行负荷计算时，应将不同工作制的用电设备按其额定容量统一换算为计算容量。

1. 长期工作制设备计算容量的确定

长期工作制电动机设备的计算容量等于其铭牌上的额定功率 P_N。

2. 照明用电设备计算容量的确定

照明用电设备的计算容量是按灯泡标出的功率计算，但对于荧光灯及高压水银灯等还应计入镇流器的功率损耗，即灯管的额定功率增加20%及8%。分别为

$$P_N = \sum_{i=1}^{n} P_{ib} \tag{8-1}$$

$$P_N = \sum_{i=1}^{n} P_{iR}(1+0.2) \tag{8-2}$$

$$P_N = \sum_{i=1}^{n} P_{ig}(1+0.08) \tag{8-3}$$

上三式中　P_{ib}、P_{iR}、P_{ig}——白炽灯、荧光灯、高压水银灯的功率，kW。

二、变电所接线及变压器选择

变电所的电气主接线，也称主电路、一次系统，它是变电所（电气系统）用以输送和分配电能的电路，通常以单线图的形式表示。一张完整的主接线图是由各种电器设备符号连接组成的，如电动机、断路器、隔离开关、母线、变压器以及配电装置的过电压保护等。主接线图除了表示上述各电器设备之间的电气联系外，还要详细表明各元件的型号、规格、数量、接线方式、各开关回路的编号等，有时测量仪表和继电保护的配置情况也要表示出来。

主接线图是变电所电气运行人员进行各种操作和事故处理的主要依据之一。因此，这些人员必须熟悉变电所主接线图，了解电路中各种电气设备的用途、性能及维护、运行、检查、巡视项目和操作步骤等，以保证安全运行。

主接线的形式一旦确定下来，有关的其他工作就要据此确定，如配电装置的布置，仪表、继电保护、互感器的配置，过电压保护的措施等。主接线形式的选择直接影响变电所建成后的供电是否可靠、运行方式是否灵活、操作是否方便和安全，今后的发展等。

（一）主接线的基本要求

1. 运行的可靠性

根据变电所负荷性质和各种运行方式的需要，保证用电可靠和供电质量，要求保证非电力调度作用下运行、大修和重要部位检修过程的供电连续性。被迫停电机会越小，事故影响的范围越小，主接线的可靠性就越高。当然，强调可靠性也要切合实际，否则，将会使设备大量增加，投资加大，设备利用率降低，运行费用增加，维护工作量也随之增大。

2. 运行及检修的灵活性

主接线必须能够适应各种运行方式，如方便地切除或投入开关、变压器、备用电源和轮换检修，严重事故时能分离出故障设备，保证其他设备正常运行和电站用电。

3. 接线尽可能清晰简单

主接线简单，不但可以减少设备、节省投资，而且使接线中个别设备（元件）投入或切除时，操作步骤最少，避免误操作，减少事故几率。但过分地简化接线又会使灵活性和可靠性降低，必须根据变电所具体情况，结合电网供电结构，分析确定。

4. 运行的经济性

在满足上述要求的条件下，应尽量减少设备投资，减少施工工程量和占地面积，布置上避免自然条件不利影响，即可降低年运行费用。

（二）主接线的基本形式

我们常把电动机、变压器、输电线路（通常称母线）以及它们所必须配备的断路器、隔离开关等组成的电路称为“电气回路”。各电气回路之间由主接线联系。下面以单母线接线为例加以说明。

如图 8-3 所示，各回路用一条“母线”联系起来时，称为单母线接线。当机组台数不多和对供电可靠性要求不高时，常采用这种方式接线。

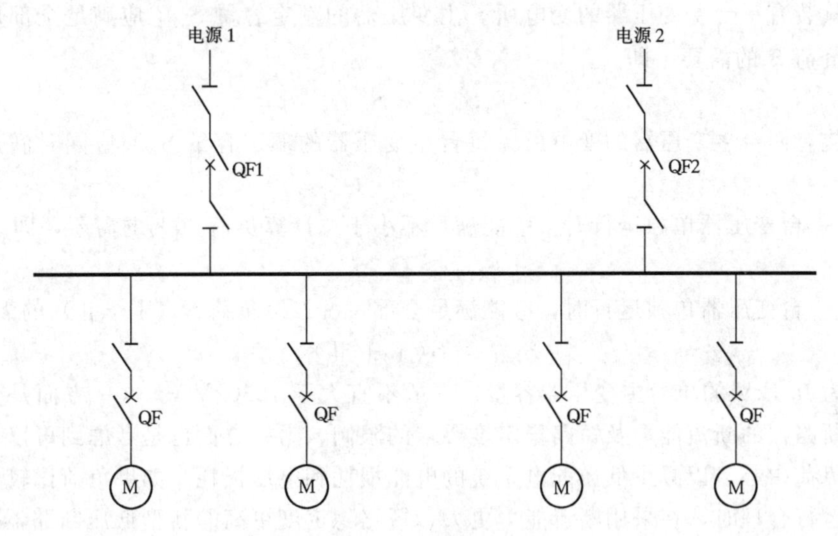

图 8-3　单母线接线

单母线的特点是：

(1) 各电气回路横向联系较强，并联于母线上的回路数的多少，理论上不受限制，所以便于发展。实际上一条母线上并联的回路数是有一定限度的，一般控制在 6 回以内比较合适，否则短路电流太大，事故的影响也太大。

(2) 接线简单清晰，配电装置简单，各回路上的隔离开关都可以在断路器断开后再操作。因而不是操作电器，可起到隔离电源作用，避免因操作错误而引起的事故。

(3) 单母线接线最主要的缺点是当母线和母线上设备出现故障时，全部负荷停电，母线上并联的回路数越多，影响的范围就越大，可靠性越差。

对于有双电源供电的变电所，一般不采用单母线接线。但当所采用的配电装置十分可靠，故障的可能性极小时（如封闭式成套开关柜），或者有可靠的备用电源时可采用单母线接线（如发电厂的厂用电多为单母线）有些变电所选用的配电装置的分断元件为手车式，能弥补单母线的不足，故单母线接线是小型变电所主接线的常见方式，也是比较成熟的接线方式。

（三）变压器选择

1. 变电所主变压器台数的选择

选择主变压器台数时，应考虑下列原则：

(1) 应满足负荷对供电可靠性的要求。对供有大量一、二级负荷的变电所，应选用两台变压器。对只有少量二级而无一级负荷的变电所，如低压侧有与其他变电所相联的联络线作为备用电源时，亦可只选用一台变压器。

(2) 季节性负荷变化较大的变电所，可选用两台变压器。

(3) 一般供三级负荷的变电所，可只选用一台变压器。但集中负荷较大者，虽为三级负荷，亦可选用两台变压器。

(4) 在确定变电所主变压器台数时，应适当考虑负荷的发展，留有一定的余地。

2. 变电所主变压器容量的选择

(1) 只装有一台主变压器的变电所。主变压器的额定容量 $S_{N.T}$ 应满足全部用电设备总的计算负荷 S 的需要，即

$$S_{N.T} \geqslant S \tag{8-4}$$

(2) 装有两台主变压器的变电所。每台主变压器的额定容量 $S_{N.T}$ 应同时满足以下两个条件：

1) 任一台变压器单独运行时，应能满足不小于总计算负荷 70%的需要，即

$$S_{N.T} \geqslant 0.7S \tag{8-5}$$

2) 任一台变压器单独运行时，应能满足全部一、二级负荷 S (Ⅰ+Ⅱ) 的需要，即

$$S_{N.T} \geqslant S(\text{Ⅰ}+\text{Ⅱ}) \tag{8-6}$$

低压为 0.4kV 的单台主变压器容量，一般不宜大于 1250kVA。这一方面是受现在通用的低压断路器的断流能力及短路稳定度要求的限制，另一方面也是考虑到可以使变压器更接近于负荷中心，以减少低压配电系统的电能损耗和电压损耗。如果负荷比较集中、容量较大而运行合理时，在采用断流能力更大、短路稳定度更高的新型低压断路器（如 ME 型等）的情况下，也可选用单台容量较大的配电变压器。

此外，主变压器容量的确定，应适当考虑发展。主变压器的台数和容量的最后确定，应结合变电所主结线方案的选择，择优而定。

【例 8-1】 某 10/0.4kV 降压变电所，总计算负荷为 1400kVA，其中一、二级负荷为 760kVA。试初步选择该变电所主变压器的台数和容量。

解： 根据题给条件，有一、二级负荷，因此应选两台主变压器。

每台主变压器的容量应满足以下两个条件：

1) $S_{N.T} \geqslant 0.7 \times 1400\text{kVA} = 980\text{kVA}$

2) $S_{N.T} \geqslant 760\text{kVA}$

因此每台主变压器的容量应选 1000kVA。

三、低压配电线路

1. 概述

低压配电线路按结构型式来分，有低压架空线路和低压电缆线路两类。

低压架空线路是利用电杆架空敷设裸导线的户外线路。其特点是投资少、易于架设，维护检修方便，易于发现和排除故障；但它要占用地面位置，有碍交通和观瞻，且易受环境影响，安全可靠性较差。

低压电缆线路是利用电力电缆敷设的线路。低压电缆线路与低压架空线路相比，虽然具有成本高、不便维修、不易发现和排除故障等缺点，但却具有运行可靠、不易受外界影响、不需架设电杆、不占地面、不碍交通和观瞻等优点，特别是在有腐蚀性气体和易燃易爆场所，以及需要防止雷电波沿线路侵入，不宜采用架空线路时，只有敷设电缆线路。因此，在现代化的城市中，电缆线路得到越来越广泛的应用。

2. 架空线路的结构

架空线路的结构如图 8-4 所示。它由电杆、横担、绝缘子、导线以及避雷线（架空地线）、拉线等组成。

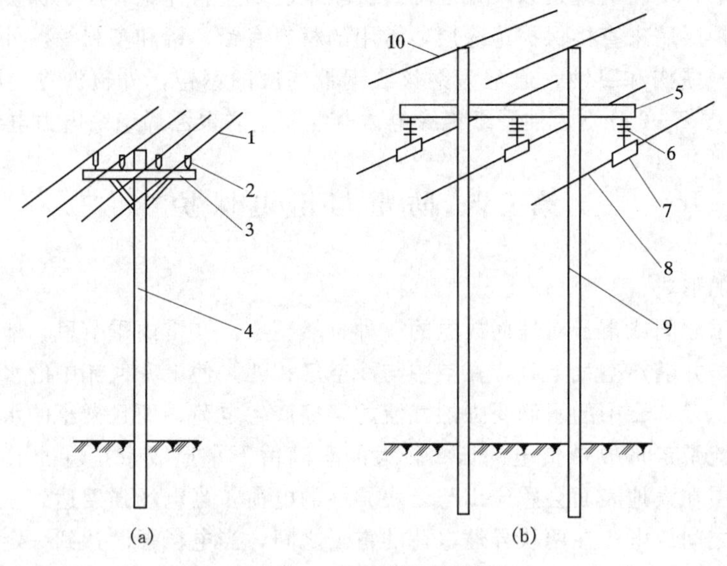

图 8-4　架空线路的结构

(a) 低压架空线路；(b) 高压架空线路

1—低压导线；2—针式绝缘子；3—横担；4—低压电杆；5—横担；6—绝缘子串；7—线夹；8—高压导线；9—高压电杆；10—避雷线

3. 电缆线路的结构

电力电缆是传输和分配电能的一种特殊导线。它主要由导体、绝缘层和保护层三部分

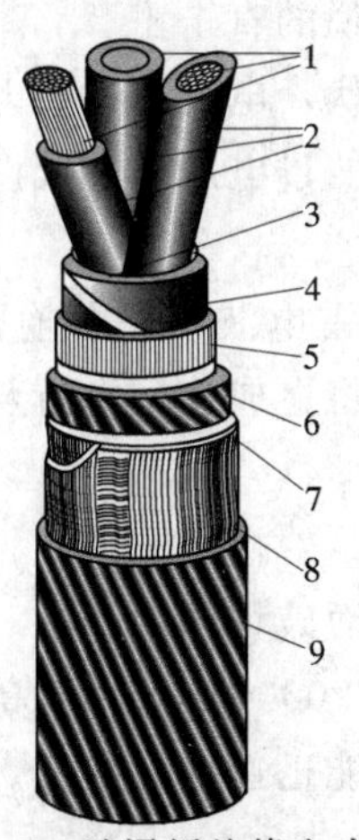

图 8-5　油浸纸绝缘电力电缆

1—铝心（或铜心）；2—油浸纸绝缘层；3—麻筋（填料）；4—油浸纸统包绝缘层；5—铝包（或铅包）；6—涂沥青的纸带（内护层）；7—浸沥青的麻被；8—钢铠（外护层）；9—麻被（外护层）

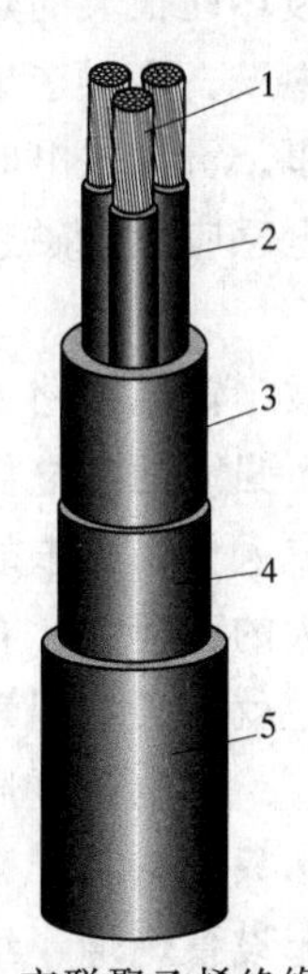

图 8-6　交联聚乙烯绝缘电力电缆

1—铝心（或铜心）；2—交联聚乙烯绝缘层；3—聚氯乙烯护套（内护层）；4—钢铠（或铝铠，外护层）；5—聚氯乙烯外壳（外护层）

组成。

导体即电缆线心，一般由多根铜线或铝线绞合而成。

绝缘层作为相间及对地的绝缘，其材料随电缆种类不同而异。如油浸纸绝缘电缆是以油浸纸作绝缘层，塑料电缆是以聚氯乙烯或交联聚乙烯塑料作绝缘层。保护层又分内护层和外护层。内护层用来直接保护绝缘层，常用的材料有铅、铝和塑料等。外护层用以防止内护层免受机械损伤和腐蚀，通常为钢丝或钢带构成的钢铠，外覆沥青、麻被或塑料护套。图 8－5 和图 8－6 分别为油浸纸绝缘电力电缆和交联聚乙烯绝缘电力电缆的结构图。

第三节　防雷与雷电保护

一、雷电的形成

雷电是雷云之间或雷云对地面放电的一种自然现象。在雷雨季节里，地面上的水分受热变成水蒸气，并随热空气上升，在空中与冷空气相遇，使上升气流中的水蒸气凝成水滴或冰晶，形成积云。云中的水滴受强烈气流的摩擦产生电荷，而且微小的水滴带负电，小水滴容易被气流带走形成带负电的云；较大的水滴留下来形成带正电的云。由于静电感应，带电的云层在大地表面会感应出与云块异性的电荷，当电场强度达到一定值时，即发生雷云与大地之间放电；在两块异性电荷的雷云之间，当电场强度达到一定值时，便发生云层之间放电。放电时伴随着强烈的电光和声音。这就是雷电现象。雷电会破坏建筑物，破坏电气设备和造成人畜雷击伤亡。所以必须采取有效措施进行防护。

二、雷电的危害

雷电破坏有三种基本形式：

(1) 直击雷。雷电直接击中建筑物或其他物体，对其放电，强大的雷电流通过这些物体入地，产生破坏性很大的热效应和机械效应，造成建筑物、电气设备及其他被击中的物体损坏。当击中人、畜时造成人、畜死亡。这就是我们常说的直击雷。

(2) 感应雷。雷电放电时能量很强，电压可达上百万伏，电流可达数万安培。强大的雷电流由于静电感应和电磁感应会使周围的物体产生危险的过电压，造成设备损坏，人畜伤亡。

(3) 雷电波。输电线路上遭受直击雷或发生感应雷，雷电波便沿着输电线路侵入变、配电所或用户。强大的高电位雷电波如不采取防范措施就将造成变配电所及用户电气设备损坏，甚至造成人员伤亡事故。

雷电有很大的破坏力，有多方面的破坏作用。高层建筑、楼房、烟囱、水塔等建筑物尤其易遭雷击。就其破坏因素来讲，雷电主要有以下几方面破坏作用：

(1) 热效应。雷电放电通道温度很高，一般在 6000～20000℃，甚至高达数万度。这么高的温度虽然只维持几十微秒，但它碰到可燃烧物时，能迅速燃烧起火。强大电流通过电气设备会引起设备燃烧、绝缘材料起火。

(2) 机械效应。雷电流温度很高，当它通过树木或墙壁时，其内部水分受热急剧气化或分解出气体剧烈膨胀，产生强大的机械力，使树木或建筑物遭受破坏。强大电流通过电气设备会产生电动力使电气设备变形损坏。

（3）雷电反击。接闪器、引入线和接地体等防雷保护装置在遭受雷击时，都会产生很高的电位，当防雷保护装置与建筑物内部的电气设备、线路或其他金属管的绝缘距离太小时，它们之间就会发生放电现象，即出现雷电反击。发生雷电反击时，可能引起电气设备的绝缘被破坏，金属管被烧穿，甚至可能引发火灾和人身伤亡事故。

（4）雷电流的电磁感应。由于雷电流的迅速变化，在它的周围空间里就会产生强大而变化的磁场，处于这电磁中间的导体就会感应出很高的电动势。这种强大的感应电动势可以使闭合回路的金属导体产生很大的感应电流，这很大的感应电流的热效应（尤其是导体接触不良部位局部发热更厉害）会使设备损坏，甚至引发火灾。对于存放可燃物品，尤其是存放易燃易爆物品的建筑物将更危险。

（5）雷电流引起跨步电压。当雷电流入地时，在地面上就会引起跨步电压。当人在入地点周围 20m 范围内走动时，两只脚之间就会有跨步电压，造成人身触电事故。如果地面泥水很多人脚潮湿，就更危险。

由上面分析可以看到，雷电的破坏性很大，我们必须采取有效措施予以防范。在防雷措施上，要根据雷暴日的多少因地制宜的选用。

雷暴日是表示雷电活动频繁程度的一个指标。在一天内只要听到雷声就算一个雷暴日。年平均雷暴日不超过 15d 的地区称为少雷区；年平均雷暴日超过 40d 的地区称为多雷区；年平均雷暴日超过 90d 的地区以及雷害特别严重的地区称为雷电活动特殊强烈地区。

三、防雷保护的措施

防雷保护的措施常采用避雷针、避雷器、避雷线等传统的防雷装置进行防雷保护。

（一）避雷针

通常采用镀锌圆钢或镀锌钢管制成（一般采用圆钢），上部制成针尖形状。所采用的圆钢或钢管的直径不应小于下列数值：

针长 1m 以下：圆钢为 12mm，钢管为 20mm；

针长 1～2m：圆钢为 16mm，钢管为 25mm；

烟囱顶上的针：圆钢为 20mm。

避雷针较长时，针体可由针尖和不同管径的钢管段焊接而成。

避雷针一般安装在支柱（电杆）上或其他构架、建筑物上。避雷针必须经引下线与接地体可靠连接。

避雷针的作用原理是它能对雷电场产生一个附加电场（这附加电场由于雷云对避雷针产生静电感应引起的），使雷电场发生畸变，将雷云放电的通路，由原来可能从被保护物通过的方向吸引到避雷针本身，使雷云向避雷针放电，由避雷针经引下线和接地体把雷电流泄放到大地中去。这样使被保护物免受直击雷击。所以避雷针实质上是引雷针。

避雷针有一定的保护范围，其保护范围是以它对直击雷保护的空间来表示。单支避雷针的保护范围可以用一个以避雷针为轴的近似圆锥形来表示，如图 8-7 所示。避雷针在地面上的保护半径按下式计算

$$r = 1.5h \tag{8-7}$$

式中 r——避雷针在地面上的保护半径，m；

h——避雷针总高度，m。

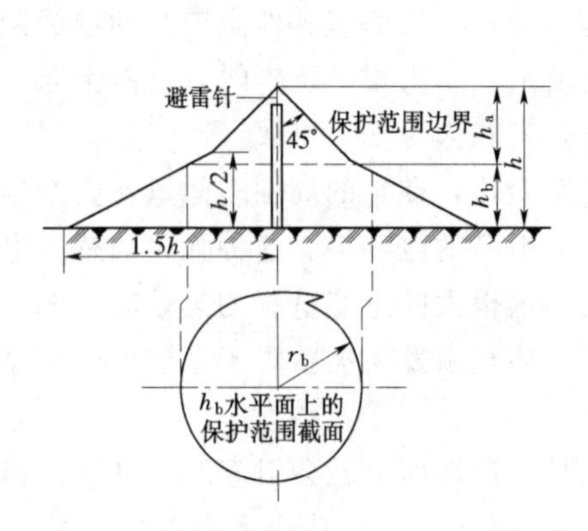

图 8-7 单支避雷针的保护范围

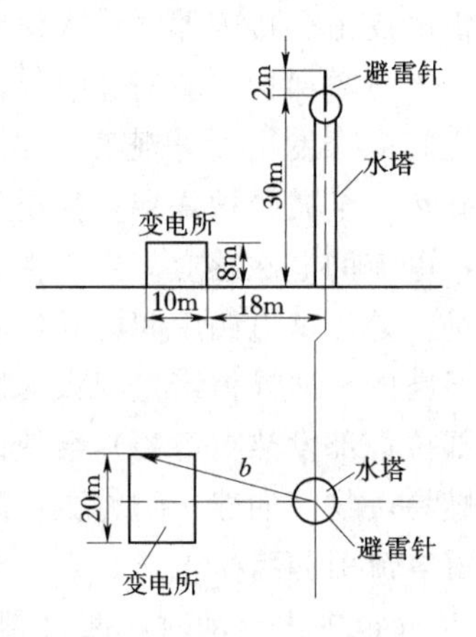

图 8-8 例 8-2 避雷针的保护范围

避雷针在被保护物高度 h_b 水平面上的保护半径 r_b 按下式计算：

(1) 当 $h_b > 0.5h$ 时

$$r_b = (h - h_b)P = h_a P \tag{8-8}$$

式中 r_b——避雷针在被保护物高度 h_b 水平面上的保护半径，m；

h_a——避雷针的有效高度，m；

P——高度影响系数，$h < 30\text{m}$ 时 $P=1$，$30\text{m} < h < 120\text{m}$ 时 $P = 5.5/\sqrt{h}$。

(2) 当 $h_b < 0.5h$ 时

$$r_b = (1.5h - 2h_b)P \tag{8-9}$$

【例 8-2】 某厂一座 30m 高的水塔旁，建有一车间变电所，避雷针装于水塔顶上，车间变电所及距水塔距离尺寸如图 8-8 所示。试问水塔上的避雷针能否保护这一变电所？

解： 已知 $h_b = 8\text{m}$，$h = 30 + 2 = 32$ (m)

$$h_b/h = 8/32 = 0.25 < 0.5$$

则可由式 (8-9) 求得被保护变电所高度水平面上的保护半径为

$$r_b = (1.5h - 2h_b)P = (1.5 \times 32 - 2 \times 8) \times 5.5/\sqrt{32} = 31\,(\text{m})$$

变电所一角离避雷针最远的水平距离为

$$r = \sqrt{(10+18)^2 + 10^2} = 29.7(\text{m}) < r_b$$

所以该变电所在避雷针保护范围之内。

(二) 避雷线

避雷线一般用截面不小于 35mm^2 镀锌钢绞线，架设在架空线路上方，以保护架空电力线路免受直击雷击。由于避雷线是架空敷设而且接地，所以避雷线又叫架空地线。避雷线的作用原理与避雷针相同，只是保护范围较小。

(三) 避雷器

避雷器是用来防护高电压雷电波侵入变、配电所或其他建筑物内损坏被保护设备。它与被保护设备并联。如图 8-9 所示。

当线路上出现危及设备绝缘的过电压时，避雷器就对地放电，从而保护了设备的绝缘，避免设备遭受高电压雷电波损坏。

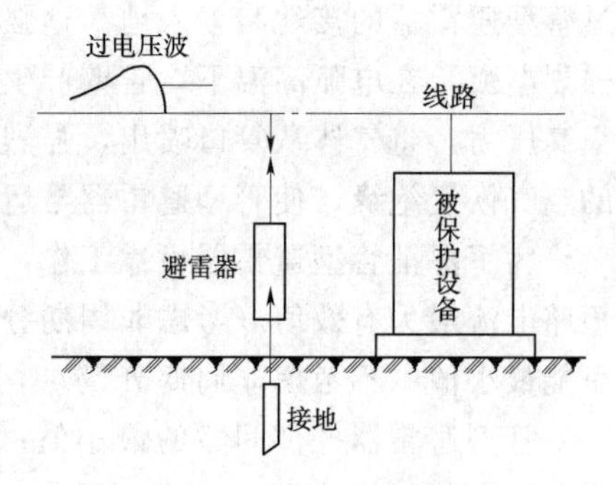

图 8-9　避雷器的连接

避雷器有：阀型避雷器、管型避雷器和氧化锌避雷器等。

1. 阀型避雷器

高压阀型避雷器或低压阀型避雷器都是由火花间隙和阀电阻片组成，装在密封的瓷套管内。火花间隙用铜片冲制而成，每对间隙用 0.5～1.0mm 厚的云母垫圈隔开。如图 8-10（a）所示。

阀电阻片是由陶料粘固起来的电工用金刚砂（碳化硅）颗粒组成，如图 8-10（b）所示。阀电阻片具有非线性特征：正常电压时阀片电阻很大；过电压时阀片的电阻变得很小，电压越高电阻越小。

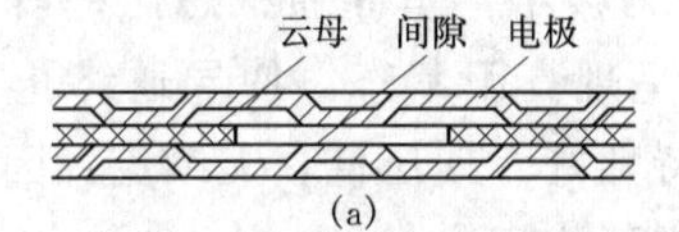

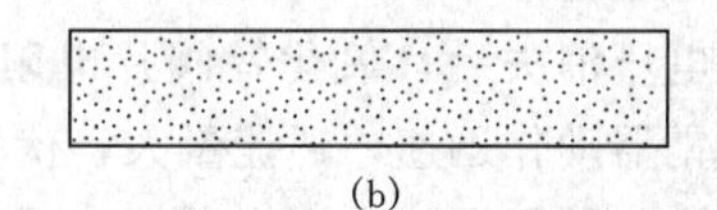

图 8-10　阀型避雷器

（a）避雷器的单位火花间隙；（b）避雷器的阀电阻片

正常工作电压情况下，阀型避雷器的火花间隙阻止线路工频电流通过，但在线路上出现高电压波时，火花间隙就被击穿，很高的高电压波就加到阀电阻片上，阀片电阻便立即减小，使高压雷电流畅通地向大地泄放。过电压一消失，线路上恢复工频电压时，阀片又呈现很大的电阻，火花间隙的绝缘也迅速恢复，线路便恢复正常运行。这就是阀型避雷器的工作原理。

低压阀型避雷器中串联的火花间隙和阀片少；高压阀型避雷器中串联的火花间隙和阀片多，而且随电压的升高数量增多。

2. 管型避雷器

管型避雷器由产气管、内部间隙和外部间隙三部分组成。如图 8-11 所示。

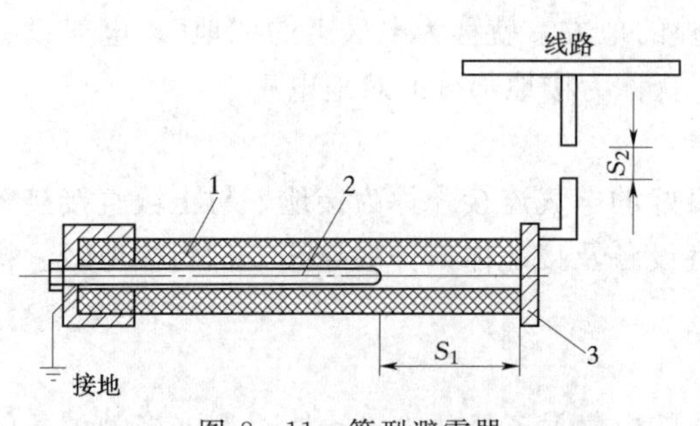

图 8-11　管型避雷器

1—产气管；2—内部电极；3—外部电极；S_1—内部间隙；S_2—外部间隙

产气管由纤维、有机玻璃或塑料制成。内部间隙装在产气管内，一个电极为棒型，另一个电极为环型。图 8-11 中 S_1 为管型避雷器的内部间隙，S_2 为装在管型避雷器与运行带电的线路之间的外部间隙。

正常运行情况时，S_1 与 S_2 均断开，管型避雷器不工作。当线路上遭到雷击或发生感应雷时，大气过电压使管型避雷器的外部间隙击穿，（此时无电弧）接着管型避雷器内部间隙也击穿，强大的雷电流便通过管型避雷器的接地装置入地。这强大的雷电流和很大的工频续流会在管子内部间隙发生强烈电弧，在电弧高温下，管壁产生大量灭弧气体，由于管子容积很小，所以管子内形成很高压力，将气体从管口喷出，强烈吹弧，在电流经过零值时，电弧熄灭。这时外部间隙的空气恢复绝缘，使管型避雷器与运行线路隔离，恢复正常运行。

为了保证管型避雷器可靠工作，在选择管型避雷器时开断续流的上限应不小于安装处短路电流最大有效值（考虑非周期分量）；开断续流的下限，应不大于安装处短路电流的可能最小值（不考虑非周期分量）。

管型避雷器外部间隙的最小值；3kV：8mm；6kV：10mm；10kV：15mm。管型避雷器一般装于线路上，变配电所内一般用阀型避雷器。

3. 氧化锌避雷器

氧化锌避雷器是20世纪70年代初期出现的压敏避雷器，它是以氧化锌微粒为基体与精选过的能够产生非线性特性的金属氧化物（如氧化铋等）添加剂高温烧结而成的非线性电阻。其工作原理是：在正常工作电压下具有极高的电阻，呈绝缘状态；当电压超过其起动值时（如雷电过电压等），氧化锌阀片电阻变为极小，呈导通状态，将雷电流畅通向大地泄放。待过电压消失后，氧化锌阀片电阻又呈现高阻状态，使导通终止，恢复原始状态。氧化锌避雷器动作迅速，通流量大，伏安特性好、残压低、无续流，因此它一问世就受到广泛的欢迎，并很快的在电力系统中得到广泛应用。

第四节　接地与安全用电

一、接地与接零

（一）接地和接零的基本概念

1. 接地电流和对地电压

当电气设备发生接地故障时，电流就通过接地短路点向大地作半球形流散开去，如图8-12所示。由于离接地短路点愈近的地方，球面愈小，距离接地短路点愈远的地方，球面愈大，因而愈靠近接地短路点的地方散流电阻愈大，愈远离接地短路点的地方散流电阻愈小，其电位分布情况，如图8-12曲线所示。

试验证明，在距离接地短路点20m左右的地方，散流电阻已趋近于零，也就是说这里的电位已趋近于零。距接地短路点20m以外的地方，就称为电气上的“地”。电气设备的接地部分与零电位的“地”之间的电位差，就称为接地部分的对地电压。

2. 接地和接地装置

电气设备的某一部分与大地土壤之间作良好的电气连接，称为接地。与土壤直接接触的金属物体，称为接地体或接地极。连接电气设备及接地体部分的导线，称为接地线。接地线和接地体合称为接地装置。

3. 接触电压和跨步电压

如图8-13所示人站在发生接地短路故障的电气设备旁边0.8m处，人体接触设备带电外壳的一点同所站地面这一点之间的电位差，称为接触电压。在接地短路点周围20m的范围内，地面上相距0.8m（一般人的跨距）的两点间的电位差，称为跨步电压。

4. 接零

将与带电部分相绝缘的电气设备的金属外壳或金属构架，与中性点直接接地系统中的零线相连接，称为接零。

（二）接地、接零的类型和作用

为保证人身和设备的安全，电气设备必须接地或接零。电气设备的接地或接零，按其不同作用，可分为工作接地、保护接地、保护接零、重复接地及防雷接地等。

1. 工作接地

为保证电气设备在正常或事故的情况下能可靠的运行，将电路中的某一点与大地作电气上的连接，称为工作接地。例如三相变压器三绕组星形连接时的中性点接地，如图 8-14 所示。

工作接地的作用是保证电气设备能可靠地运行；降低人体的接触电压；迅速切断故障设备；降低电气设备或线路的绝缘水平。

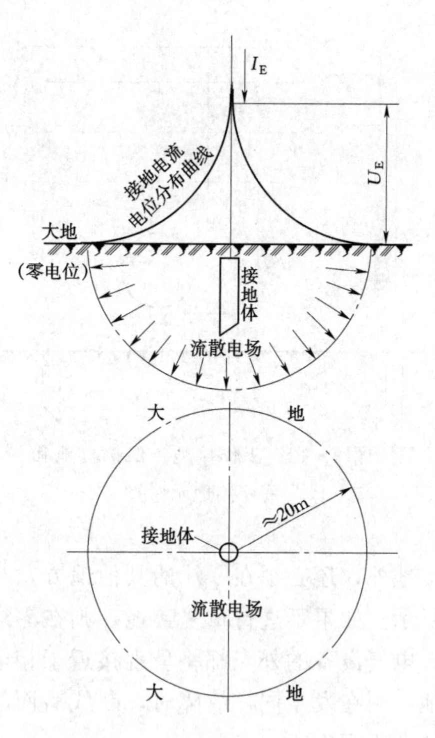

图 8-12　接地电流、对地电压及接地电流电位分布曲线

2. 保护接地

为了防止因绝缘破坏而遭到触电的危险，将与电气设备带电部分相绝缘的金属外壳或金属构架与大地作电气上的连接，称为保护接地。例如电动机、变压器的外壳接地。这种接地，一般在中性点不接地系统中采用。

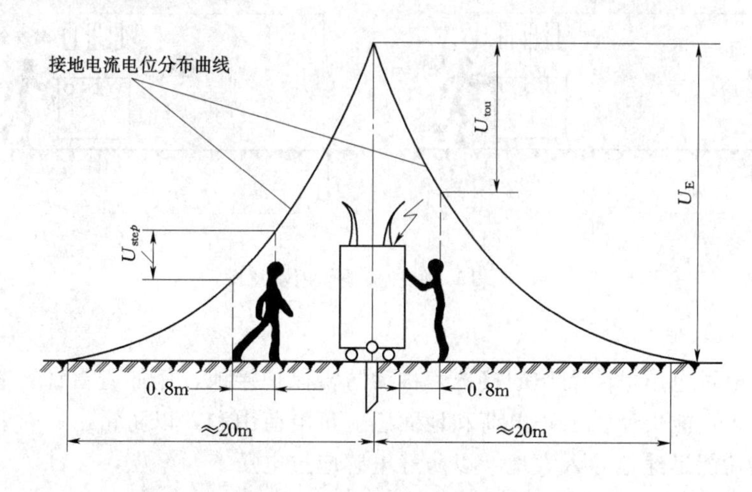

图 8-13　接触电压和跨步电压

保护接地的作用可用图 8-15 来说明。当电气设备的绝缘破坏外壳带电时，如果外壳没有保护接地，人体一旦接触到外壳，就有电流通过人体，这是相当危险的。如果外壳装有保护接地，那么接地短路电流将同时沿着接地装置和人体两条通路流过，通常人体的电

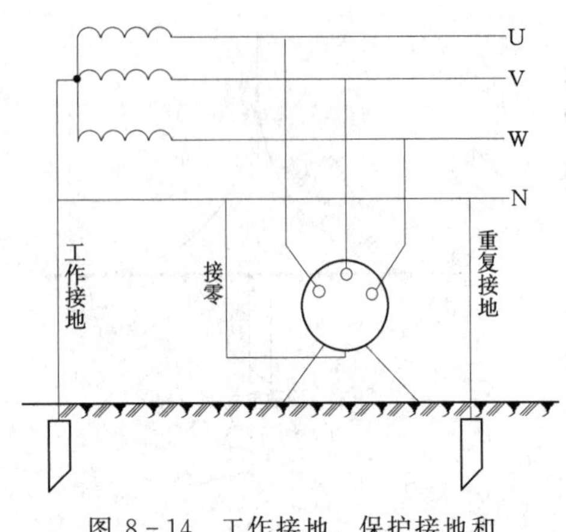

图 8-14 工作接地、保护接地和重复接地示意图

阻要比接地体电阻大几百倍，所以流经人体的电流极小，因而避免了触电危险。

3. 保护接零

保护接零的目的，也是为了保证人身安全，防止发生触电事故。在低压三相四线制系统中的电气设备外壳，宜于采取保护接零，如图 8-14 所示。在接零的系统中，当电气设备发生一相碰壳故障时，即形成单相短路，短路电流使保护设备迅速动作，断开故障设备，避免人体触电危险。

4. 重复接地

在中性点直接接地的低压系统中，为了确保接零安全可靠，除了在电源中性点进行工作接地外，还必须在零线的其他地方，与大地再次作金属连接，称为重复接地，如图 8-14 所示。如果不进行重复接地，则在零线发生断线并有一相电源碰壳时，接在断线后面的所有电气设备的外壳都将呈现接近于相电压的对地电压，这是很危险的。如果进行了重复接地，则在发生同样故障时，断线后面的电气设备的外壳对地电压降低了，从而减轻了触电的危险程度。

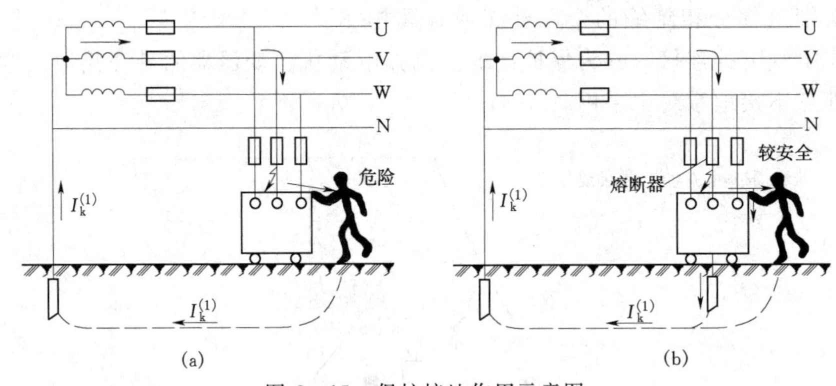

图 8-15 保护接地作用示意图

5. 防雷保护接地

为消除雷电过电压危险而作的接地，称为防雷保护接地，例如避雷针、避雷器等的接地。它对直击雷，能促使雷云正电荷和地面感应负电荷中和，以防雷击；对静电感应雷感应产生的静电荷能迅速地导入大地，以防静电感应过电压。

二、接地装置

无论是工作接地还是保护接地，都是经过接地装置与大地连接。接地装置包括接地体和接地线两部分。接地体是埋入地下与土壤直接接触的金属导体；接地线是连接接地体（网）与电气设备接地点的金属导线。

（一）接地体

接地体有自然接地体和人工接地体两类。

自然接地体是指兼作接地用的直接与大地接触的各种金属管道（输送易燃、易爆气体或液体的管道除外）、金属构件、金属井管、钢筋混凝土基础等。有条件应充分利用自然接地体。

人工接地体是指人为埋入地下的金属导体。如 50mm×50mm×5mm 镀锌角钢、ϕ50mm 镀锌钢管等。分垂直安装与水平安装两种方式。

（二）接地线

接地线是连接接地体和电气设备接地部分的金属导体。它也有自然接地线和人工接地线两种类型。自然接地线如金属构件、普通钢筋混凝土构件的钢筋、穿线的钢管和电缆的铅、铝外皮等，还有除输送可燃、易爆液体、气体的管道外的各种金属管道也可作为自然接地线。但利用自然接地线时必须符合下列条件：①应保证其全长为完好的电气通路；②利用串联的金属构件作为接地线时，金属构件之间应以截面不小于 100mm^2 的钢材焊接。爆炸危险场所内电力设备的接地线应按专用规定执行。另外，不得使用蛇皮管、保温管的金属网或外皮作接地线。

人工接地线材料一般都采用圆钢或扁钢。只有移动式电气设备和采用钢质导线在安装上有困难的电气设备才采用有色金属作为人工接地线，但禁止使用裸铝导线作接地线。接地线采用扁钢时，截面积不应小于 4mm×12mm，采用圆钢作接地线时，其直径不应小于 6mm。接地线的安装包括接地体连接用的扁钢安装及接地干线和接地支线的安装。

（三）接地装置的涂色

接地装置安装完毕后，应对各部分进行检查，尤其是焊接处更要仔细检查焊接质量，对合格的焊缝应按规定在焊缝各面涂漆。

明敷的接地线表面应涂黑漆。中性点接至接地网的明敷接地线应涂紫色带黑色条纹。在接地线引向建筑物内的入口处，一般在建筑物外墙上标以黑色记号，以引起维护人员的注意。

在检修用临时接地点处，应刷白色底漆后标以黑色记号。

三、接地电阻测量

无论是工作接地还是保护接地，其接地电阻值必须满足规定要求，否则就不能安全可靠地起到接地作用。

接地电阻是指接地体电阻、接地线电阻和土壤散流电阻三部分之和。其中主要是土壤散流电阻。接地电阻的数值等于接地装置对地电压与通过接地体流入地中电流的比值。

（一）接地电阻测量方法

测量接地电阻的方法很多，目前用得最普遍的是用接地电阻测量仪、接地摇表测量。下面介绍应用接地摇表测量接地电阻的方法。

1. ZC—8 型接地摇表的结构及附件

图 8-16 是 ZC—8 型接地摇表外形。其内部主要元件是手摇发电机、电流互感器、可变电阻及零指示器等。另外附有接地探测针两支（电位探测针，电流探测针）、导线三根（其中 5m 长一根用于接地极；20m 长一根用于电位探测针；40m 长一根用于电流探测针接线）。

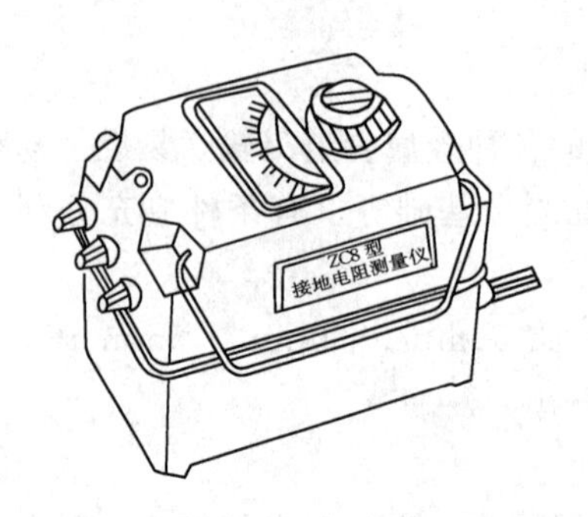

图 8-16　ZC—8 型接地电阻测量仪

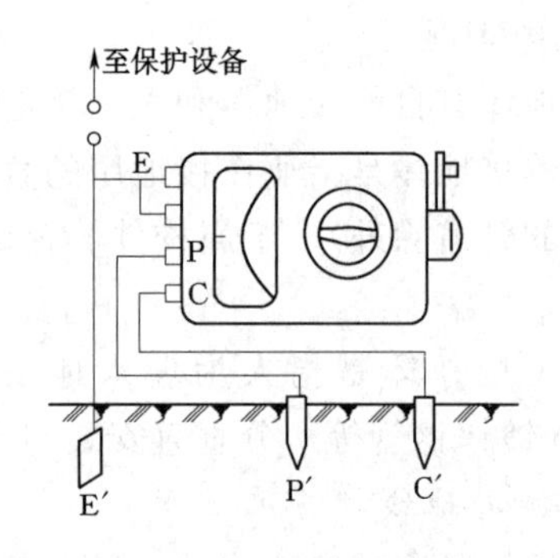

图 8-17　接地电阻测量接线

E′—被测接地体；P′—电位探测针；
C′—电流探测针

2. ZC—8 型接地摇表测量接地电阻方法

（1）按图 8-17 所示接线。沿被测接地极 E′，将电位探测针 P′和电流探测针 C′依直线彼此相距 20m 插入地中。电位探测针 P′要插在接地体 E′和电流探测针 C′之间。

（2）用仪表所附的导线分别将 E′、P′、C′连接到仪表相应的端子 E、P、C 上。

（3）将仪表放置水平位置，调整零指示器，使零指示器指针指到中心线上。

（4）将“倍率标度”置于最大倍数，慢慢转动手摇发电机的手柄，同时旋动“测量标度盘”，使零指示器的指针指在中心线。在零指示器指针接近中心线时，加快发电机手柄转速，并调整“测量标度盘”使指针指于中心线。

（5）如果“测量标度盘”的读数小于“1”时，应将“倍率标度”置于较小倍数，然后再重新测量。

（6）当零指示器指针完全平衡指在中心线上后，将此时“测量标度盘”的读数乘以倍率标度即为所测的接地电阻值。

3. 使用 ZC—8 型接地摇表测量接地电阻要注意的问题

（1）假如“零指示器”的灵敏度过高时，可调整电位探测针 P′插入土壤中的深浅；若其灵敏度不够时，可沿电位探测针 P′和电流探测针 C′之间的土壤注水，使其湿润。

（2）在测量时必须将接地装置线路与被保护的设备断开，以保证测量准确。

（3）接地极 E′和电流探测针 C′之间的距离大于 20m 时，电位探测针 P′的位置插在 E′、C′之间直线外几米，则测量误差可以不计。但当 E′、C′之间距离小于 20m 时，则电位探测针 P′一定要正确插在 E′、C′直线中间。

（4）当用 0～1/10/100Ω 规格的接地摇表测量小于 1Ω 的接地电阻时，应将摇表上 E 的连接片打开，然后分别用导线连接到被测接地体上，以消除测量时连接导线的电阻造成附加测量误差。

接地电阻测量除常用的 ZC 型接地摇表外，还有其他型式的测试仪。使用方法应参照其相应的产品说明书。

（二）降低接地电阻的措施

接地电阻中流散电阻大小与土壤电阻有直接关系。土壤电阻率愈低，流散电阻也就愈小，接地电阻就愈小。所以遇到电阻率较高的土壤，如砂质、岩石以及长期冰冻的土壤，装设人工接地体时，要达到设计要求的接地电阻值，往往要采取措施，常用的方法如下：

（1）对土壤进行混合或浸渍处理：在接地体周围土壤中适当混入一些木炭粉、炭黑等以提高土壤的导电率或用降阻剂浸渍接地体周围的土壤，对降低接地电阻也有明显效果。

（2）改换接地体周围部分土壤：将接地体周围换成电阻率较低的土壤，如粘土、黑土、木炭粉土等。

（3）增加接地体埋设深度：当碰到地表面岩石或高电阻率土壤不太厚，而下部就是低电阻率土壤时，可将接地体采用钻孔深埋或开挖深埋至低电阻率的土壤中。

（4）外引式接地：当接地处土壤电阻率很大而在距接地处不太远的地方有导电良好的土壤或有不冰冻的湖泊、河流时，可将接地体引至该低电阻率地带，然后按规定做好接地。

四、电流对人体的伤害

电流对人体的伤害可分电击和电伤（包括电灼伤、电烙印和皮肤金属化）两大类。

（一）电击

电击就是我们通常所说的触电，绝大部分的触电死亡事故都是由电击造成的。当人体触及带电导线、漏电设备的金属外壳和其他带电体，或离高压电距离太近，以及雷击或电容器放电等，都可能导致电击。

电击是电流对人体器官的伤害，例如破坏人的心脏、肺部、神经系统等造成人死亡。电击时伤害程度主要取决于电流的大小和触电持续时间。

（1）电流流过人体的时间较长，可引起呼吸肌的抽搐，造成缺氧而心脏停搏。

（2）较大的电流流过呼吸中枢时，会使呼吸肌长时间麻痹或严重痉挛造成缺氧性心脏停搏。

（3）在低压触电时，会引起心室纤维颤动或严重心律失常，使心脏停止有节律的泵血活动，导致大脑缺氧而死亡。

（二）电伤

电伤是指触电时电流的热效应、化学效应以及电刺激引起的生物效应对人体造成的伤害。电伤多见于肌体外部，而且往往在肌体上留下难以愈合的伤痕。常见的电伤有电弧烧伤、电烙印和皮肤金属化等。

1. 电灼伤

电弧烧伤是最常见也是最严重的电伤。在低压系统中，带负荷（特别是感性负载）拉合裸露的闸刀开关时，产生的电弧可能会烧伤人的手部和面部；线路短路、跌落式熔断器的熔丝熔断时，炽热的金属微粒飞溅出来也可能造成灼伤；错误操作引起短路也可能导致电弧烧伤人体等。在高压系统中由于误操作，如带负荷拉合隔离开关、带电挂接地线等会产生强烈电弧，把人严重烧伤，甚至深达骨骼，并使其坏死。另外，人体过分接近带电体，其间距小于放电距离时，会直接产生强烈电弧对人放电，若人当时被击离开，虽不一定因电击而致死，但能被电弧烧伤而死亡，还有电弧的强光辐射会使眼睛损伤等。

2. 电烙印

电烙印也是电伤的一种，当通过电流的导体长时间接触人体时，由于电流的热效应和化学效应，使接触部位的人体肌肤发生变质，形成肿块，颜色呈灰黄色，有明显的边缘，如同烙印一般，称之为电烙印。电烙印一般不发炎、不化脓、不出血，受伤皮肤硬化，造成局部麻木和失去知觉。

3. 皮肤金属化

在电流电弧的作用下，使一些熔化和蒸发的金属微粒渗入人体皮肤表层，使皮肤变得粗糙而坚硬，导致皮肤金属化，形成所谓“皮肤金属”。

五、人体触电形式及预防措施

人体触电一般有与带电体直接接触触电、跨步电压触电、接触电压触电等几种形式。

1. 人体与带电导体直接接触触电

人体直接接触带电导体造成的触电，称之为直接接触触电。如果人体直接接触到电气设备或电力线路中一相带电导体，或者与高压系统中一相带电导体的距离小于该电压的放电距离造成对人体放电，这时电流将通过人体流入大地，这种触电称单相触电，如图 8－18 所示。如果人体同时接触电气设备或线路中两相带电导体，或者在高压系统中，人体同时过分靠近两相导体而发生电弧放电，则电流将从一相导体通过人体流入另一相导体，这种触电现象称为两相触电，如图 8－19 所示。显然，发生两相触电危害就更严重，因为这时作用于人体的电压是线电压。

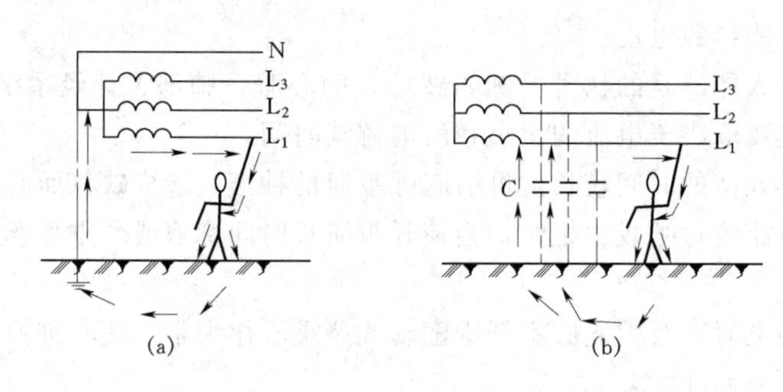

图 8－18 单相触电示意图

(a) 中性点接地系统的触电；(b) 中性点不接地系统的触电

2. 跨步电压触电

当电气设备或线路发生接地故障时，接地电流通过接地体将向大地四周散流，这时在地面上形成分布电位，在 20m 以外，大地电位才趋近于零。假如人在接地点周围（20m 以内）行走，其两脚之间就有电位差，这就是跨步电压。由跨步电压引起的人体触电，称为跨步电压触电。如图 8－20 所示。

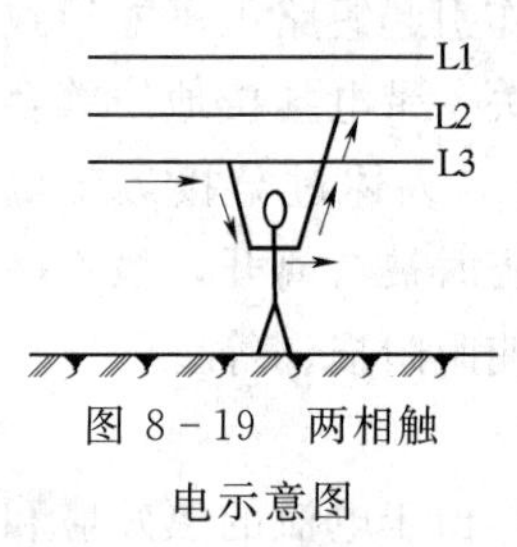

图 8－19 两相触电示意图

跨步电压的大小决定于人体离接地点间距离和人体两脚之间的距离。离接地点越近，跨步电压的数值就越大。

电业安全规程中规定：高压设备发生接地时，室内不得接近故障点 4m 以内，室外不得接近故障点 8m 以内。进入上述范围人员必须穿绝缘靴，接触设备的外壳和构架时，应戴绝缘手套。安规又规定：雷雨天气，需要巡视室外高压设备时，应穿绝缘靴，并不得靠近避雷器和避雷针。这些都是为了防止跨步电压触电，保护人身安全而作的规定。

3. 接触电压触电

电气设备的金属外壳，本不应该带电，但由于设备使用时间长久，内部绝缘老化，造成击穿；或由于安装不良，造成设备的带电部分碰壳；或其他原因使电气设备的金属外壳带电时，人若碰到带电外壳，人就要触电。这种触电称为接触电压触电。

接触电压是指人站在带电金属外壳旁，人手触及外壳时，其手、脚之间承受的电位差。

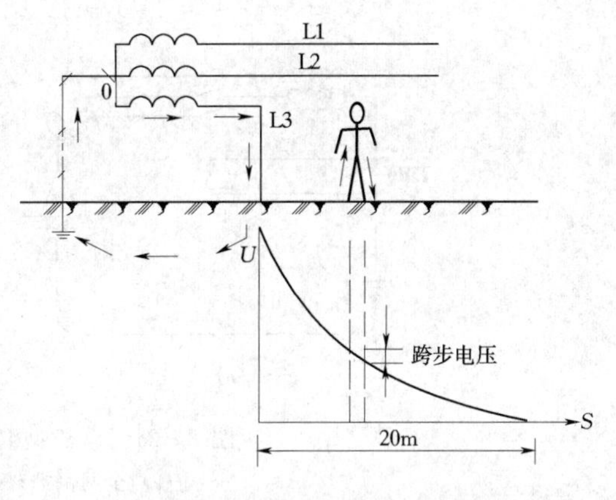

图 8-20　跨步电压触电示意图

4. 预防措施

触电事故的发生，大都是因为轻视电的危险性，缺乏用电知识，设备不合规格，不遵守操作规程等所造成的。因此，在供电和用电工作中，必须注意电气安全。

保证电气安全，预防触电的一般措施如下：

(1) 加强安全用电教育，树立安全生产的观念，克服麻痹思想。

(2) 建立和健全岗位责任制，电气操作应符合规程的规定。

(3) 安装电气装置要符合安装规程规定。

(4) 加强运行维护和检修试验工作。

(5) 对于容易触电的场所及手提电器，应采用安全电压。

(6) 普及安全用电知识。

六、漏电保护装置

漏电保护装置中常用的是漏电开关，漏电开关又叫触电保安器，它从20世纪50年代开始就已作为防止人身触电的一种技术措施。经过多年来使用证明，触电保安器是防止人身触电有效的保护装置。但不能因为安装了触电保安器就认为一切保险，过分依赖触电保安器而忽略其他的防护措施。采用触电保安器时，同时考虑与其他防护措施的相互配合，以求对触电进行最有效的保护。触电保安器有电磁式和电子式。电子式触电保安器是在电磁式触电保安器的基础上加装具有比较、放大、整形等功能的电子电路，其保护原理与电磁式相同。电磁式触电保安器主要由检测元件、电磁式脱扣器和主开关组成。从控制原理分，触电保安器主要有电流动作型、电压动作型、交流脉冲型等。目前用得较多的是电流动作型触电保安器。电流动作型触电保安器由零序电流互感器、脱扣机构及主开关等部件组成。零序电流互感器作为检测元件，可以安装在系统工作接地线上，构成全网保护方式，如图 8-21 (a) 所示；也可安装在干线或分支线上，构成干线或分支线保护，如图 8-21 (b) 所示。

全网保护方式的工作原理是：当系统内发生人身触电事故时，流过人体的电流经大地及接地装置返回变压器中性点，在零序电流互感器的二次线圈中便产生感应电动势，该电动势加在与之相联的触电保安器的脱扣线圈上，当触电电流达到某一规定值时，零序电流互感器的二次感应电动势就足够大，使脱扣器动作，主开关便迅速切断电源，达到安全保

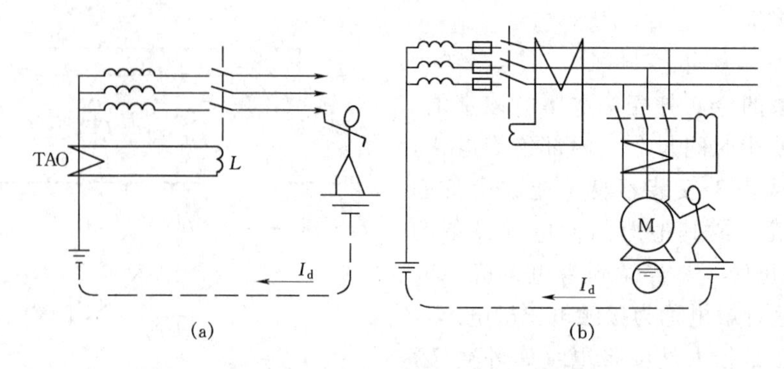

图 8-21 电流型漏电保护器工作原理

(a) 全网保护；(b) 支干线保护

护的目的。全网保护方式由于断电范围较大，所以一般只用于规模较小的电网。

图 8-22 是干线或分支线的触电保安器的工作原理图。正常时，零序电流互感器的环形铁心所包围的电流的相量和为零，这时在铁心中产生的磁通也为零，零序电流互感器二次绕组没有感应电动势产生，触电保安器不动作。当有人触电或发生其他故障而有漏电电流入地时，将破坏环形铁心中电流的平衡状态，在铁心中将产生交变磁通 Φ_d，零序电流互感器的二次绕组就将感应电动势，感应电动势的大小决定于零序电流互感器中电流不平衡情况，也就是决定于触电电流大小。当感应电动势达到一定值时，二次绕组电流 I_2 也足够大，这时脱扣器动作，使主开关迅速切断电源，达到触电保护目的。

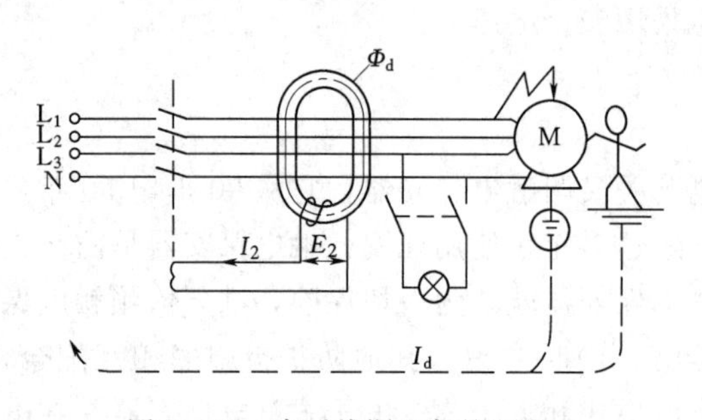

图 8-22 支干线漏电保护原理

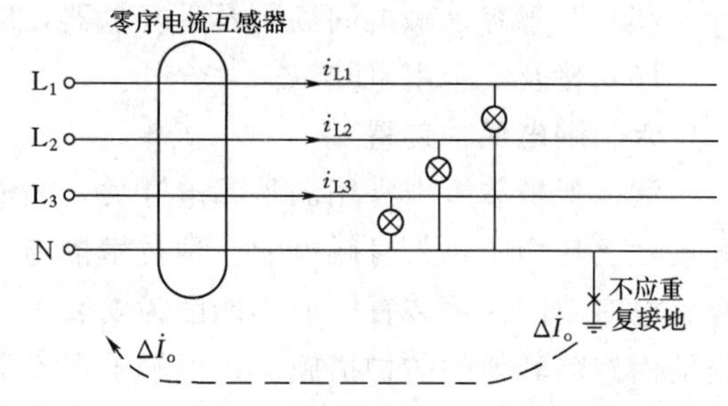

图 8-23 重复接地对漏电保护的影响

电压动作型触电保安器是根据人身触电时有对地电压，触电保安器根据对地电压的大小而动作，电压型触电保安器常用在中性点不直接接地的供电系统。

脉冲型触电保安器是根据电流变化的速率动作，它能有效地区分电路中是正常漏电还是发生人身触电。

安装和使用触电保安器，除了正确选用外，还必须注意以下问题：

（1）装在中性点直接接地电网中的触电保安器，在其后面的电网零线不准重复接地（设备不能保护接零，只能保护接地）以免重复接地产生接地漏电流，引起触电保安器误动，如图 8-23 所示。

（2）用电设备的接线应正确无误。

（3）被保护支路应有各自的专用零线。相邻保护支路的零线不得就近相联，以免造成保安器误动。

(4) 安装触电保安器和没有安装触电保安器的设备不能共用一套接地装置，如图 8－24 所示。图中电动机 M1 与 M2 共用一套接地装置，当未装触电保安器的 M1 发生漏电碰壳时，电动机 M1 外壳上的对地电压必然反映到电动机 M2 的外壳上，当人触及这时已带电的电动机 M2 的外壳时，就会发生触电，因为此时触电电流并不经过触电保安器的零序电流互感器。因而触电保安器不会动作，不能起到安全保护作用。

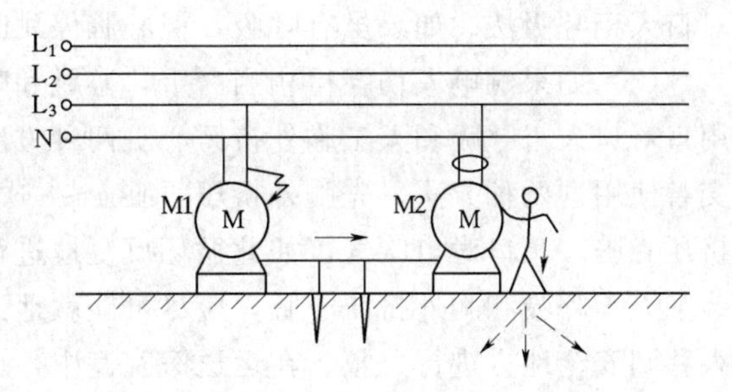

图 8－24　M1、M2 共用一套接地装置的危险

装设了触电保安器的系统，如果系统发生严重漏电、单相接地短路或有人触电，触电保安器应正确动作，若不动作或系统正常时却动作，则说明触电保安器本身有缺陷。例如：控制失灵、损坏或与系统配合不当。此时应及时对触电保安器进行检查，找出故障，予以排除。对已损坏的触电保安器应予以更换。

七、触电急救

触电人员的现场急救，是抢救过程中的一个关键。如处理得及时和正确，就可能使因触电而呈假死的人获救；反之，则可能带来不可弥补的后果。因此，从事电气工作的人员也必须熟悉和掌握触电急救技术。

(一) 脱离电源

使触电人尽快脱离电源，是救治触电人的第一步，也是最重要的一步。具体作法如下：

(1) 如果开关距离救护人较近，应迅速地拉开开关，切断电源。

(2) 如果开关距离救护人很远，可用绝缘手钳或装有干燥木柄的刀、斧、铁锹等将电线切断。但应防止被切断的电源线触及人体。

(3) 当导线搭在触电人身上或压在身下时，可用干燥木棒、竹竿或其他带有绝缘手柄的工具，迅速将电线挑开，但不能直接用手或用导电的物件去挑电线，以防触电。

(4) 如果触电人衣服是干燥的，而且电线并非紧缠其身时，救护人员可站在干燥的木板上用一只手拉住触电人的衣服将他拉离带电体，但此法只适用于低压触电的情况。

(5) 如果人在高空触电，还须采取安全措施，以防电源切断后，触电人从高空掉下致残或致死。

(二) 急救处理

当触电人脱离电源后，应立即根据具体情况，迅速对症救治，同时赶快派人请医生前来抢救。

(1) 如果触电人的伤害并不严重，神志尚清醒，只是有些心慌，四肢发麻，全身无力，或者虽一度昏迷，但未失去知觉时，都要使之安静休息，不要走路，并密切观察其病变。

(2) 如果触电人的伤害较严重，失去知觉，停止呼吸，但心脏微有跳动时，应采取口对口人工呼吸法。如果虽有呼吸，但心脏停跳时，则应采取人工胸外挤压心脏法。

(3) 如果触电人伤害得相当严重，心跳和呼吸都已停止，人完全失去知觉时，则需采用口对口人工呼吸和人工胸外挤压心脏两种方法同时进行。如果现场仅有一人抢救时，可交替使用这两种方法，先胸外挤压心脏 4～8 次，然后暂停，代以口对口吹气 2～3 次，再挤压心脏，又口对口吹气，如此循环反复地进行操作。

人工呼吸和胸外挤压心脏，应尽可能就地进行，只有在现场危及安全时，才可将触电人移到安全地方进行急救。在运送医院途中，也应不间断地进行人工呼吸或心脏挤压，进行抢救。

(三) 人工呼吸和心脏挤压

人的生命的维持，主要是靠心脏跳动而造成的血液循环和由于呼吸而形成的氧气和废气的交换过程。“假死”就是由于中断了这种过程所致。因此，当人触电后一旦出现假死现象。应立即迅速施行人工呼吸或心脏挤压。

人工呼吸和心脏挤压法，通常采用的有：仰卧压胸法、俯卧压背法、口对口吹气法、胸外挤压心脏法和开胸直接挤压心脏法等。这里只介绍简便易行且效果较好的口对口吹气法和胸外挤压心脏法。

1. 口对口（或口对鼻）吹气法

(1) 首先迅速解开触电人的衣服、裤带，松除其上身的紧身衣，护胸罩和围巾等，使其胸部能自由扩张，不致妨碍呼吸。

(2) 使触电人仰卧，不垫枕头，头先侧向一边，清除其口腔内的血块、假牙及其他异物等。如其舌根下陷，应将舌头拉出，使呼吸道畅通。如触电者牙关紧闭，救护人应以双手托住下巴骨的后角处，大拇指放在下巴角边缘，用手将下巴骨慢慢向前推移，使下牙移到上牙之前；也可用开口钳、小木片、金属片等，小心地从口角伸入牙缝撬开牙齿，清除口腔内异物。然后将其头部扳正，使之尽量后仰，鼻孔朝天，呼吸道畅通。

(3) 救护人位于触电人头部的左边或右边，用一只手捏紧其鼻孔，不使漏气；用另一只手将其下巴拉向前下方，使其嘴张开，嘴上可盖一层纱布，准备接受吹气。

(4) 救护人作深呼吸后，紧贴触电人的嘴，向他大口吹气，如图 8-25 (a) 所示。如果掰不开嘴，可贴鼻孔吹气，使其胸部膨胀。

(5) 救护人吹气完毕后换气时，应立即离开触电人的嘴（或鼻孔），并放松紧捏的鼻（或嘴），让其自由排气，如图 8-25 (b) 所示。

按照上述要求对触电人反复地吹气、换气，每分钟约 12 次。对幼小儿童施行此法时，

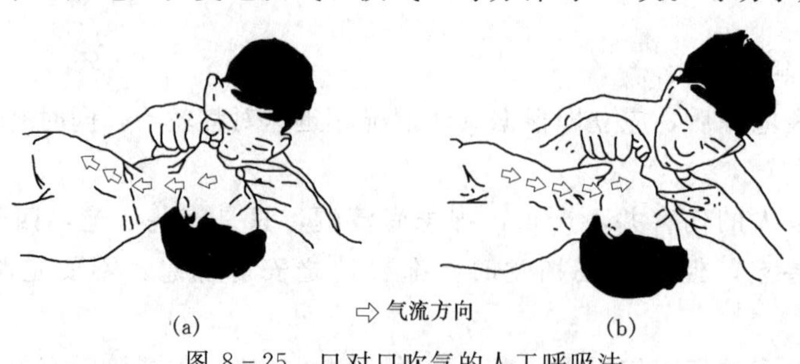

图 8-25　口对口吹气的人工呼吸法

鼻子不必捏紧，可任其自由漏气，而且吹气不能过猛，以免肺包胀破。

2. 人工胸外挤压心脏法

(1) 与人工呼吸法的要求一样，首先要解开触电人衣物，并清除口腔内异物，使其胸部能自由扩张。

(2) 使触电人仰卧，姿势与上述口对口吹气法相同，但后背着地处的地面必须牢固，为硬地或木板之类。

(3) 救护人位于触电人一边，最好是跨腰跪在触电人的腰部，两手相叠（对儿童可只用一只手），手掌根部放在心窝稍高一点的地方（掌根放在胸骨下的1/3部位），如图8-26所示。

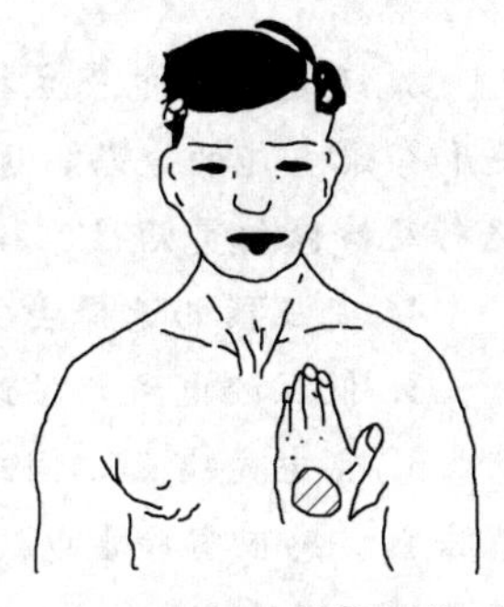

图8-26 心脏挤压的正确压点（一）

(4) 救护人找到触电人的正确压点后，自上而下、垂直均衡地用力向下挤压，压出心脏里面的血液，如图8-27 (a) 所示。对儿童，用力要适当小一些。

(5) 挤压后，掌根迅速放松（但手掌不要离开胸部），使触电人胸部自动复原，心脏扩张，血液又回到心脏里来，如图8-27 (b) 所示。

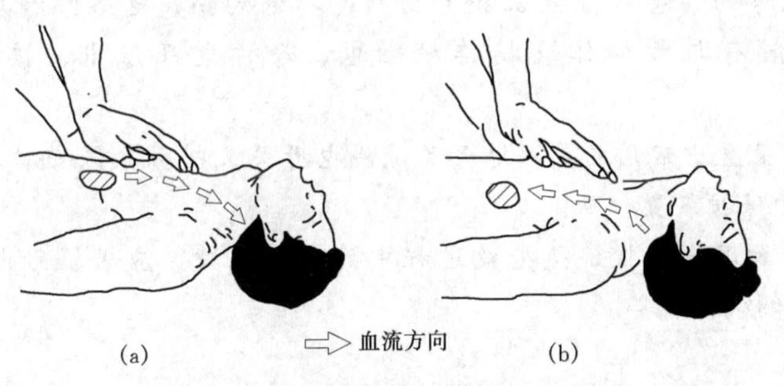

图8-27 心脏挤压的正确压点（二）

按照上述要求反复地对触电人的心脏进行挤压和放松，每分钟约60次。挤压时定位要准确，用力要适当。既不可用力过猛，以免将胃中食物挤压出来，堵塞气管，影响呼吸，或折断筋骨，损伤内脏；又不可用力过小，达不到挤压血流的作用。

在施行人工呼吸和心脏挤压时，救护人应密切观察触电人的反应。只要发现触电人有苏醒征象，如眼皮闪动或嘴唇微动，就应中止操作几秒钟，以让触电人自行呼吸和心跳。

在施行人工呼吸和心脏挤压时，对救护人来说，是非常劳累的，但必须坚持不懈，直到触电人复苏或医务人员前来救治为止。只有医生才有权宣布触电人真正死亡。事实说明，只要正确地坚持施行人工救治，触电假死的人被抢救复活的可能性是非常大的。

小　结

1. 我国三相交流电网和电力设备额定电压的规定见表8-1所示。

2. 在进行负荷计算时，应将不同工作制的用电设备按其额定容量统一换算为计算容量。

3. 变电所的电气主接线，也称主电路、一次系统，它是变电所（电气系统）用以输送和分配电能的电路，通常以单线图的形式表示。主接线的基本要求是：运行的可靠性、运行及检修的灵活性、接线尽可能清晰简单及运行的经济性。

4. 变压器的选择主要是指台数和容量的选择。

5. 低压配电线路按结构型式来分，有低压架空线路和低压电缆线路两类。

6. 雷电是雷云之间或雷云对地面放电的一种自然现象。雷电破坏有三种基本形式：直击雷、感应雷和雷电波。防雷保护的措施常采用避雷针、避雷器、避雷线等传统的防雷装置进行防雷保护。

7. 接地和接零的有关概念，是指接地、接零的类型和作用及工作接地、保护接地、保护接零、重复接地和防雷保护接地的作用。

8. 无论是工作接地还是保护接地，都是经过接地装置与大地连接。接地装置包括接地体和接地线两部分。

9. 接地电阻是指接地体电阻、接地线电阻和土壤散流电阻三部分之和。接地电阻可以用不同的方法进行测量，如果接地电阻偏大，可采用相应的降阻措施。

10. 电流对人体的伤害可分电击和电伤（包括电灼伤、电烙印和皮肤金属化）两大类。人体触电一般有与带电体直接接触触电、跨步电压触电、接触电压触电等几种形式。

11. 漏电保护装置中常用的是漏电开关，漏电开关又叫触电保安器，触电保安器是防止人身触电有效的保护装置。

12. 触电人员的现场急救，是抢救过程中的一个关键，应根据触电人呈现的不同状况，采取相应的急救措施。

习　　题

1. 电力设备的额定电压是怎样确定的？

2. 什么是电气主接线？主接线的基本要求有哪些？

3. 变压器台数容量的选择应考虑哪些原则？

4. 雷电是怎样形成的？雷电危害有哪三种基本形式？雷电主要有哪几方面的破坏作用？防雷保护的措施有哪些？

5. 什么是电气上的“地”？什么是跨步电压？什么是接零？工作接地、保护接地、保护接零、重复接地和防雷保护接地的作用各有何不同？

6. 自然接地体必须符合哪些条件？

7. 降低接地电阻的措施有哪些？

8. 电流对人体的伤害可分为哪几类？人体一般有几种触电形式？

9. 安装和使用触电保安器，除了正确选用外，还必须注意哪些问题？

10. 人工呼吸和心脏挤压法，通常采用哪几类？简要说明口对口（或口对鼻）吹气法和人工胸外挤压心脏法的步骤。

技能训练　绝缘电阻的测量

一、实训目的

掌握使用兆欧表测量电气设备绝缘电阻的方法。

二、仪器仪表

(1) 兆欧表（ZC—7型，500V）一只。

(2) 三相笼型异步电动机一台。

三、实训内容

用兆欧表测量三相笼型异步电动机绝缘电阻。

1. 兆欧表简介

为了保证电气设备的安全运行，工程技术中经常要检测电气设备的绝缘电阻。不能用万用表欧姆档测量绝缘电阻，因为万用表欧姆档所用电源电压很低，在低压下呈现的绝缘电阻不能反映电气设备或线路在高压情况下的绝缘状况。

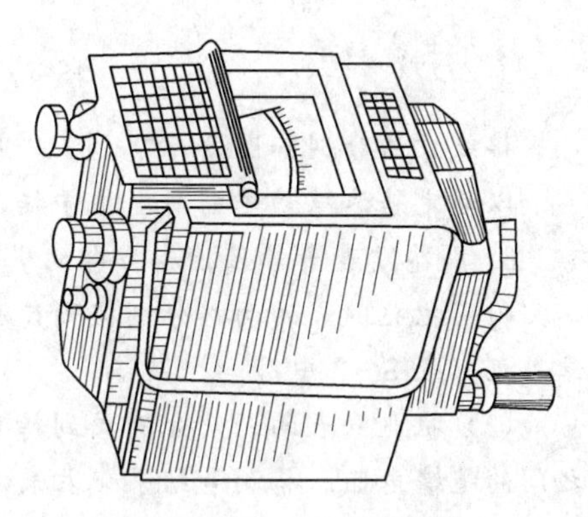

图 8-28　5050型兆欧表

兆欧表又称摇表，也叫高阻表，是一种专门用来测量绝缘电阻的直读式指示仪表。如图8-28所示为5050型兆欧表外形。兆欧表内附小型手摇直流发电机，或能输出直流高压的电子变换器。常用的兆欧表可以输出500、1000、2000V和5000V等各种等级的电压。

兆欧表一般有三个接线柱，分别为线路接线柱L、地线接线柱E和屏蔽接线柱G。测量时多用前两个接线柱，屏蔽接线柱一般不用。待测电阻接在L和E之间。

兆欧表的标尺单位为兆欧（MΩ）。5050型兆欧表的输出电压为500 V，量程为500 MΩ。

2. 兆欧表使用方法

(1) 根据被测设备的额定电压选择兆欧表的额定电压等级。

(2) 测量前，首先检查兆欧表是否完好。检查的方法为：先使兆欧表的两接线端钮L和E开路，以额定转速（通常标在铭牌上，一般为120r/min）按顺时针方向摇动手摇发电机手柄，看指针是否指在∞处；再将L和E短接，缓慢摇动手柄，看指针是否指在0处。如不符合以上条件，则说明兆欧表出现故障，不能使用。

(3) 接线和读数方法如下：

测量电动机绕组的接地绝缘电阻时，将电动机的被测绕组接兆欧表的L端，机壳接E端；

测量线路中任一导线与地线之间的绝缘电阻时，将被测导线接兆欧表的L端，地线接E端；

测量线路中任意两根导线之间的绝缘电阻时，将两个被测导线分别接兆欧表的L、E端。

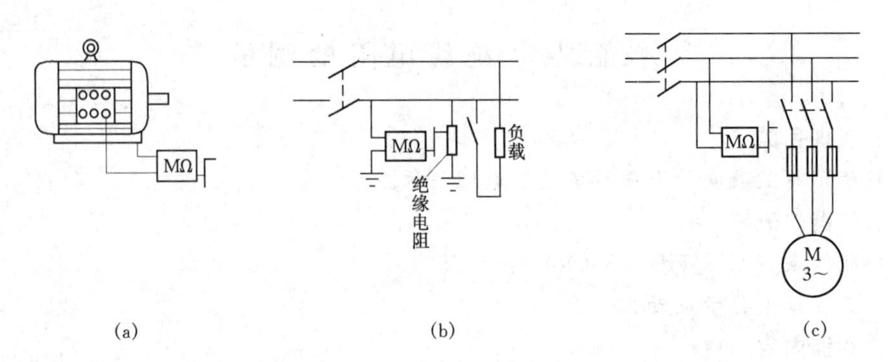

图 8-29　兆欧表的接线方法

接线方法分别如图 8-29（a）、（b）和（c）所示。

以额定转速摇动手摇发电机手柄，待指针稳定后，读取被测绝缘电阻的数值。

3. 用兆欧表测量三相异步电动机绕组的绝缘电阻

（1）把兆欧表的两端分别接到待测绕组的接线端，测量绕组之间的绝缘电阻。将测量结果记入表 8-2 中。

（2）把兆欧表的两端分别接到待测绕组的接线端和机壳的接地螺丝，测量绕组与机壳之间的绝缘电阻。将测量结果记入表 8-2 中。

四、注意事项

表 8-2　兆欧表测量绝缘电阻数据

测 量 内 容	测量数据（MΩ）
绕组间的绝缘电阻	
绕组与机壳间的绝缘电阻	

（1）用兆欧表测量绝缘电阻时，应尽量保持手摇发电机以额定转速匀速转动，切忌忽快忽慢。必须待手摇发电机转动 1min、指针稳定后方可读取数据。

（2）严禁测量带电设备的绝缘电阻。对具有电容的高压设备，切断电源后还应将设备充分放电，使设备完全处于不带电状态下方可进行测量。

（3）兆欧表与被测绝缘电阻之间的连接导线应选用绝缘良好的单股导线，不能用双股导线或绞线，以免影响测量结果。

（4）测试过程中，如发现兆欧表指零，说明被测电阻已被击穿，应立即停止测量，以防仪表受损。

（5）由于兆欧表手摇发电机产生的电压较高，测试过程中不得用手触及被测部分。测试完毕后应使被测物充分放电。

（6）测量时将兆欧表置于水平位置，小心轻放，以免造成机械损伤。严禁在雷雨天气或附近有高压带电设备的场合使用兆欧表，以防发生人身或设备事故。

五、写出实习报告

1. 如何选用兆欧表？

2. 为什么不能用万用表欧姆档测量绝缘电阻？

*第九章　电子技术基本知识

第一节　半导体二极管

一、半导体的基本知识

自然界的各种物质，根据其导电能力的差别，分为导体、绝缘体和半导体三大类。一般情况下，电阻率在 $10^{-4}\Omega\cdot cm$ 以下的为导体，如银、铜、铝等金属；电阻率在 $10^{10}\Omega\cdot cm$ 以上的为绝缘体，如橡皮、塑料、陶瓷等；电阻率在 $10^{-3}\sim10^{9}\Omega\cdot cm$ 范围以内的就是半导体。硅和锗是目前制作半导体器件的主要材料。半导体受到重视的原因，不是因为其导电能力介于导体和绝缘体之间。而是因为它的导电能力在不同的条件下有着显著的差异。例如，当半导体受到热或光的激发时，导电率明显增强，又如在纯净的半导体中掺入微量"杂质"元素，此"杂质半导体"电阻率几乎下降到原有电阻率的百万分之一，导电能力猛增上百万倍。这是半导体区别于导体和绝缘体的最显著特性。人们正是利用这一特性，用掺入不同性质的微量杂质来控制半导体的导电能力和类型，制造出各种半导体器件的。

（一）本征半导体

纯净的半导体称为本征半导体。最常用的本征半导体是硅和锗的单晶体。图 9-1 是硅和锗的简化原子结构模型，图中⊕4 代表原子核和内层电子所具有的电荷，外层有 4 个价电子来表示一个 4 价元素的原子。

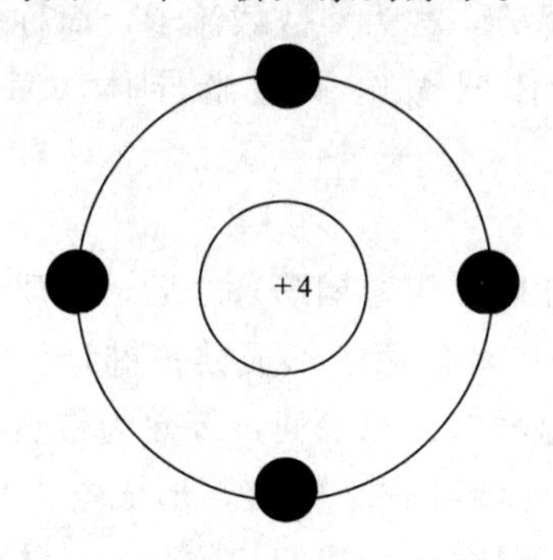

图 9-1　硅或锗的简化原子结构模型

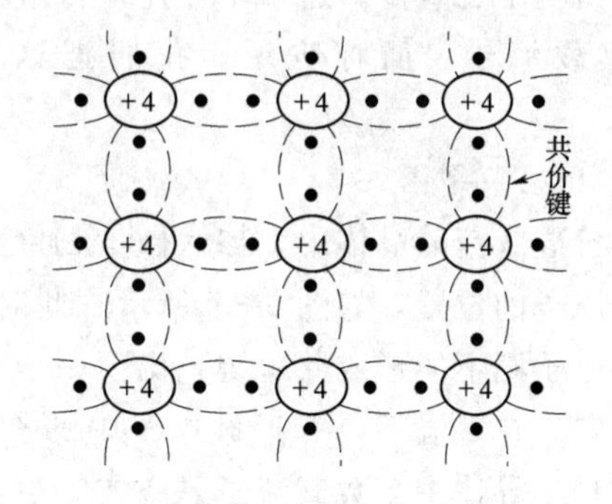

图 9-2　硅或锗晶体中共价键结构示意图

当把硅或锗提纯制成单晶体后，晶体中的原子在空间排列成非常有规律的空间点阵（称为晶格）。每个原子的价电子不仅受到所属原子核的作用，而且还受到相邻原子核的吸引，使得一个价电子为相邻的原子核所共有，形成共价键结构，如图 9-2 所示，使每个原子的外层电子均有 8 个而处于稳定状态。

在热力学温度（−273.16℃）时，价电子没有能力脱离共价键的束缚，在这种情况下，晶体中没有自由电子，半导体是不导电的。在室温时，共价键中有些电子获得能量而脱离共价键成为自由电子，同时在原来的共价键中留下一个空位，称为“空穴”，如图 9-3 所示。此时别处的价电子就有可能来填补这个空穴形成空穴的相对运动，形成电流，我们认为空穴是一种带正电的载流子。因此，本征半导体中有空穴和自由电子两种载流子。

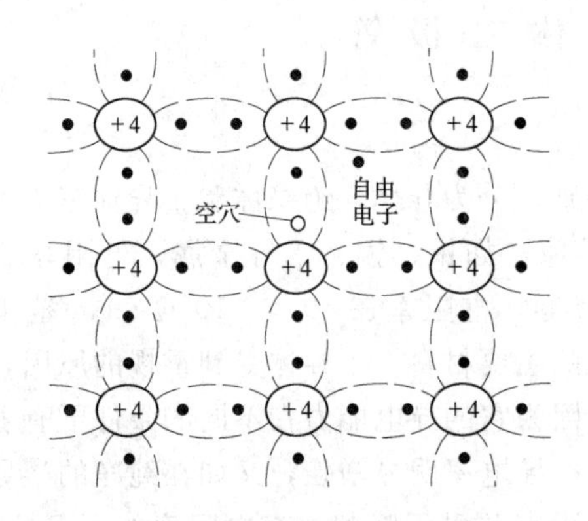

图 9-3　本征激发产生电子和空穴

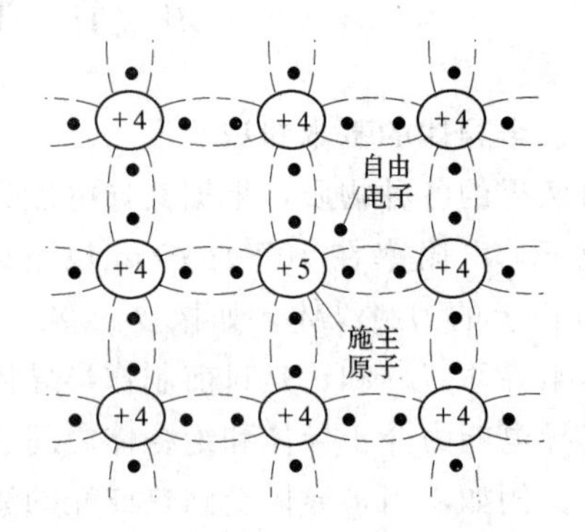

图 9-4　N 型半导体结构示意图

（二）N 型半导体

在四价硅（Si）或锗（Ge）的晶体中，掺入微量五价元素（如磷、砷、锑等）之后，杂质原子代替了原来硅原子的位置，如图 9-4 所示。此时除了四个电子与周围的四个硅原子形成共价键外，尚多出一个价电子，这个多余电子仅受杂质原子核的束缚，束缚力很小，在室温下就可脱离杂质原子而成为自由电子。与此同时，杂质原子失去一个电子而成为正的离子。由于杂质原子能够放出电子，故称为施主杂质。掺入施主杂质的浓度愈高，产生的自由电子也愈多。这种半导体中自由电子占优势，称为多数载流子，简称多子，空穴是少数载流子，简称少子。我们把这种半导体叫做电子型半导体，简称 N 型半导体。

（三）P 型半导体

在四价硅或锗的晶体中，掺入微量三价元素（如硼、铝、铟等）之后，杂质原子代替了原来硅原子的位置，如图 9-5 所示。此时只能与三个硅原子形成共价键，另外一个硅原子的价电子则不能形成共价键，出现一个空位。这样杂质原子便可等效为带负电的离子和一个空穴。在室温下，邻近硅原子中的价电子便能填补这个空穴，形成空穴的相对运动。在这种半导体中多数载流子是空穴，少数载流子是电子。我们把这种半导体叫做空穴型半导体，简称 P 型半导体。

二、半导体二极管

（一）PN 结及其单向导电性

1. PN 结的形成

采用不同的掺杂工艺，使一块半导体一边形成 N 型半导体，另一边形成 P 型半导体，那么在两种半导体的交界面附近就形成了 PN 结。

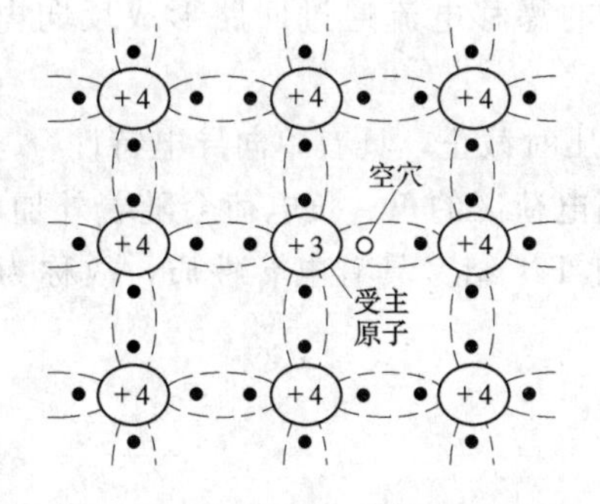

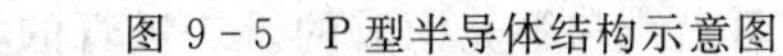

图 9-5　P 型半导体结构示意图

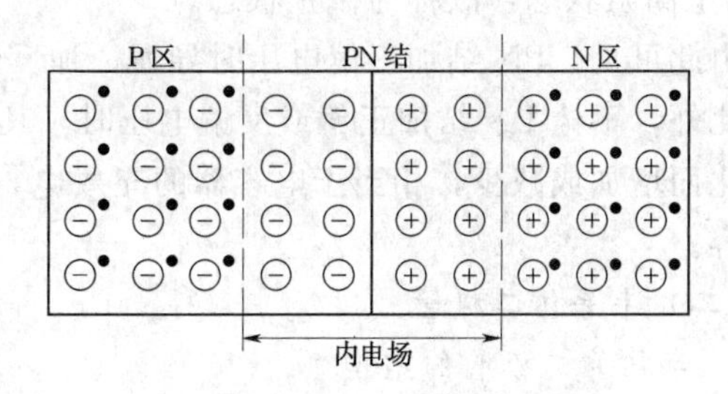

图 9-6　PN 结的形成

由前所述，在 N 型半导体中电子是多子，而在 P 型半导体中空穴是多子，在 N 型和 P 型半导体相接触的交界面，N 区中的电子会向 P 区扩散，P 区中的空穴向 N 区扩散，这种因多子浓度差异而形成的电流叫扩散电流。N 区的电子向 P 区扩散后，交界面附近的 N 区中就剩下不能移动的带正电荷的正离子区；同样，P 区中的空穴向 N 区扩散后，P 区也会剩下不能移动的带负电的负离子区。这个带正、负电荷的空间电荷区就是 PN 结，如图 9-6 所示。空间电荷区的正、负离子形成的电场叫自建电场或内电场，由自建电场在 PN 结两侧形成的电位差，硅材料的约为 0.6～0.7V，锗材料的约为 0.2～0.3V。

自建电场会加速少数载流子的移动，这种少子在电场力作用下有规则的运动称为漂移电流。扩散和漂移是既相互联系又相互矛盾的。在开始时扩散运动占优势，内建电场逐渐加强。随后扩散逐渐减弱，而少子的漂移逐渐加强，最后扩散和漂移达到平衡，形成稳定的 PN 结，此时扩散电流和漂移电流大小相等、方向相反，流过交界面的净电流为零。

2. PN 结的单向导电性

(1) PN 结加正向电压时，PN 结导通。P 区接电源的正极，N 区接电源的负极，如图 9-7 (a) 所示，称为对 PN 结加正向电压，简称正偏。此时在外电场作用下，多子被推向耗尽层，结果使耗尽层变窄，内电场被削弱，有利于多子的扩散而不利于少子的漂移。多子的扩散电流通过回路形成正向电流。PN 结呈现低电阻，故称为导通状态。

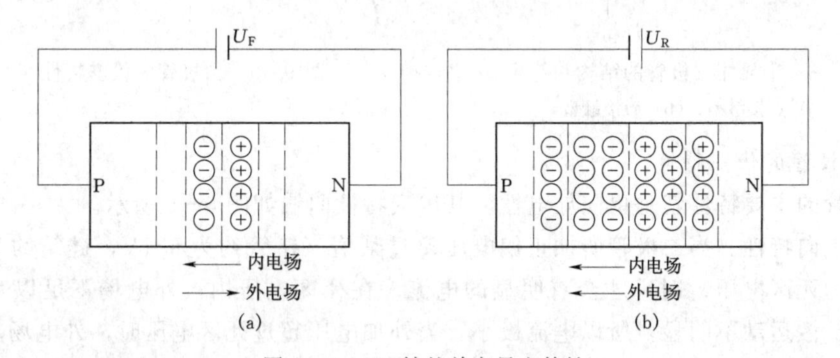

图 9-7　PN 结的单向导电特性

(a) 加正向电压时的 PN 结；(b) 加反向电压时的 PN 结

(2) PN 结加反向电压时，PN 结截止。P 区接电源的负极，N 区接电源的正极，如图 9-7 (b) 所示，称为对 PN 结加反向电压，简称反偏。此时外电场与内电场一致，使耗尽层变宽，扩散电流减弱直至为零，少数载流子的漂移电流通过回路形成反向电流。PN结呈高阻状态，故称为截止状态。

由此可见，PN结加正偏电压时导通，加反偏电压时截止，具有单向导电特性。

此外，不论PN结加正偏或反偏电压时，其空间电荷区的正、负电荷会随着外加电压的变化而增加或减少，相当于电容器的充放电，因此PN结又具有电容性质，故称为PN结电容。

（二）半导体二极管

1. 半导体二极管的结构

半导体二极管（简称二极管）是由PN结加上电极引出线和管壳构成的。二极管的类型较多，按制作二极管的半导体材料分为锗二极管和硅二极管；按管芯结构特点分为点接触型和面接触型两类。

点接触型二极管。其结构见图9-8（a），它的特点是结面积小，由于结小，故结电容也小，适用于高频（几百兆赫）工作，但允许通过的电流小。主要应用于小电流整流、高频的检波、混频以及数字电路中的开关元件等。

面接触型二极管。其结构见图9-8（b），它的特点是结面积大，因而允许通过的电流也大，但结电容也大，只能在较低的频率下工作。适用于作大功率整流器件。

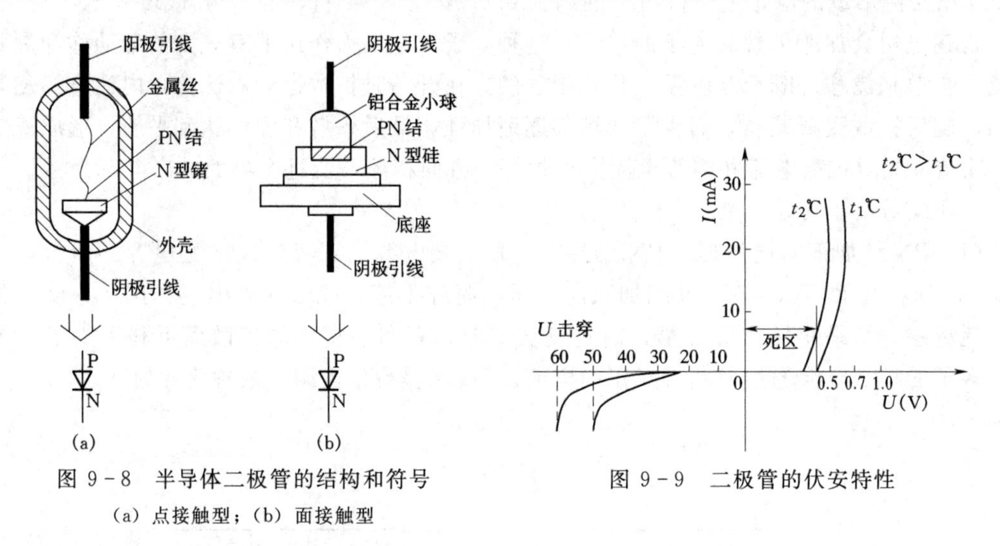

图9-8　半导体二极管的结构和符号

（a）点接触型；（b）面接触型

图9-9　二极管的伏安特性

2. 二极管的伏安特性

二极管的主要特性就是单向导电性。其伏安特性曲线如图9-9所示。

（1）正向特性。当二极管所加正偏电压超过某值（锗管约为0.1V，硅管约为0.5V，此电压称为死区电压）时，才会有明显的电流。在死区电压内，外电场不足以克服内电场，多子扩散运动不明显，所以电流极小。当外加电压超过死区电压时，外电场足以克服内电场对扩散的阻碍作用，多子扩散运动迅速增加，电压稍有增加，电流则迅速按指数规律增加。

（2）反向特性。由于反向电流由少子决定，与反向电压无关，因此在一定的反向电压范围内，反向电流是一个很小的基本不变的值，称为反向饱和电流，其值硅管小于1μA；

锗管的约为几十到几百微安。此电流受温度的影响极大，温度每升高 10℃，反向电流增加约一倍。

(3) 击穿特性。如果反向电压升高到某一特定值，则反向电流会急剧增大，这种现象叫击穿，发生击穿时的电压叫击穿电压。

3. 主要参数

(1) 最大整流电流 I_{DM}。在一定温度下允许长期通过的最大正向电流的平均值为 I_{DM}。使用时若正向电流超过 I_{DM}，则可能造成二极管过热而损坏。

(2) 最高反向工作电压 I_{RWM}。允许加在二极管的反向峰值电压为 I_{RWM}，其值通常取击穿电压值的 1/2 或 1/3。

(3) 最大反向电流 I_{RM}。二极管加 U_{RM} 电压时的反向电流值为 I_{RM}，它受温度的影响较大。

此外，还有直流电阻 R_D 和交流电阻 r_D 等参数。直流电阻正向约为几欧到几十欧，反向可达几千欧到几百千欧；交流电阻正向约为几欧到几十欧，反向可达几千欧到几百千欧以上。

(三) 稳压二极管

1. 稳压二极管的结构

硅稳压管是一种特殊工艺的面接触型二极管，它与面接触型二极管极其相似，只是其反向击穿特性很陡。

2. 稳压二极管的伏安特性

稳压管工作在反向击穿区，亦称为稳压区，此稳压区的击穿是可逆的电击穿，只要采取适当的措施限制通过管子的电流，就能保证管子不因过热而烧坏。而在击穿状态下，流过管子的电流在一定的范围内变化时，管子两端电压变化很小，利用这一点可以达到“稳压”的效果。稳压管的符号与伏安特性见图 9-10 所示。

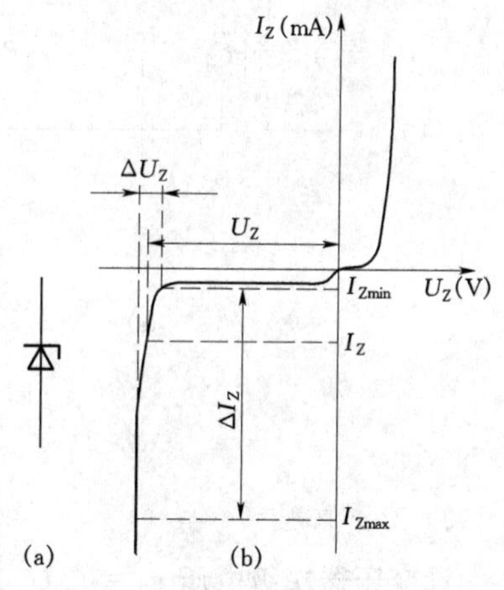

图 9-10 稳压管的符号与伏安特性

(a) 稳压管的符号；(b) 伏安特性曲线

3. 稳压二极管的主要参数

(1) 稳定电压 U_Z。指稳压管中的电流为规定电流时，稳压管两端的电压值。

(2) 最大稳定电流 I_{Zmax} 和最小稳定电流 I_{Zmin}。$I_{Zmax} \sim I_{Zmin}$ 是稳压管正常工作时的电流范围。如果稳压管中的电流 $I_Z < I_{Zmin}$，管子端电压不稳定（管子未工作在反向特性区较陡的工作段）；$I_Z > I_{Zmax}$ 管子会因过热而损坏。

(3) 最大耗散功率 P_{Zmax}。最大稳定电流 I_{Zmax} 与稳定电压的乘积称为最大耗散功率。

(4) 动态电阻 r_Z。它是指稳压管在正常工作范围内，管子两端电压 U_Z 的变化量和管中电流 I_Z 的变化之比，即

$$r_Z = \frac{\Delta U_Z}{\Delta I_Z} \tag{9-1}$$

稳压管的特性曲线愈陡，r_Z 愈小，稳压性能愈好。

第二节　半导体整流滤波电路

一、单相整流电路

（一）单相半波整流电路

1. 电路的组成

图 9－11（a）是单相半波整流电路。由电源变压器 T、整流二极管 V 和负载电阻 R_L 组成。图 9－11（b）是其工作波形。

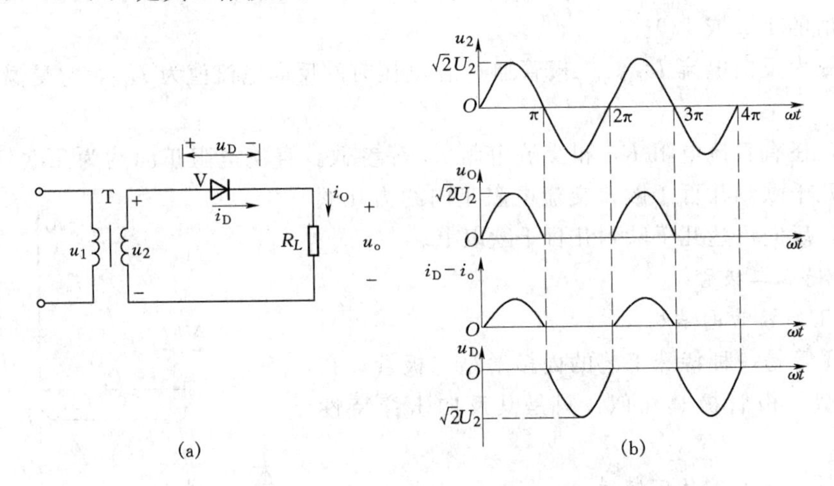

图 9－11　单相半波整流电路

（a）电路图；（b）工作波形

2. 工作原理

设变压器次级电压 $u_2=\sqrt{2}U_2\sin\omega t$。在 u_2 的正半周内，其极性为上正下负，二极管因正偏而导通，若忽略二极管的导通电压，则 $u_O=u_2$；在 u_2 的负半周，其极性为上负下正，二极管因反偏而截止，$u_O=0$，此时 u_2 全部加于二极管两端。此后重复上述过程。因为这种整流电路在输入正弦电压的一个周期内，输出的电压只有半个正弦波形，所以称为半波整流电路。

3. 单相半波整流电路的参数

（1）输出电压平均值 $U_{O(av)}$。这是指输出电压 u_O 在一个周期中的平均值，即

$$U_{O(av)}=\frac{\sqrt{2}}{\pi}U_2\approx 0.45U_2 \tag{9-2}$$

（2）输出电流平均值 $I_{O(av)}$。输出电流等于流过二极管的电流，两者的平均值也相等，即

$$I_{O(av)}=I_{D(av)}=\frac{U_{O(av)}}{R_L} \tag{9-3}$$

（3）二极管承受的最高反压 U_{RM}。u_2 负半周时二极管截止，$u_D=u_2$，因此

$$U_{RM}=U_{2m}=\sqrt{2}U_2 \tag{9-4}$$

半波整流电路简单，元件少，但效率低，输出电压脉动大。只适用于要求不高的场合。

（二）单相桥式整流电路

1. 电路组成

图 9－12（a）是单相桥式全波整流电路。它由变压器 T、V_1～V_4 四个整流二极管和负载电阻 R_L 组成。图 9－12（b）是其简化电路图。

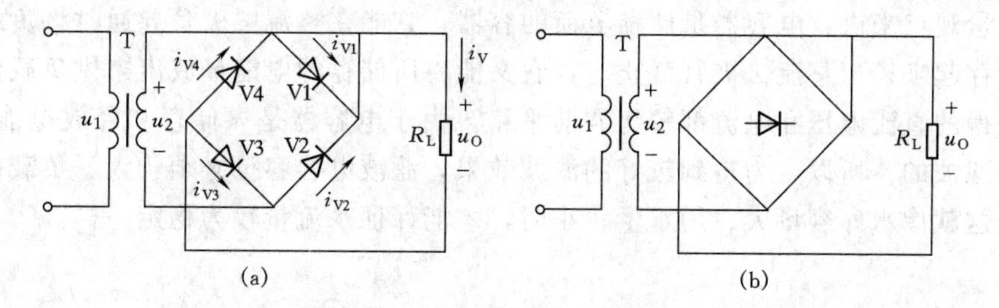

图 9－12 单相桥式整流电路

（a）电路图；（b）简化图

2. 工作原理

在 u_2 的正半周，二极管 V_1、V_3 导通，V_2、V_4 截止，电流 i_V 自上而下流过负载，若忽略二极管导通电压，则 $u_O=u_2$；在 u_2 的负半周，二极管 V_2、V_4 导通，V_1、V_3 截止，电流 i_V 以同样方向流过负载，u_2 仍加于输出端。由此可知，交变的 u_2 由于 V_1、V_3 和 V_2、V_4 的轮流导通，结果在负载上获得单方向的脉动电压输出，其工作波形如图 9－13 所示。

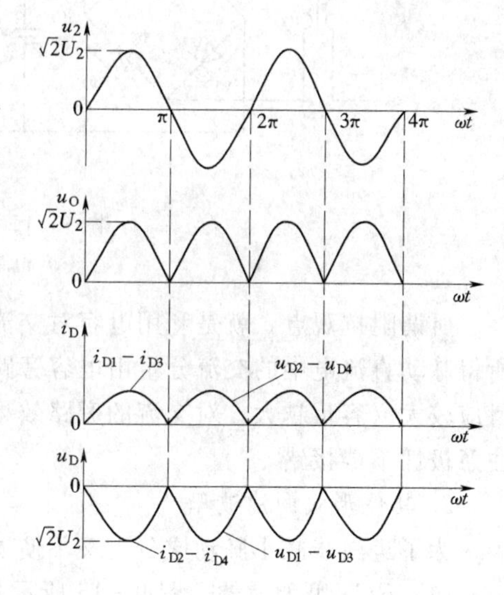

图 9－13 单相桥式整流电路工作

3. 单相桥式整流电路的参数

（1）输出电压平均值 $U_{O(av)}$。由 u_O 波形可知，全波整流是半波整流的两倍，因此

$$U_{O(av)}=0.9U_2 \qquad (9-5)$$

（2）流过二极管的平均电流 $I_{D(av)}$。由于 V_1、V_3 和 V_2、V_4 轮流导通，因此每个二极管的平均电流只有负载电流的一半，即

$$I_{D(av)}=\frac{1}{2}I_{O(av)}=\frac{1}{2}\times\frac{U_{O(av)}}{R_L} \qquad (9-6)$$

（3）二极管承受的最高反压 U_{RM}。在 u_O 正半周，V_1、V_3 导通时，V_2、V_4 截止承受反压，其峰值为

$$U_{RM}=\sqrt{2}U_2 \qquad (9-7)$$

桥式整流电路因其输出电压高、脉动小，所以得到广泛应用。

二、滤波电路

把脉动直流电变成较为平稳直流电的过程，称为滤波。担负滤波的电路称为滤波电路。

1. 电容滤波

在整流电路之后与负载 R_L 并联一个大电容 C 就组成了电容滤波电路，其电路图和工作波形如图 9-14 所示。电容之所以能滤波，可有两种观点来解释，即能量观点和阻抗观点。从能量观点来讲，电容器是储存电荷的容器，它能在整流二极管导通时将负载用不了的电能储存起来；当整流二极管截止时，它又能将所储存的电能释放出来供负载使用，于是负载获得的直流电压和电流都较滤波前平稳。由于电容器是靠储存和释放电能（即充、放电）来滤波的，所以，为得到较好的滤波效果，滤波电容容量必须较大、负载电流较小的情况。这就像水库容量大、用水量较小时，才能保证水流量较为稳定一样。

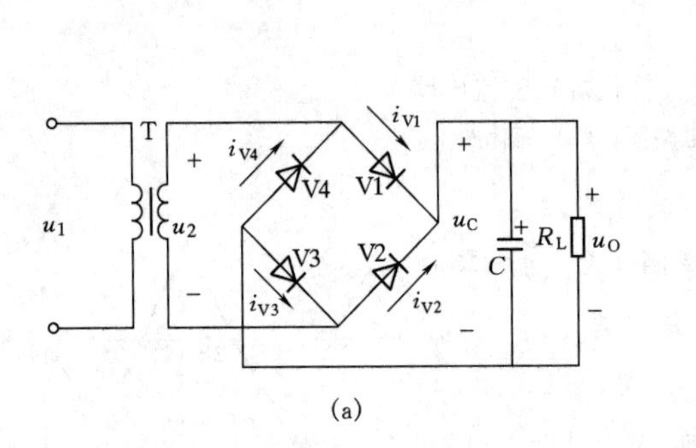

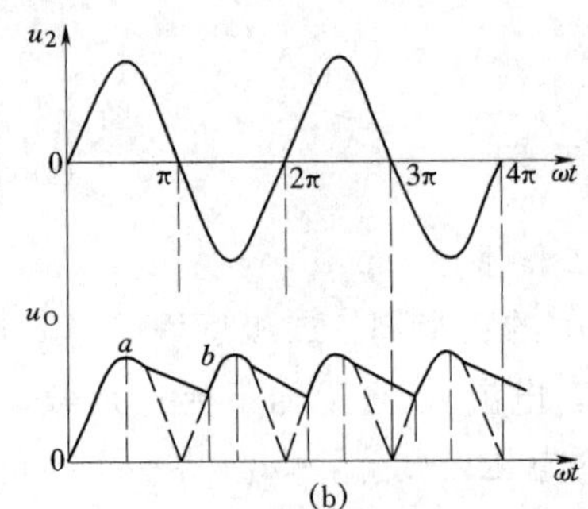

图 9-14 桥式整流滤波电路

(a) 电路图；(b) 工作波形

所谓阻抗观点，就是利用电容对交流电的阻抗小、对直流电的阻抗大的特性，使整流所得脉动直流电中的交流分量由电容旁路，只余下直流加到负载两端。所以滤波电容的容量应较大（容量越大，对交流的旁路效果越好），而且一定要把滤波电容与负载并联，并注意极性不能接错。

2. 其他形式的滤波器

为了进一步减小脉动成分，又不使滤波电容的体积过大，可采用下列滤波器。

(1) $RC\pi$ 型滤波器。图 9-15 所示是 $RC\pi$ 型滤波器。图中，整流后的脉动电压首先经过 C_1 电容滤波，又经过 R、C_2 再次滤波，因为选取 $R\gg1/(\omega C_2)$，所以交流成分降落在 R 上，输出端就是比较平稳的直流了。这种滤波器的缺点是 R 上要消耗功率，所以只适用于负载电流较小的场合。

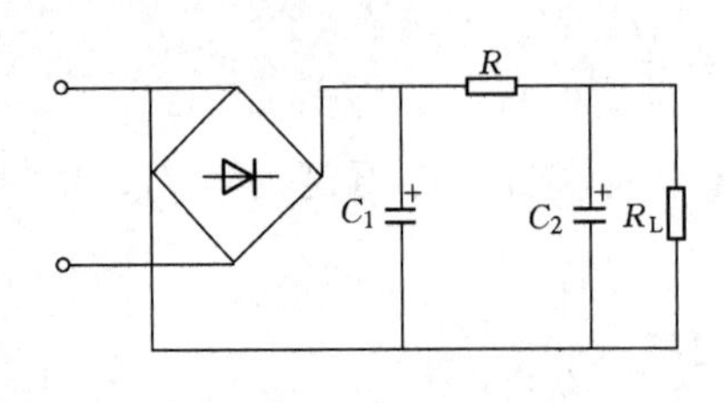

图 9-15 $RC\pi$ 型滤波器

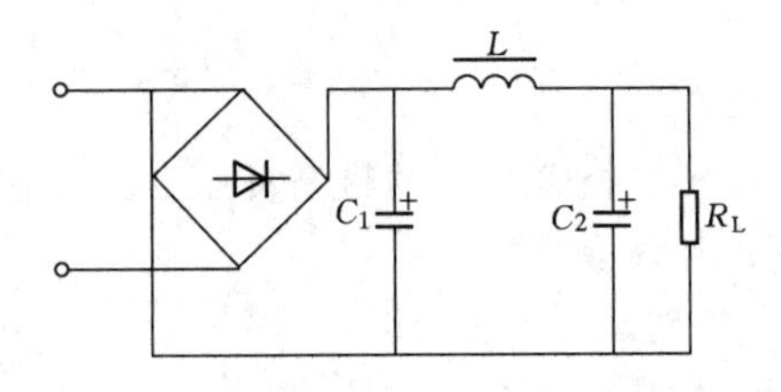

图 9-16 $LC\pi$ 型滤波器

(2) $LC\pi$ 型滤波器。图 9-16 所示是 $LC\pi$ 型滤波器。因为 L 上的直流压降极小，而 $\omega L \gg 1/(\omega C_2)$，所以交流成分降落在 L 上，使输出端的交流成分极小，滤波效果更好。这种滤波器的缺点是电感体积大而笨重。但能通过较大的电流，一般用在大电流或电源频率较高的场合。

第三节 基本稳压电路

一、硅稳压管稳压电路

图 9-17 所示是硅稳压二极管 V 组成的基本稳压电路。图中 R 是限流电阻，R_L 是负载。由于稳压管和负载并联，所以它是一种并联型稳压电路，其中 $U_O = U_Z$。

由图 9-10（b）可知，只要通过稳压管的电流 I_Z 在最小稳压电流 I_{Zmin} 和最大稳压电流 I_{Zmax} 之间，那么其两端电压基本上就是恒定的，约为稳压管的稳定电压 U_Z，因此输出电压也是恒定的。

如若负载 R_L 不变而输入电压 U_I 增大引起输出电压 U_O 增大时，由于 $U_O = U_Z$，而 U_Z 稍有增加将引起流过稳压管的电流 I_Z 显著增加，所以限流电阻 R 上的压降 U_R 也相应地增大。这样，输出电压 $U_O = U_I - U_R$ 可以基本不变（略有增大）。同理，当 U_I 减小时，将产生与上述相反的稳压过程，U_O 还是基本不变。

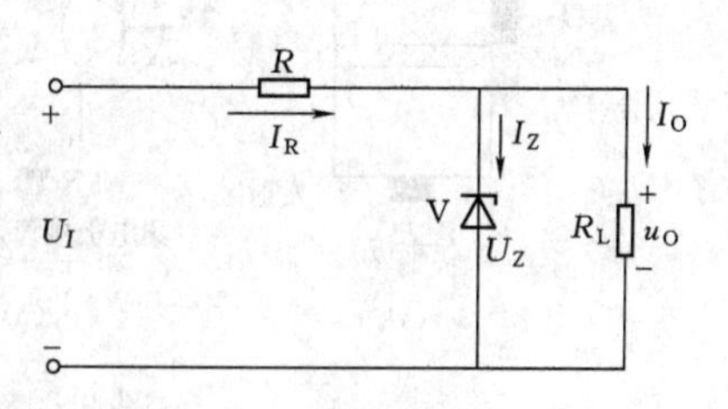

图 9-17 硅稳压管稳压电路

若输入电压 U_I 不变而负载电流 I_L 增大（R_L 减小），从而引起输出电压 U_O 减小时，因 $U_O = U_Z$，U_Z 的减小将引起 I_Z 显著减小，使 I_O 可以增加而流过限流电阻的电流基本不变，输出电压也就基本不变（略有减小）。同理，当负载电流减小（R_L 增大）时，将产生与上述相反的稳压过程，U_O 还是基本不变。

二、直流稳压电源的主要性能指标

1. 稳压系数 S_r

其定义为当稳压电路的负载 R_L 不变时，输出电压 U_O 的相对变化量与输入电压的相对变化量之比，即

$$S_r = \left.\frac{\Delta U_O / U_O}{\Delta U_I / U_I}\right| R_L = 常数 \qquad (9-8)$$

2. 稳压电路的输出电阻

其定义为当输入电压保持不变时，若负载电流的变化量为 ΔI_O，则引起输出电压的变化量为 ΔU_O，即

$$r_O = \left.\frac{\Delta U_O}{\Delta I_O}\right| U_I = 常数 \qquad (9-9)$$

此外，还有输出纹波电压和温度系数等性能指标。

第四节　晶 体 三 极 管

一、晶体三极管的基本结构和种类

一般晶体三极管（简称三极管）是由两个PN结构成的一种半导体器件。它有三个区和三个引出电极，如图9－18（a）所示。两个PN结的公共部分叫基区，由基区引出的电极称为基极，以字母b表示。基区两侧的部分，分别是发射区和集电区。由这两个区引出的电极分别是发射极（简称射极，以字母e表示）和集电极（以字母c表示）。基区和发射区间的PN结称为发射结，基区与集电区间的PN结称为集电结。

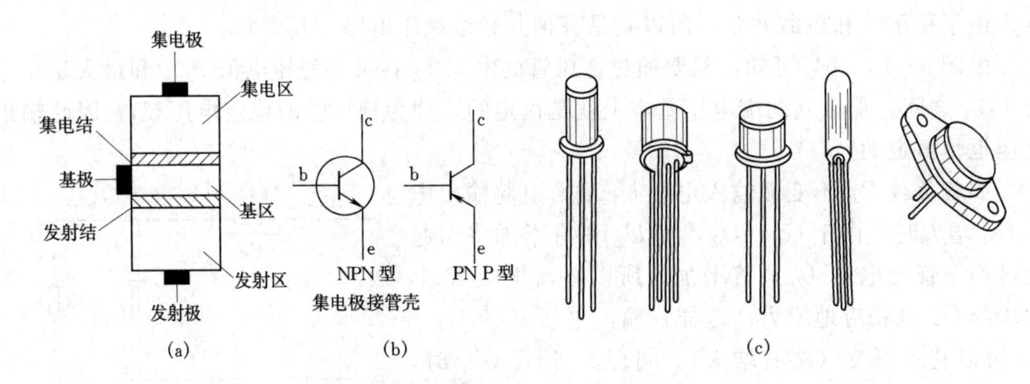

图9－18　三极管的结构、符号和外形

（a）结构示意图；（b）符号；（c）外形

三极管有NPN型和PNP型两种，它们的图形符号如图9－18（b）所示。图中箭头表示三极管的电流方向。三极管按制造三极管的材料不同分类，有硅三极管和锗三极管两大类，但硅管和锗管都有NPN和PNP两种管型；按工作频率分类，有高频管和低频管；按三极管输出功率的大小分类，又有大功率管、中功率管和小功率管等。图9－18（c）为几种三极管的外形和符号。

二、三极管的电流放大作用

为了讨论问题的方便，以下不特别指明时，都以NPN三极管为例。图9－19是测试三极管特性的实验电路。当调节电源U_{BB}改变基极电流I_B大小时，就可相应地测得一组集电极电流I_C，发射极电流I_E以及集电极与发射极间的电压U_{CE}的数据。表9－1是对某三极管的实测数据。

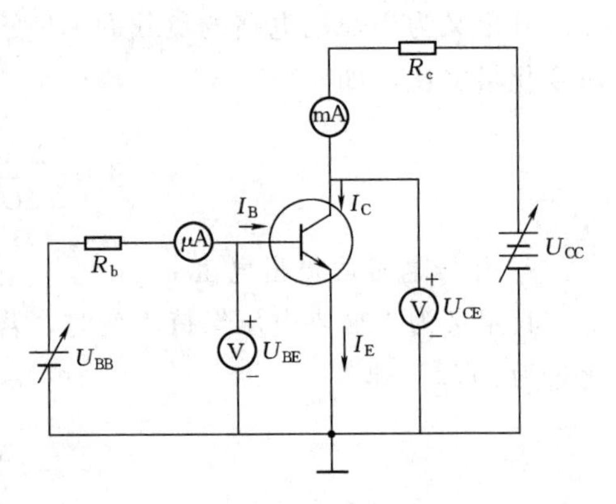

图9－19　测试三极管的实验电路

由表9－1可以看出：

（1）三极管各电极的电流分配关系是：发射极电流I_E等于基极电流I_B与集电极电流I_C之和，即

$$I_E = I_B + I_C \qquad (9-10)$$

表 9-1　　　　　　　　　　　　　三极管各极的电流分配

I_B (μA)	0	15	20	30	40	50	60	70	80	90	100	120
I_C (mA)	0.01	1	1.4	2.3	3.2	4	4.7	5.3	5.8	5.85	5.85	5.85
I_E (mA)	0.01	1.015	1.42	2.33	3.24	4.05	4.76	5.37	5.88	5.94	5.95	5.97
U_{CE} (V)	11.98	10	9.2	7.4	5.6	4	2.6	1.4	0.4	0.3	0.3	0.3

由于 I_B 的数值比 I_C 小得多，所以可以认为发射极电流近似等于集电极电流，即

$$I_E \approx I_C \tag{9-11}$$

通常把 I_C 大于 I_B 的倍数称做三极管的直流电流放大系数，以字母 β 表示，即

$$\bar{\beta}=\frac{I_C}{I_B} \tag{9-12}$$

这样，式（9-10）和式（9-11）可分别改写为

$$I_E=I_B+\bar{\beta}I_B=(1+\bar{\beta})I_B \tag{9-13}$$

$$I_E \approx I_C=\bar{\beta}I_B \tag{9-14}$$

（2）在一定范围内，基极电流对集电极电流有控制作用。在表 9-1 所列数据中，当 I_B 在 0～80μA 范围内变化时，较小的 I_B 变化就能引起较大的 I_C 变化。如 I_B 从 40μA 增加到 50μA 时，集电极电流 I_C 就相应地从 3.2mA 增加到 4mA。这样，集电极电流的变化量 ΔI_C 比基极电流的变化量 ΔI_B 要大，即

$$\frac{\Delta I_C}{\Delta I_B}=\frac{(4-3.2)\times 10^{-3}}{(50-40)\times 10^{-6}}=80\text{ 倍}$$

通常把上述比值称为三极管的交流放大系数，以字母 β 表示，即

$$\beta=\frac{\Delta I_C}{\Delta I_B} \tag{9-15}$$

由于三极管基极电流的微小变化，能引起集电极电流的较大变化，因此可通过 I_B 来控制 I_C，这就是三极管的电流放大作用。值得注意的是，三极管电流放大的实质是以微小电流控制较大电流，并不是真把微小电流放大了。所以三极管是一种以小控大、以弱控强的器件。

为保证三极管具有电流放大作用，除对管子的制造有一定要求外，对三极管外部电路还有如下要求：发射结正偏，集电结反偏。

三、三极管的特性曲线

1. 输入特性曲线

输入特性曲线是指 U_{CE} 为一定值时，加在三极管基极与发射极间的电压 U_{BE}，与由它产生的电流 I_B 之间的关系曲线。

（1）U_{CE}=0V。三极管的输入特性曲线与二极管的伏安特性曲线相似，如图 9-20 中 U_{CE}=0V 的那条特性曲线所示。

（2）$U_{CE}\geqslant$1V。只要 $U_{CE}\geqslant$1V，集电结就是反偏，扩散到基区的电子绝大多数被集电

极收集，在相同的 u_{BE} 的作用下，流向基极的电流 I_B 要比 $U_{CE}=0V$ 时减小，特性曲线也就相应地向右移，如图 9-20 中 $U_{CE}=1V$ 的那根特性曲线所示。由图可知，三极管的输入特性曲线是非线性的，而且存在死区电压（硅管的约 0.5V，锗管的约 0.3V），即当 u_{BE} 电压过低时，它不足以克服发射结内电场，发射结扩散电流几乎为零，管子不导通。要使三极管正常工作，必须使 u_{BE} 约为 0.6～0.7V（硅管）或 0.2～0.3V（锗管）。

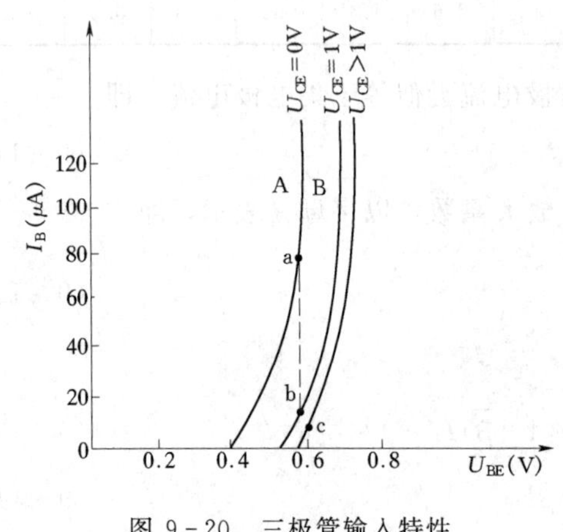

图 9-20　三极管输入特性

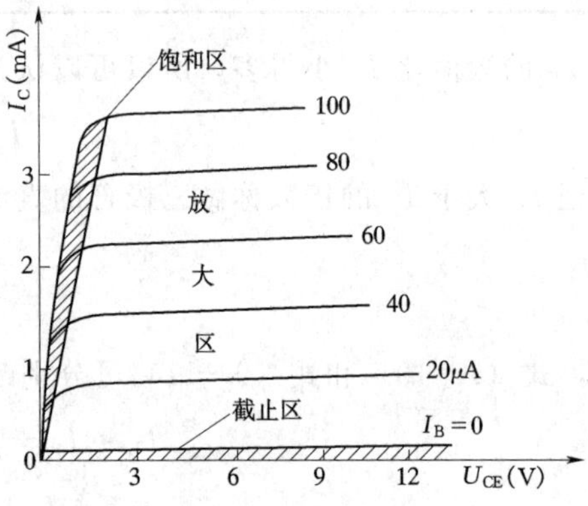

图 9-21　三极管的输出特性曲线

2. 输出特性曲线

输出特性曲线是指三极管当基极电流 I_B 保持某一数值时，集电极和发射极间的电压 U_{CE} 与集电极电流 I_C 的关系曲线，如图 9-21 所示，是三极管的输出特性曲线。由特性曲线可见，输出特性曲线分放大、饱和和截止三个区域。

（1）截止区。固定 $I_B=0$，这相当于三极管的基极开路或发射结反偏，此时集电极电流极小（$I_C=I_{CEO}$），称为穿透电流，它不受 I_B 控制，如图 9-21 中下部打斜线的那部分区域。晶体管接在电路中，因 $I_C=I_{CEO}\approx 0$，犹如一个断开的开关。

（2）饱和区。固定 I_B 为一定值（如 $I_B=20\mu A$），当 U_{CE} 较小为 $U_{CE}<U_{BE}$ 时，发射结正偏集电结也正偏。当 U_{CE} 由零开始增大时，集电结开始由正偏向反偏过渡，集电极收集载流子的能力增强，I_C 电流随之增大，也不受 I_B 控制，如图 9-21 左边打斜线的部分。

在深度饱和区内，集电极与发射极之间的电压称为饱和压降，用 $U_{CE(sat)}$ 表示，其值硅管约 0.3V，锗管约 0.1V。由于深度饱和时，$U_{CE}\approx 0$，晶体管在电路中犹如一个闭合的开关。

（3）放大区。固定 I_B 为一定值。当 $U_{CE}>1V$ 时，集电结已反偏，从发射极扩散到基区的载流子几乎全部被集电极收集，此时 U_{CE} 增加，I_C 基本不变，特性曲线平坦，但 I_B 的微小变化，就能引起 I_C 的较大变化，这就是前面所述的电流放大作用。如图 9-21 中 $U_{CE}>1V$ 以后的曲线区域。

除以上三个区域外，若 U_{CE} 电压过高，会使 I_C 猛增，输出曲线开始上翘，出现集电极与发射极之间击穿的击穿区。

通常可根据三极管各电极的电位来判定其工作状态，见表 9-2。

表 9-2　　三极管的工作状态

三极管的工作状态	NPN 型	PNP 型
放　大	$U_C>U_B>U_E$	$U_C<U_B<U_E$
截　止	$U_C>U_B$　$U_B\leqslant U_E$	$U_C<U_B$　$U_B>U_E$
饱　和	$U_C<U_B$　$U_B>U_E$	$U_C>U_B$　$U_B<U_E$

四、三极管的主要参数

1. 共射极电流放大系数

在 U_{CE} 为规定值时，I_C 与 I_B 的比值称为三极管的直流电流放大系数，以 $\bar{\beta}$ 表示；在 U_{CE} 为规定值时，集电极电流的变化量 ΔI_C 与基极电流的变化量 ΔI_B 的比值，称为三极管的交流电流放大系数，以 β 表示。$\bar{\beta}$ 和 β 的数学式分别见式（9-12）和式（9-15）。

对性能优良的三极管，其 $\bar{\beta}$ 和 β 值较接近，又因 $\bar{\beta}$ 便于测量，所以常用 $\bar{\beta}$ 的值代替 β 值，并把 $\bar{\beta}$ 写成 β。在今后的讨论中将 I_C 和 I_B 的关系及 i_C 和 i_B 的关系写成 $I_C=\beta I_B$ 和 $i_C=\beta i_B$。

通常三极管的 β 在 20～200 之间。β 值太小时，三极管的电流放大作用较差。但 β 值太大时，又会使三极管的性能不稳定。最常用的 β 值为 60～100。

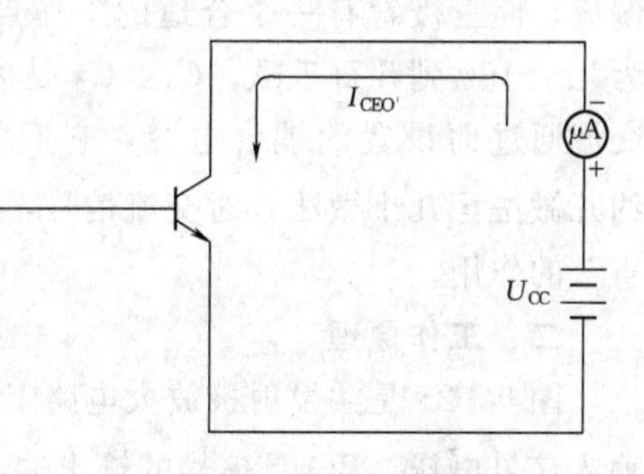

图 9-22　三极管的穿透电流

2. 穿透电流 I_{CEO}

I_{CEO} 是指基极开路（即 $I_B=0$）、U_{CE} 为规定值时，集电极与发射极之间的反向电流，如图 9-22 所示。实践证明，I_{CEO} 随温度升高而增大，穿透电流的数值总是比三极管的工作电流小很多，所以在电路计算中都把 I_{CEO} 忽略。但在选用三极管时却要考虑 I_{CEO}，一般硅管的 I_{CEO} 应小于几个微安，锗管的 I_{CEO} 应小于几十到几百微安。

3. 集电极与发射极间的反向击穿电压 $U_{(BR)CEO}$

$U_{(BR)CEO}$ 是指基极开路时，加在集电极与发射极之间的最大允许电压。如果使用时 $U_{CE}>U_{(BR)CEO}$，就会使三极管损坏。

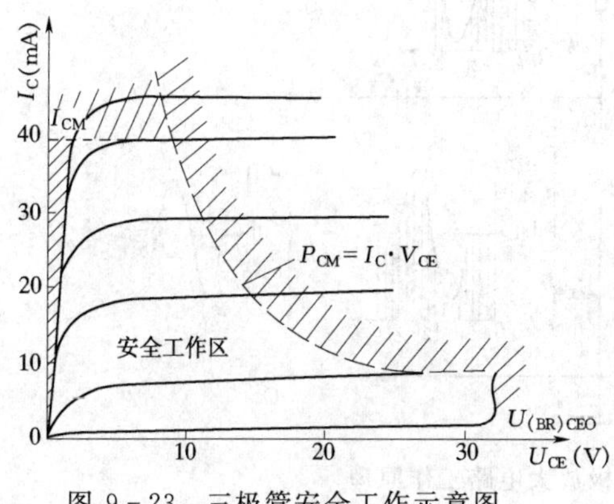

图 9-23　三极管安全工作示意图

4. 集电极最大允许电流 I_{CM}

I_{CM} 是指三极管正常工作时，集电极所允许的最大电流。当 $I_C>I_{CM}$ 时，虽然三极管不一定会损坏，但 β 要明显下降。

5. 集电极最大耗散功率 P_{CM}

P_{CM} 是指三极管正常工作时，集电极所允许的最大耗散功率。通常把 P_{CM} 小于 1W 的叫小功率管，大于 1W 的叫大功率管。

在选用三极管时，应同时考虑到

$U_{(BR)CEO}$、I_{CM} 和 P_{CM}。由于 $P_{CM}=I_C U_{CE}$，所以在实际工作中除 I_C 和 U_{CE} 不得大于 I_{CM} 和 $U_{(BR)CEO}$ 外，I_C 和 U_{CE} 的积不得大于 P_{CM}。在 I_C 和 U_{CE} 坐标中 P_{CM} 的曲线叫最大集电极功耗线，三极管工作时不允许超过这条曲线，如图 9-23 所示。

第五节　共发射极单管放大电路

一、电路组成

如图 9-24 所示是共发射极放大电路。U_{CC} 是集电极电源，一般采用习惯画法，即只标出电源的一端，电源的另一端接地，不标出。U_{CC} 一般为几伏至十几伏。U_{CC} 的作用只是供给电能和使发射结正偏。R_c 是集电极负载电阻，它的作用是将集电极电流的变化量转化为集电极电压的变化量，以实现电压放大，其阻值一般为几千欧到几十千欧。R_b 是基极偏流电阻，它的作用是从 U_{CC} 引入电流供给基极偏流，使三极管有一个合适的工作点，其电阻值一般为几十千欧到几百千欧。C_1、C_2 是为了隔开直流只让交流通过而设置的耦合电容，它们的电容均比较大，约几微法至几十微法；对交流信号，其容抗很小，可视为短路，即它们具有"通交"、"隔直"的作用。

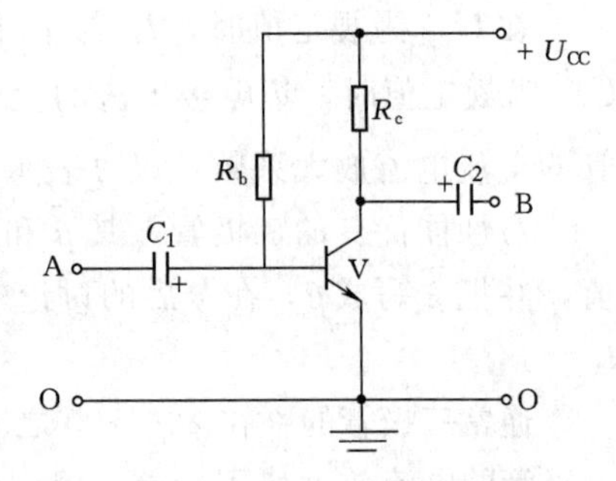

图 9-24　共发射极放大电路

二、工作原理

图 9-25 是共发射极放大电路工作原理图。图中，AO 是信号输入端，u_i 是待放大的输入信号电压。BO 是信号的输出端，u_o 是被放大了的输出信号电压。在放大电路的输出端，一般接有负载，如扬声器、继电器、表头或下一级放大电路的输入电阻等，一般用一个电阻 R_L 来代替。

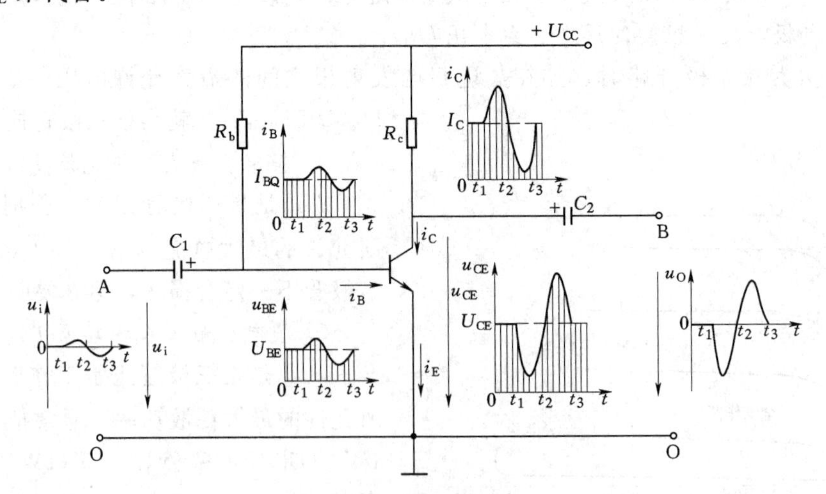

图 9-25　共发射极放大电路工作原理

三、放大电路的分析

1. 静态工作点

放大器静态（即无交流信号输入）时各电极都有一定的直流电压和电流值，通常就把这些数值称为静态工作点。最常用的静态工作点是 I_B、I_C 和 U_{CE}。

由于静态只研究直流，而电容又具有隔直作用，所以图 9-24 电路的直流通路如图 9-26 所示。由图可得

$$I_B=\frac{U_{CC}-U_{BE}}{R_b} \quad (9-16)$$

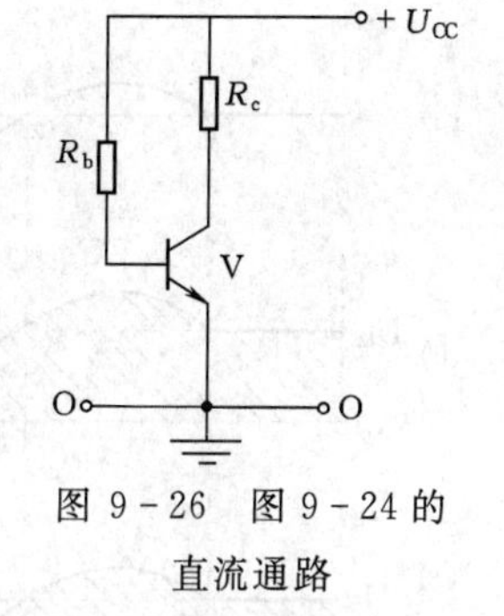

图 9-26　图 9-24 的直流通路

由于三极管的 U_{BE} 只有零点几伏（硅管 0.7V，锗管 0.3V），与 U_{CC} 相比可以忽略不计，则式（9-16）可改写为

$$I_B=\frac{U_{CC}}{R_b} \quad (9-17)$$

通常把 I_B 叫偏流，当 U_{CC} 和 R_c 一定时，改变 R_b 的大小就能方便地改变偏流的大小，所以把 R_b 叫偏流电阻。

根据三极管的电流放大原理，静态时的集电极电流为

$$I_C=\beta I_B \quad (9-18)$$

用基尔霍夫第二定律可求得静态时集电极和发射极间的电压为

$$U_{CE}=U_{CC}-I_CR_c \quad (9-19)$$

设置静态工作点的目的是在三极管的发射结上预先加上一适当的正向电压，即预先给基极提供一定的偏流以保证在输入信号的整个周期中，输入电流随着输入电压变化而变化，且不会产生波形失真。

【例 9-1】　在图 9-24 所示电路中，已知 $U_{CC}=12V$，$R_b=300k\Omega$，$R_c=3k\Omega$，V 为硅管，其 $\beta=50$。试估算其静态工作点 I_B、I_C、U_{BE} 值。

解：将已知条件代入式（9-16）～式（9-19）中可得

$$I_B=\frac{U_{CC}-U_{BE}}{R_b}\approx\frac{U_{CC}}{R_b}=\frac{12}{300}=0.04\ (\text{mA})$$

$$I_C=\beta I_B=50\times0.04=2\ (\text{mA})$$

$$U_{CE}=U_{CC}-I_CR_c=12-2\times3=6\ (\text{V})$$

2. 电压放大过程

当交流信号 u_i 通过电容 C_1 加到三极管的基极和发射极间时，u_{BE} 就发生了变化，从而引起基极电流 i_B 的变化。由于 i_B 是输入电压引起的交流 i_b 和直流 I_B 叠加而成的，如果 I_B 的数值大于 i_b 的幅值，那么 $i_B=i_b+I_B$ 就始终是单方向的脉动直流。这就使发射结始终处于正偏，保证放大器工作在放大状态，输出波形不会失真。

由于 $i_C=\beta i_B$，则 i_C 随 i_B 变化且 $i_C=\beta\ (i_b+I_B)\ =i_c+I_C$

当 i_C 流过集电极电阻 R_c 时，将产生压降 i_CR_c，则三极管集电极的对地电压为

$$u_{CE}=U_{CC}-i_CR_c=U_{CC}-(i_c+I_C)R_c=U_{CC}-i_cR_c-I_CR_c$$

又因

$$U_{CE}=U_{CC}-I_CR_c$$

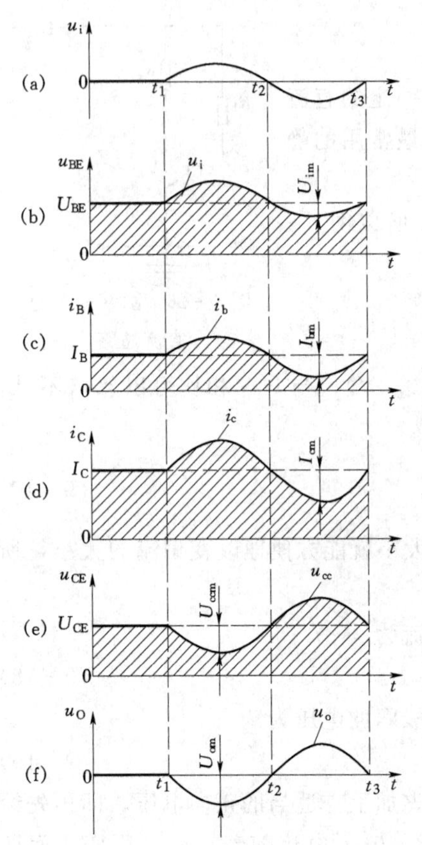

图 9-27　放大电路工作波形图

则　　　　$u_{CE}=U_{CE}-i_cR_c$

上式表明，三极管集电极与发射极间的总电压 u_{CE} 由两部分组成，其中 U_{CE} 为直流，$-i_cR_c$ 为交流。由于电容的隔直通交作用，所以放大器的输出电压只有交流，即

$$u_o=-i_cR_c \tag{9-20}$$

上式说明，放大器的输出电压是一个频率与 i_c 相同的交流电压，其大小为 i_c 在 R_c 上产生的压降，相位与 i_c 相反（式中负号就表示 u_o 的相位与 i_c 相反）。又因为 i_c 与 i_b 及 u_i 同相，则 u_o 与 u_i 的相位就相反。这是放大器的一个重要特性，称为放大器的倒相作用。

图 9-27 所示各部分的电流和电压波形图。

3. 电压放大倍数及输入输出电阻

（1）电压放大倍数是衡量放大器放大微弱信号能力大小的重要参数，定义为放大器输出信号电压与输入信号电压的比值，以字母 A_u 表示，即

$$A_u=\frac{u_o}{u_i} \tag{9-21}$$

为得出 A_u 的具体表达式，必须采用交流等效图。因电容能通交流电，直流电源的内阻又很小，对交流的阻力可忽略不计，即电容和电源对交流来说都可视为短路，所以只要将图 9-24 中的电容和电源短路就可得到交流等效图，如图 9-28 所示。

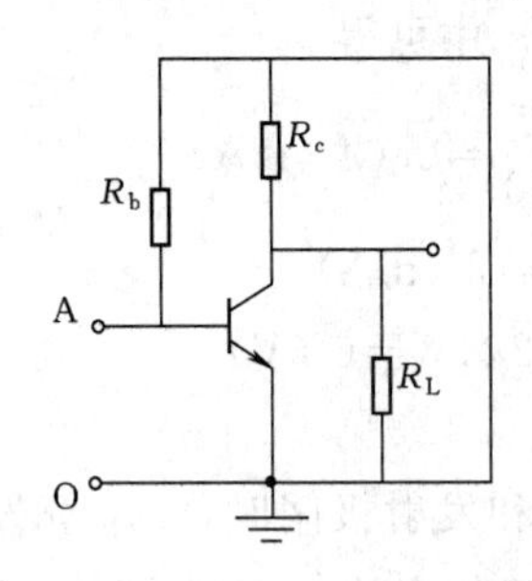

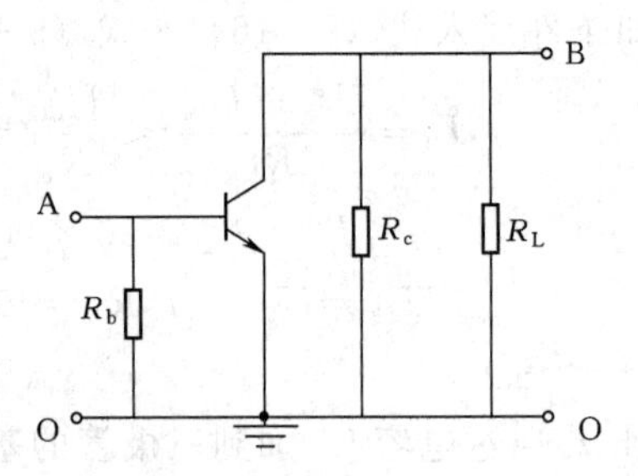

图 9-28　图 9-24 的交流等效图

在三极管的输入端（A、O 端）接上输入电压 u_i 时，就会引起相应的电流。这就如同在一个电阻两端加接一个交流电压，能引起一个相应的电流一样。因此，三极管的输入端可用一等效电阻 r_{be} 来代替，如图 9-29（a）所示，即

$$r_{be}=\frac{u_i}{i_b} \tag{9-22}$$

则　　　　$u_o = i_b r_{be}$

求小功率三极管 r_{be} 常用下式估算

$$r_{be} \approx 300 + (1+\beta)\frac{26\text{mV}}{I_E\text{mA}}\ (\Omega) \tag{9-23}$$

上式在 $I_E = 1 \sim 5\text{mA}$ 时使用较为准确，当射极电流为 2mA 左右时，常用小功率三极管的 r_{be} 可近似取 1kΩ。

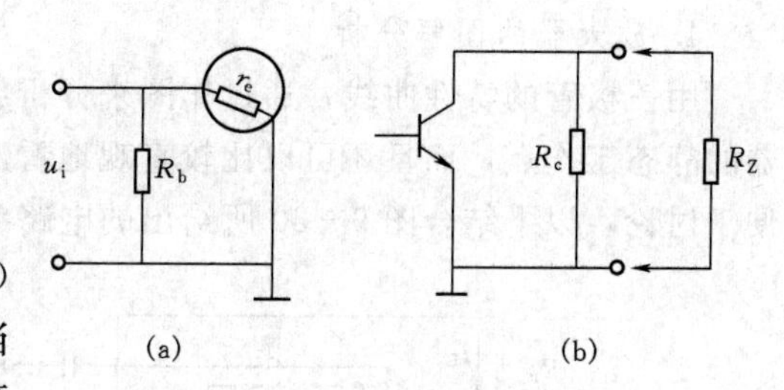

图 9-29　图 9-24 的输入和输出电路

由图 9-28 还可以看出，放大器的输出电压有两种情况（相对公共端发射极而言）：

无负载时，$u_o = -i_c R_c$；有负载时，$u'_o = -i_c R'_L$。其中 $R'_L = R_c /\!/ R_L = \dfrac{R_c R_L}{R_c + R_L}$。

无负载时，放大器电压放大倍数的公式为

$$A_u = \frac{u_o}{u_i} = \frac{-i_c R_c}{i_b r_{be}} = -\beta\frac{R_c}{r_{be}} \tag{9-24}$$

有负载时，放大器电压放大倍数公式为

$$A_u = \frac{u'_o}{u_i} = \frac{-i_c R'_L}{i_b r_{be}} = -\beta\frac{R'_L}{r_{be}} \tag{9-25}$$

（2）输入和输出电阻。从放大器输入端看进去的等效电阻，称放大器的输入电阻，以 r_i 表示，由图 9-29（a）得

$$r_i = R_b /\!/ r_{be} \approx r_{be} \tag{9-26}$$

从放大器输出端看进去的等效电阻（不包括负载电阻），称放大器的输出电阻，以 r_o 表示。一般认为图 9-29（b）所示电路的输出电阻为

$$r_o \approx R_c \tag{9-27}$$

对于一个放大器来说，一般希望输入电阻大些，以减轻信号源的负担；希望输出电阻小些以增大带负载的能力。但这就给多级放大器带来一个前后级放大器的阻抗无法匹配的矛盾。为达到阻抗匹配的目的，除采用一些特殊电路外，常采用变压器进行阻抗变换。

【例 9-2】　试求例 9-1 电路无负载和有负载时的电压放大倍数，以及输入、输出电阻的数值（设负载电阻 $R_L = 3\text{k}\Omega$）。

解：由式（9-23）可求得三极管的输入电阻为

$$r_{be} \approx 300 + (1+\beta)\frac{26}{I_E} = 300 + (1+50)\frac{26}{2} = 963\ (\Omega)$$

则由式（9-24）和式（9-25）可求得无载和有载时的电压放大倍数分别为

$$A_u = \frac{u_o}{u_i} = \frac{-i_c R_c}{i_b r_{be}} = -\beta\frac{R_c}{r_{be}} = -50\,\frac{3}{0.963} \approx -156$$

$$A_u = \frac{u'_o}{u_i} = \frac{-i_c R'_L}{i_b r_{be}} = -\beta\frac{R'_L}{r_{be}} = -50\,\frac{3 /\!/ 3}{0.963} \approx -78$$

由式（9-26）和式（9-27）可求得输入、输出电阻分别为

$$r_i = R_b /\!/ r_{be} \approx r_{be} = 963\ \Omega$$

$$r_o \approx R_c = 3\ \text{k}\Omega$$

4. 放大器的图解分析

用三极管的特性曲线，通过作图来分析放大器的方法叫图解法。图解法不但可求放大器的静态工作点，而且还可以比较直观地看出工作点对放大器输入输出波形的影响等。为便于讨论，以下结合图 9-30 所给出的电路参数，只讨论放大器不带负载时的情况。

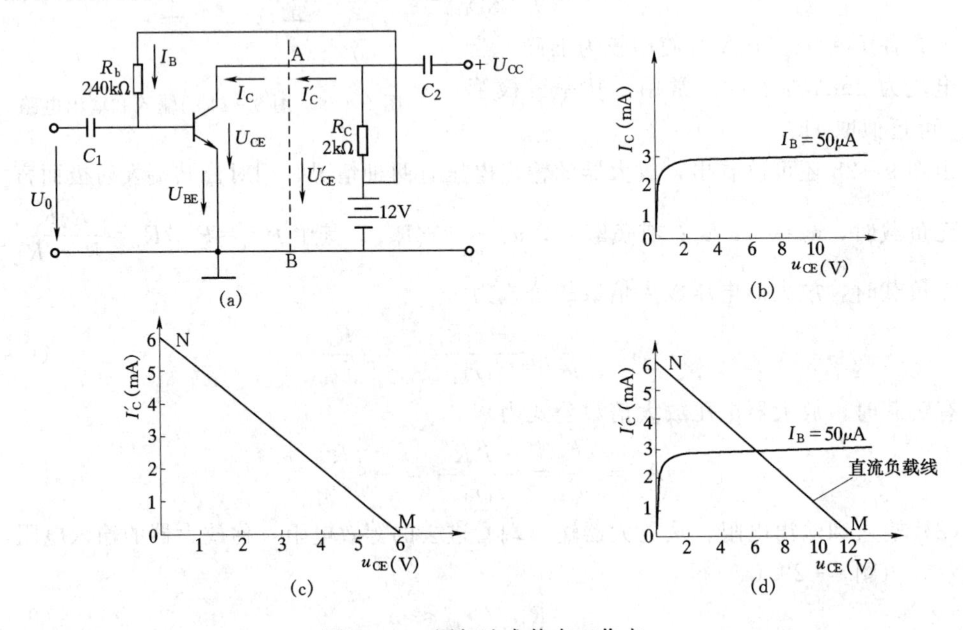

图 9-30　图解法求静态工作点

(1) 作直流负载线求静态工作点。如图 9-30 (a) 所示，将放大器分成两部分，虚线左边是三极管，其 I_C 与 U_{CE} 的关系由输出特性曲线决定。因 $I_B=U_{CC}/R_b=12V/240k\Omega=50\mu A$；所以在图 9-30 (b) 中只画出代表 $I_B=50\mu A$ 的那条输出曲线；虚线右边是 R_c 和 U_{CC} 的串联电路（不考虑 R_b），电流与电压的关系满足下式

$$U'_{CE}=U_{CC}-I'_C R_c \tag{9-28}$$

上式表明，当 U_{CC} 和 R_c 确定后，就是一直线方程，又由于两点就能确定一条直线，所以可得作直流负载线的步骤如下：

令 $I'_C=0$ 得 $U'_{CE}=U_{CC}=12V$，在直角坐标中求得 M 点；

令 $U'_{CE}=0$ 得 $I'_C=\frac{U_{CC}}{R_c}=\frac{12}{2\times10^3}=6$ (mA)，在同一直角坐标中求得 N 点；

连接 MN 就得到了直流负载线，如图 9-30 (c) 所示。

由于电路在虚线处是不可分开的，I'_C 就是 I_C、U'_{CE} 就是 U_{CE}，所以将图 9-29 (b)、(c) 画在同一坐标中，就得到图 9-29 (d)。直线 MN 和 $I_B=50\mu A$ 的那条输出特性曲线的交点 Q，既能满足 $U_{CE}—I_C$ 的关系，又能满足 $U'_{CE}—I'_C$ 的关系。Q 点就是图解法所求出的静态工作点。

如图 9-30 (d) 所示，电路图 9-30 (a) 在静态（$I_B=50\mu A$）时，三极管的 $I_C=3mA$，$U_{CE}=6V$。

(2) 放大器的图解分析。如图 9－31 所示，当在放大器的输入端加一正弦信号电压时，在三极管的基极回路中就引起一正弦电流 i_b，设其幅度为 20μA，则 i_b 叠加在 I_B 上使 i_B 在 20～60μA 之间变化，从而使放大器的工作点沿 $Q \to Q_1 \to Q \to Q_2 \to Q$ 变化。因此，由图 9－31 所示的输出特性曲线可得到相应的集电极电流 i_C 和集电极与发射极间电压 u_{CE} 的变化曲线。由图可见，当 i_B 在 20～60μA 之间变化时，i_C 在 0.8～2.2mA 间变化，u_{CE} 在 4.2～7.6V 间变化。u_{CE} 通过电容 C_2 隔离直流量后就是放大器的输出电压 u_o，因此通过上述图解分析，可求得放大器输出电压的最大值约为 $U_{Om}=\frac{7.6-4.2}{2}=1.7$ (V)，有效值为 $U_O=\frac{U_{Om}}{\sqrt{2}}=\frac{1.7}{\sqrt{2}}\approx 1.2$ (V)。

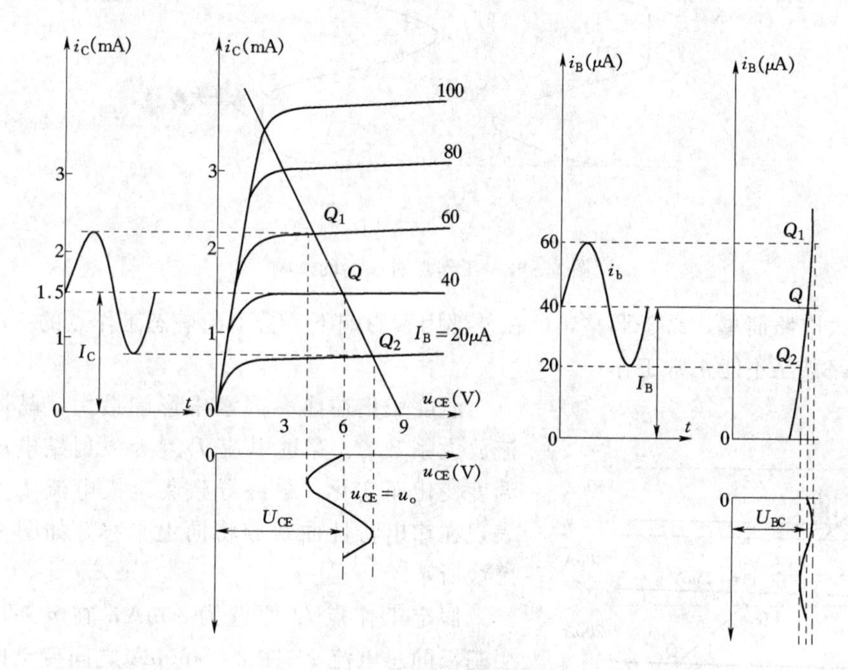

图 9－31　放大器的图解分析

(3) 工作点对输出波形的影响。由图 9－32 可以看出，工作点对放大器输出波形的影响很大。当输入电流一定时，静态工作点若太高（Q_2 点），就会使三极管进入饱和区工作而引起 i_C 的正半周及 u_{CE} 的负半周失真。当静态工作点太低（Q_1 点）时，又会使三极管进入截止区工作而引起 i_C 的负半周及 u_{CE} 的正半周失真。为了使放大器输出波形不失真，通常都是调节 R_b 使静态工作点选在负载线的中点。当工作点偏高时就增大 R_b 的数值，当工作点偏低时就减小 R_b 的数值。

四、静态工作点的稳定

上面讨论的共射极放大电路，如图 9－24 所示，其偏置电流由下式确定

$$I_B=\frac{U_{CC}-U_{BE}}{R_b}\approx\frac{U_{CC}}{R_b}$$

可见，当电源电压 U_{CC} 及 R_b 一经选定后，I_B 就被确定不变，故称固定偏置放大电路。固

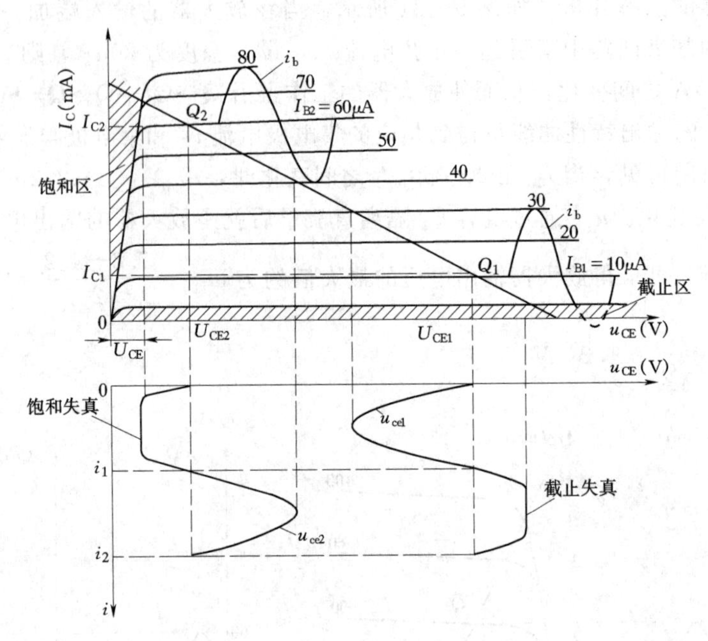

图 9-32　工作点对波形的影响

定偏置放大电路简单，易于调整，但在外部因素影响下，会引起静态工作点的变动，严重时放大电路甚至不能正常工作。

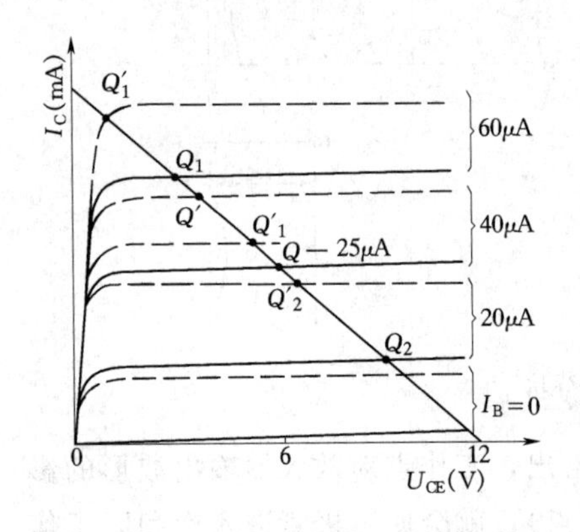

图 9-33　温度对静态工作点的影响

温度变化在诸多因素中影响最大。晶体管的电流放大系数 β、穿透电流 I_{CEO} 及发射结电压都会随温度变化而变化，最终导致集电极电流 I_C 的增大，表现在输出特性曲线族将向上平移，如图 9-33 中虚线所示。

假定工作点 Q 原选为 40μA，在 u_i 的作用下，当基极的总电流 I_B 在 20～60μA 之间变动时，放大电路的工作点轨迹将在负载线上 Q_1～Q_2 之间移动。现因温度升高，输出特性曲线向上平移，Q 点移到 Q'，工作点轨迹在 Q'_1～Q'_2 之间移动。由于 Q'_1 已进入特性曲线的饱和区而影响了放大电路的正常工作。

若放大电路有这样的偏置电路，即使当温度变化时，放大电路也能自动调整偏置电流而使静态工作点稳定，如图 9-33 所示，当温度升高时，I_B 由 40μA 自动调整到 25μA，那么，新的工作点（负载线与 $I_B=25\mu A$ 输出特性曲线的交点）Q''与原工作点 Q 很靠近，可认为放大电路的静态工作点未受温度影响，即基本上是稳定的。

采用图 9-34 所示电路，由 R_{b1} 和 R_{b2} 构成的分压式偏置电路和有射极串联电阻 R_e 的放大电路，就能达到自动稳定静态工作点的目的。由图 9-34 可知，$I_1=I_2+I_B$，当 $I_1 \gg I_B$ 而可忽略 I_B 时（通常当 $I_1=10I_B$ 时就可忽略 I_B），则认为 R_{b1} 和 R_{b2} 流过同一电流，即 $I_1 \approx I_2$。这样，R_{b2} 两端的电压（也就是三极管基极对地的电压）可认为是固定不变的，即

$$U_B = U_{Rb2} = \frac{R_{b2}}{R_{b1} + R_{b2}} U_{CC} \qquad (9-29)$$

式（9-28）表明，三极管的基极电位由 R_{b1} 和 R_{b2} 的分压决定。一旦 R_{b1}、R_{b2} 和 U_{CC} 确定后，三极管的 U_B 也就确定了而与温度无关。这样就稳定了工作点。

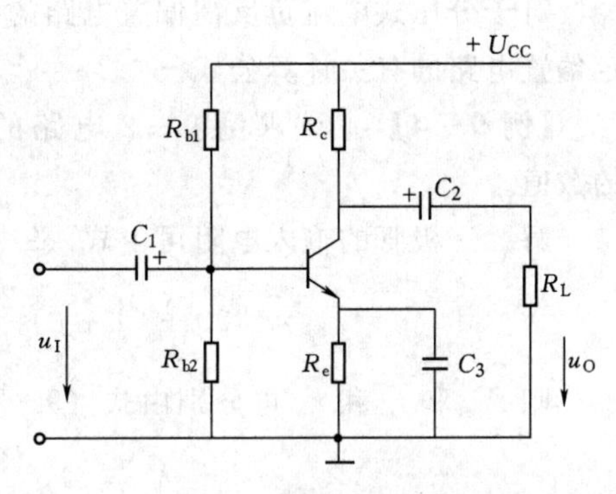

图 9-34　分压式偏置共发射极放大电路

图 9-34 中 R_e 为负反馈电阻，所谓反馈就是把放大器输出信号的一部分或全部反送到输入端的一种措施。若反馈信号与原输入信号的相位相反，对原信号有削弱作用的，称为负反馈；反之，若反馈信号与输入信号的相位相同，能增强原输入信号的，称为正反馈。负反馈电阻 R_e 稳定工作点的原理如下：

设由于温度升高引起 I_C 增大，则 I_E 增大，R_e 两端的电压 $U_E = I_E R_e$ 也随着增大。但由于 $U_B = U_{BE} + U_E$，且 U_B = 常数，则 U_E 的增大必然使 U_{BE} 减小，导致 I_B 和 I_C 都自动下降，从而稳定了工作点。其稳定过程如下：

温度↑→I_C↑→I_E↑→U_E↑→U_B（不变）→U_{BE}↓→I_B↓→I_C↓

上述变化过程是通过发射极电流变化，经过电路的反馈作用，最终把将要升高的 I_C 拉下来达到稳定工作点的目的，所以称为电流负反馈。

显然，R_{b1} 和 R_{b2} 越小，I_1 就越大；R_e 越大负反馈作用就越强，工作点越稳定。但 R_{b1} 和 R_{b2} 太小或 R_e 太大，消耗的电能也越大。通常 R_{b1} 和 R_{b2} 取数千欧到数十千欧，且 $R_{b1} > R_{b2}$，并通过调节 R_{b1} 来改变放大器的静态工作点。R_e 的数值约取数十欧到数千欧。电源电压高时，R_e 可大些，反之，R_e 应小些。

为了使 R_e 对交流信号不产生负反馈，通常都在 R_e 两端并接一个大容量的电容器 C_e（约为 20～100μF），以便让交流信号由 C_e 旁路而不流过 R_e，即不使 R_e 对交流信号产生负反馈。所以常把 C_e 叫旁路电容。

【例 9-3】　在图 9-34 所示电路中，已知 $R_{b1} = 20\text{k}\Omega$，$R_{b2} = 10\text{k}\Omega$，$R_c = R_e = 2\text{k}\Omega$，$U_{CC} = 12\text{V}$，$\beta = 50$，$U_{BE} \approx 0$，求静态工作点 I_B、I_C 和 U_{CE}。

解： 因
$$U_B = \frac{R_{b2} U_{CC}}{R_{b1} + R_{b2}} = \frac{10 \times 12}{20 + 10} = 4\ (\text{V})$$

则
$$U_E = U_B - U_{BE} \approx 4\ \text{V}$$

$$I_C \approx I_E = \frac{U_E}{R_e} = \frac{4}{2 \times 10^3} = 2\ (\text{mA})$$

$$I_B = \frac{I_C}{\beta} = \frac{2}{50} = 40\ (\mu\text{A})$$

$$U_{CE} = U_{CC} - I_C R_c - I_E R_e = 12 - 2 \times 2 - 2 \times 2 = 4\ (\text{V})$$

对于分压式电流负反馈偏置电路的电压放大倍数、输入和输出电阻的计算都可套用固定偏置电路的有关计算公式。

【例 9－4】 试求例 9－2 电路的电压放大倍数 A_u、输入电阻 r_i 和输出电阻 r_o 的数值。

解： 三极管的输入电阻可由式（9－23）求得

$$r_{be} \approx 300 + (1+\beta)\frac{26}{I_E} = 300 + (1+50)\frac{26}{2} \approx 1\ (\text{k}\Omega)$$

则 A_u 和 r_i 和 r_o 可分别由式（9－24）、式（9－26）和式（9－27）求得

$$A_u = -\beta\frac{R_c}{r_{be}} = -50\times\frac{2}{1} = -100$$

$$r_i = R_{b1} \mathbin{/\!/} R_{b2} \mathbin{/\!/} r_{be} \approx r_{be} = 1\ \text{k}\Omega$$

$$r_o \approx R_c = 2\ \text{k}\Omega$$

第六节　模拟集成电路与数字集成电路基本知识

一、集成电路的发展

自从 1958 年 9 月 12 日，工程师杰克·S基尔比在得克萨斯仪器公司用他制作的第一块含有 5 个电子元件的简陋集成电路成功地进行的实验，标志着电子技术的应用开辟了一个新时代。

从集成电路 1958 年诞生时，一块芯片上只有 5 个元器件；1970 年，人们已能在一块芯片上制作 1500 个晶体管；1989 年，因特尔公司的 8046 芯片容纳了 120 万个晶体管；1993 年，得克萨斯仪器公司（TI）和因特尔公司都推出了有 310 万个晶体管的集成电路。也就是说，一块集成电路芯片上的晶体管数每一年半提高一倍，集成电路功能复杂性大约每年翻一番。德国一位工程师拿汽车工业做了一个生动的比较。如果说过去 30 多年间，汽车在产品小型化、改进性能、降低生产成本方面具有半导体那样的发展速度，那么今天就会出现这样的局面：小轿车重量将只有 5kg，小轿车时速将达到 5000km；小轿车价格将不到一美元。集成电路在人们的生活中，已“无时不在”。

二、集成电路的分类

集成电路的品种相当多，按其功能不同可分为模拟集成电路和数字集成电路两大类。前者用来产生、放大和处理各种模拟信号，后者则用来产生、放大和处理各种数字信号。所谓模拟信号就是在时间上和数值上都是连续变化的电压或电流信号，如扩音机的输入信号、麦克风输出的信号等；所谓数字信号就是在时间上和数值上都是离散的信号，如计算机处理的信号、各种触发电路的输入和输出信号等。

集成电路按其制作工艺不同，可分为半导体集成电路、膜集成电路和混合集成电路三类，如图 9－35 所示。半导体集成电路是采用半导体工艺技术，在硅基上制作包括电阻、电容、三极管和二极管等元件并具有某种电路功能的集成电路；膜集成电路是在玻璃或陶瓷片等绝缘物体上，以膜的形式制作电阻、电容等无源器件。无源器件的数值可以做得很宽，精度可以做得很高，但目前的技术水平尚无法用“膜”的形式制作二极管、三极管等

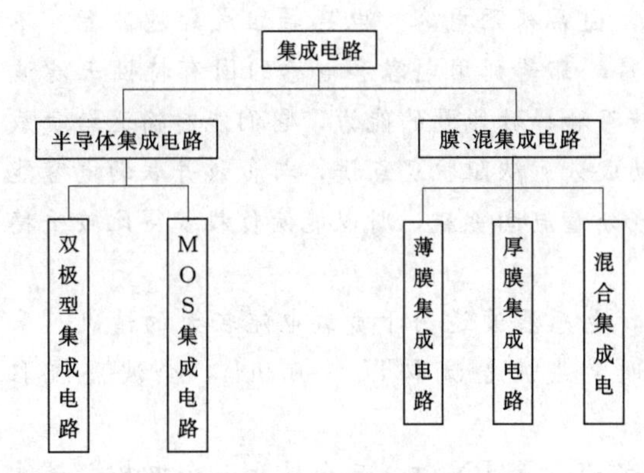

图 9-35 按集成电路制造工艺分类

有源器件，因而使膜集成电路的应用范围受到了很大限制。在实际应用中，多半是在无源膜电路上外加半导体集成电路或分立元件的二极管、三极管等有源器件，使之构成一个整体，这就是混合集成电路。根据膜的厚度不同，有厚膜集成电路（膜厚在 1～10μm）和薄膜集成电路（膜厚在 1μm 以下）。

按集成度高低不同，可分为小规模、中规模、大规模和超大规模 4 类。如图 9-36 所示。对模拟集成电路，由于工艺要求较高、电路又复杂，所以一般认为集成 50 个元器件为小规模集成电路，集成 50～100 个元器件为中规模集成电路，集成 100 个以上元器件为大规模集成电路；对数字电路，一般认为集成 1～10 个等效门或 10～100 个元件为小规模集成电路，集成 10～100 个等效门或 100～1000 个元件为中规模集成电路，集成 10^2～10^4 个等效门或 10^3～10^5 个元件为大规模集成电路，集成 10^4 以上个等效门或 10^5 以上个元件为超大规模集成电路。

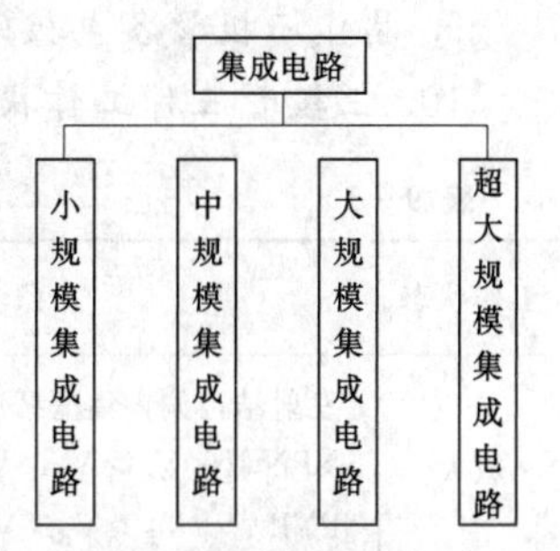

图 9-36 按集成电路规模分类

三、集成电路的特点

集成电路同分立元件的电路相比，有很多特点。因为大量的元器件集成在一个微小的芯片上，所以使得电路的体积显著缩小；极大地提高了电路的稳定性和可靠性；同时极大地降低了电路的功率损耗；除此之外，还显著地降低了生产成本和简化了制造工艺等。

小 结

1. 纯净半导体的导电能力很弱，常用的半导体是掺杂后形成的电子型和空穴型半导体。前者主要靠电子导电，称为 N 型半导体，后者主要靠空穴导电，称为 P 型半导体。

2. PN 结是用特殊工艺把 P 型半导体和 N 型半导体结合在一起形成的。PN 结具有单向导电性。其内电场的电压对于硅材料约为 0.7V，对于锗材料约为 0.3V。只有当外加的正向电压大于 PN 结的内电场电压时，PN 结才能导通。

3. 晶体二极管是具有一个 PN 结的半导体器件，它的性能与 PN 结相同。二极管的主要参数是最大整流电流和最高反向工作电压。

4. 硅稳压二极管是一种具有稳压作用的特殊二极管。可用它组成稳压电路。这种稳压电路的结构简单，适用于负载较小、对电压稳定度要求不高的场合。

5. 单相整流电路有半波整流和全波整流两种，全波整流中最为常用的是桥式整流。在变压器次级电压相同的情况下，桥式整流电路输出的直流电压不但比半波整流电路高一倍，而且脉动程度小，对整流二极管的要求也较低。

6. 为了减小整流输出直流电的脉动程度，通常采用电容、电感等组成的滤波器。不论是电容滤波器、电感滤波器还是复式滤波器，都是利用电容和电感的固有特性来滤波的。从能量的观点来讲，电容和电感都具有储存和释放能量的能力，它们能对输送给负载的脉动直流电起自动调节作用，从而减小脉动成分。从阻抗观点讲，与负载并联的电容能旁路交流分量，与负载串联的电感能阻碍交流分量流向负载，所以能使负载获得比较平稳的直流电。

7. 电容滤波适用于负载电流较小的情况，电感滤波适用于负载电流较大的情况。采用电容滤波后，可使整流输出电压提高，通常半波整流取 $U_O=0.9U_2$，全波整流取 $U_O=1.2U_2$。

8. 晶体三极管有硅管和锗管两种，它们都有两个 PN 结、三个区和三个电极。硅管和锗管又都有 NPN 型和 PNP 型两种管型，两种类型管子的工作原理基本相同，但电路中的电源极性和电流方向正好相反。

9. 晶体三极管各电极的电流分配关系是 $I_E=I_B+I_C\approx I_C$，而 $I_C=\beta I_B$。

10. 三极管三种工作状态的条件和特点见表 9-3。

表 9-3　三极管三种工作状态的条件和特点

工作状态	条　件	特　点
放大	发射结正偏，集电结反偏 NPN 管　$V_C>V_B>V_E$ PNP 管　$V_E>V_B>V_C$	具有以小控大，以弱控强的作用，即所谓放大作用。I_C 的大小只取决于 I_B，且 $I_C=\beta I_B$，$I_E=I_C+I_B$，$U_{CE}=U_{CC}-I_CR_c$
截止	发射结反偏或零偏，集电结反偏 NPN 管　$V_C>V_E\geqslant V_B$ 或 $U_{BE}\leqslant 0$　$U_{BC}<0$ PNP 管　$V_B\geqslant V_E>V_C$ 或 $U_{BE}\geqslant 0$　$U_{BC}>0$	$I_B\approx 0$，$I_C\approx 0$，$V_C\approx U_{CC}$。可将三极管的 c、b、e 三个极看成开路，三极管相当于开关的断开状态
饱和	发射结正偏，集电结正偏或零偏且 $I_B\geqslant\frac{I_{CS}}{\beta}$ NPN 管　$V_B\geqslant V_C>V_E$ PNP 管　$V_E>V_C\geqslant V_B$	I_C 不再随 I_B 增大而增大，只取决于 R_c 和 U_{CC}，即 $I_{CS}=\frac{U_{CC}}{R_c}$。 $U_{CES}\approx 0$，$U_{BES}\approx 0$，可将三极管的 c、b、e 三个极看成一个点；三极管相当于开关的接通状态

11. 三极管的主要参数有电流放大系数 β、穿透电流 I_{CEO}、集电极与发射极间的反向击电压 $V_{(BR)CEO}$、集电极最大允许电流 I_{CM} 和集电极最大耗散功率 P_{CM}。

12. 放大电路的静态工作点是指放大器在直流工作状态时的基极电流 I_B、集电极电流 I_C 和集电极与发射极间的电压 U_{CEO}。设置静态工作点的目的是保证放大器输出的波形不失真。

13. 给放大器提供静态工作点的电路，称为偏置电路。偏置电路有固定偏置和分压式电流反馈偏置等。后者能稳定放大器的工作点。

14. 单管电压放大器的输出电压与输入电压，在相位上相差 180°，这就是放大器的倒相作用。

15. 放大器的分析方法有计算法和图解法两种。计算法的特点是简便，图解法的特点是直观。

计算法的要点是：由直流通路求静态工作点；根据 $r_{be} \approx 300+(1+\beta)\dfrac{26\text{mV}}{I_E\text{mA}}\Omega$ 求三极管的输入电阻；由交流通路求放大器的输入、输出电阻和电压放大倍数。

图解法的要点是：作直流负载线求静态工作点；根据静态工作点和负载线来来分析放大器的波形，以及工作点对波形的影响。

16. 集成电路的发展经过了小规模、中规模、大规模和超大规模几个不同的阶段。集成电路有多种不同的分类方法。

习　　题

1. 半导体的主要特点是什么？它有几种类型？每种类型的半导体主要靠哪种载流子导电？

2. 简述 PN 结的特性。

3. 晶体二极管的主要参数是哪些？

4. 试绘出单相整流电路，若变压器的次级电压是正弦交流电，试分别绘出无滤波元件时，整流二极管的电流波形和负载两端的电压波形。

5. 已知某单相半波整流电路（无滤波）的负载 $R_L=25\Omega$，若要求输出电压 $u_o=110\text{V}$，试选择整流二极管。

6. 试绘出单相全波桥式整流电路，若变压器的次级电压为正弦交流电，试分别绘出无滤波元件时，负载两端的电压及负载的电流波形图。

7. 在无滤波元件的单相桥式整流电路中，若要求在负载上得到 50V、1A 的直流电，试确定变压器的次级电压及整流二极管。

8. 在单相桥式整流电路中，若一只整流二极管内部短路，请绘出草图回答负载电压波形与整流二极管完好时有无变化？

9. 用电压表测量一只接在电路中的稳压管 2DW7 两端的电压，读数只有 0.7V 左右，能否说明该稳压管已损坏？为什么？

10. 用电压表分别测得图 9－37 所示电路中，V_1 和 V_2 的各极对地电位（已标在图中），试问当它们工作在放大状态时，V_1 和 V_2 管分别是 PNP 型管还是 NPN 型管？是硅管还是锗管？并在图上标出 b、c、e 极。

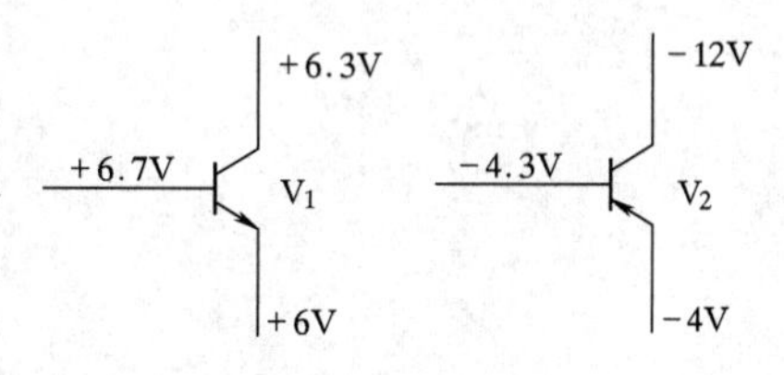

图 9－37

11. 某一晶体管的极限参数为 $P_{CM}=100\text{mW}$，$I_{CM}=20\text{mA}$，$U_{BR(CEO)}=15\text{V}$，试问在下列情况下，哪种为正常工作状态？(1) $U_{CE}=3\text{V}$，$I_C=10\text{mA}$；(2) $U_{CE}=2\text{V}$，$I_C=40\text{mA}$；(3) $U_{CE}=8\text{V}$，$I_C=18\text{mA}$。

12. 已知某晶体三极管的射极电流 $I_E=3.24\text{mA}$，基极电流 $I_B=40\mu\text{A}$，求其集电极电流 I_C 的数值。

13. 已知某晶体三极管的 $I_B=20\mu A$ 时 $I_C=1.4mA$；当 $I_B=40\mu A$ 时 $I_C=3.2mA$；求其 β 值。

14. 已知某三极管的 $U_{CC}=6V$，$R_c=1k\Omega$，求三极管截止时的集电极电流为多少？

15. 如图 9-38 所示，根据所给参数求放大器的静态工作点 I_B、I_C 和 U_{CE}。

16. 根据图 9-38 所给参数，求放大器的输入、输出电阻，空载和有载时的电压放大倍数。

17. 在图 9-39 中，若已知 $U_{CC}=6V$，$I_C=1mA$，$U_{CE}=3V$，试求 R_c 和 R_b。

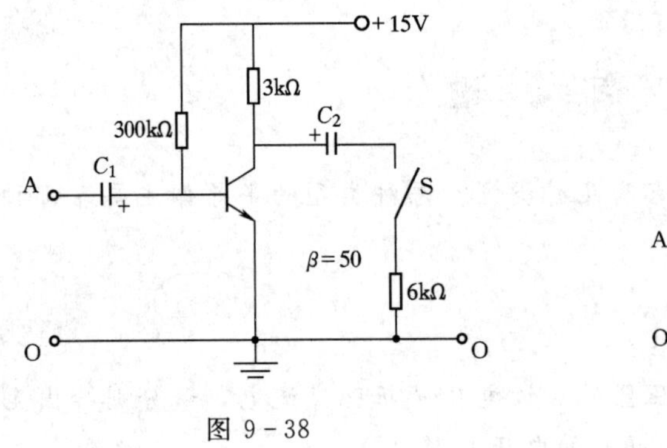

图 9-38

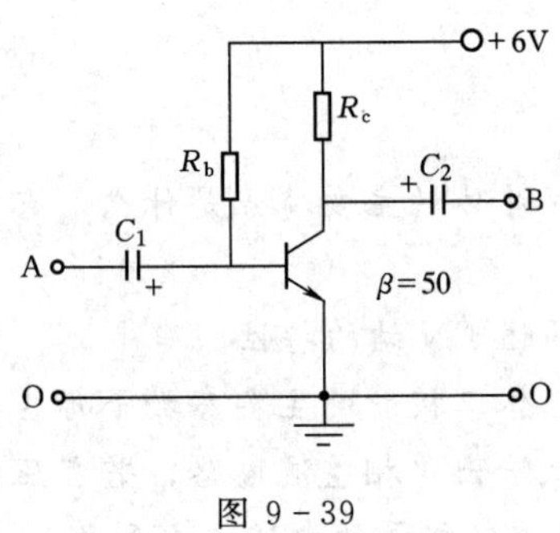

图 9-39

参 考 文 献

1 万恒祥主编．电工与电气设备．北京：中国建筑工业出版社，1996
2 中国机械工业教育协会组编．电工与电子技术．北京：机械工业出版社，2001
3 劳动部培训司组编．电工学．北京：中国劳动出版社，1989
4 林增主编．电工学．北京：中国水利水电出版社，1998
5 机械工业部编．电工与电子基础．北京：机械工业出版社，1999
6 袁英灿主编．电工与电气．郑州：黄河水利出版社，2002
7 华孝敏主编．电工及电气设备．北京：水利电力出版社，1995
8 刘介才主编．工厂供电（第二版）．北京：机械工业出版社，1997
9 童诗白主编．模拟电子技术基础（第二版）．北京：高等教育出版社，1988
10 李采劭主编．模拟电子技术基础．北京：高等教育出版社，1990
11 邓泽运主编．供配电系统与电气设备．北京：中国电力出版社，1996
12 陈化钢，吴跃华，潘亦合编．高低压开关电路故障诊断与处理．北京：中国水利水电出版社，2000
13 王佩珠主编．电路与模拟电子技术．南京：南京大学出版社，1994